航空仪表与显示系统

林 坤 主编

白冰如 主审

北京理工大学出版社

BEIJING INSTITUTE OF TECHNOLOGY PRESS

内 容 简 介

本书主要介绍现代航空仪表的原理、功用、组成、使用方法及警告与显示系统的相关显示格式和作用等内容。全书共分 8 章,分别为:航空仪表概论、航空仪表基础、大气数据仪表、全/静压系统、陀螺仪表、发动机仪表、航空仪表警告与显示系统、航空仪表的其他相关系统。本书内容基本涵盖了目前广泛使用的机载仪表的内容。由于本书的使用对象是职业院校的航空维修相关专业的学生,因此力求内容精练、概念清晰,每章均选了一定量难易适中的习题,便于学生自学和教师施教。本书可供航空维修相关专业的学生和工程技术人员参考,同时对于广大航空爱好者来说,本书也是一本具有特点的科普读物。

图书在版编目(CIP)数据

航空仪表与显示系统/林坤主编. —北京:北京理工大学出版社,2023.6 重印
ISBN 978 - 7 - 5682 - 0187 - 2

Ⅰ. ①航… Ⅱ. ①林… Ⅲ. ①航空仪表–显示系统 Ⅳ. ①V241

中国版本图书馆 CIP 数据核字(2015)第 008909 号

出版发行 /北京理工大学出版社有限责任公司
社　　址 /北京市海淀区中关村南大街 5 号
邮　　编 /100081
电　　话 /(010)68914775(总编室)
　　　　　(010)82562903(教材售后服务热线)
　　　　　(010)68944723(其他图书服务热线)
网　　址 /http://www.bitpress.com.cn
经　　销 /全国各地新华书店
印　　刷 /廊坊市印艺阁数字科技有限公司
开　　本 /787 毫米 ×1092 毫米　1/16
印　　张 /14
字　　数 /318
版　　次 /2023 年 6 月第 1 版第 7 次印刷
定　　价 /43.00

责任编辑 /封　雪
文案编辑 /张鑫星
责任校对 /周瑞红
责任印制 /李志强

图书出现印装质量问题,本社负责调换

前　言

本书是根据航空电子设备维修专业培养目标及全面培养高技能型人才的要求编写。为了便于学习使用，将原有"航空仪表"和"传感器检测技术及应用"两门课程内容合二为一，并对原教材进行了全面改编和更新，在此基础上编写了《航空仪表与显示系统》。

在编写过程中，编者认真汲取了各种相关教材编写经验，广泛涉猎了航空仪表的相关文献，充分结合教学实践经验和教学过程中积累及反馈的信息。本书紧密联系航空仪表的实际应用和发展趋势，着重介绍了航空仪表的基本理论、使用方法、特点、注意事项及维护实例等内容，并在原有内容基础上增加了航空仪表的警告与显示系统及大气数据计算机系统和飞行数据记录系统等新内容。本书内容充实、图文并茂、覆盖面广，同时力求通俗易懂，注重对基本概念与理论的叙述，简化公式推导，加重使用和维修的介绍，旨在使读者通过对本书的学习，充分了解航空仪表的实际情况与发展动态，为从事航空维修相关工作打下良好的理论基础。

全书共8章，第1章航空仪表概论，概述了航空仪表的发展历程、布局、显示格式、分类等；第2章航空仪表基础，介绍了航空仪表中使用的电容、电感等传感器的基本功能和工作原理；第3章大气数据仪表，讲述了高度表、空速表、马赫数表和升降速度表的功能、原理、使用特点和维修等；第4章全/静压系统，讲述了全/静压系统的结构、组成、常见故障和使用注意事项等；第5章陀螺仪表，详细阐述了陀螺原理、转弯侧滑仪、航空地平仪、姿态指引仪、磁罗盘、陀螺半罗盘和陀螺磁罗盘等仪表；第6章发动机仪表，包括压力表、推力表、温度表、转速表、油量表、振动表、流量表的内容；第7章航空仪表警告与显示系统，全面讲述了目前民航飞机上广泛使用的航空仪表警告系统、EFIS系统和EICAS系统的相关内容；第8章航空仪表的其他相关系统，讲述了大气数据计算机系统和飞行数据记录系统等内容。

本书由西安航空职业技术学院林坤任主编，参加编写的人员有西安航空职业技术学院林坤（第2章、第5章、第7章）、冯喆（第3章、第4章）、石日昕（第1章）、王林林（第6.1~6.3节）、尚琳（第6.4~6.7节）、谭卫娟（第8章）。

本书由航空维修学院白冰如院长担任主审，主审提出了许多宝贵的建议；本书在编写和出版过程中得到了西安航空职业技术学院教务处和航空维修工程学院及北京理工大学出版社的大力支持和帮助；另外，在编写中还广泛参考了同类教材和书籍，借鉴了其他同行的研究成果，在此一并表示衷心的感谢。本教材由西安航空职业技术学院规划教材建设基金资助。

由于资料和水平所限，书中不妥之处在所难免，恳请广大读者批评指正，以便不断补充和完善。

编　者

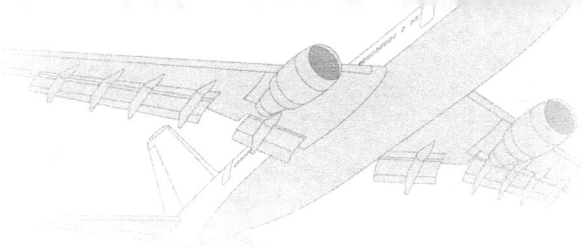

目 录

目 录 >>>

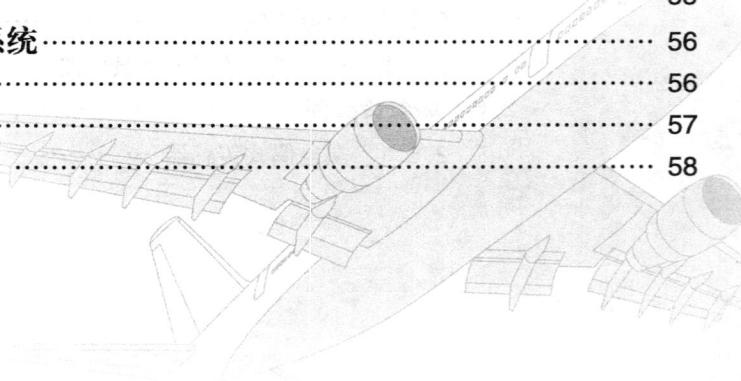

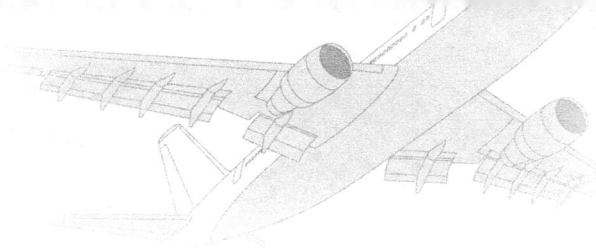

目 录 >>>

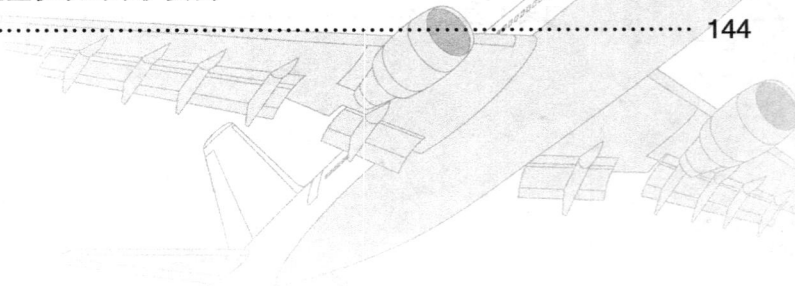

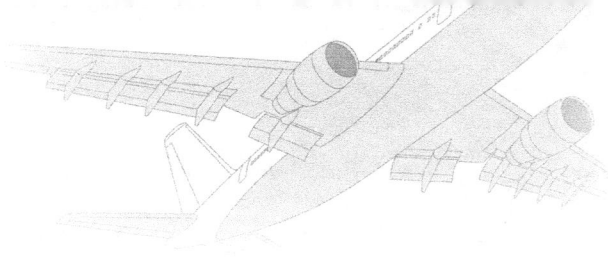

第 1 章　航空仪表概论

航空仪表是飞机上全部仪表的总称。在飞机的驾驶舱中可以看到许多仪表。航空仪表的种类较多，分别用来测量（或计算）飞机在运动状态中的各种飞行参数，以及飞机发动机和其他一些设备的工作参数。随着航空事业的飞速发展，飞机的飞行速度、飞行高度和气象标准的提高，飞机自动化程度越来越高。现在的航空仪表除了为飞行员提供驾驶飞机用的目视显示数据外，还要为各种导航系统、自动飞行控制系统和飞行数据记录器等机载设备提供各种输入数据。

1.1　航空仪表的发展历程

航空仪表的发展与科学技术和飞机的发展是分不开的。在飞机刚问世时，因其本身结构简单，飞行高度和速度都很低，飞机上没有航空仪表。后来，随着飞行时间和飞行距离的增加，才开始安装时钟、航速计和指南针等简陋的仪表设备。驾驶员只能在晴朗的白天，依靠地图和地标来飞行。第一次世界大战期间，迫于军事上的需要，一些国家大力投资发展航空事业，飞机上开始安装空速表、高度表、磁罗盘、发动机转速表和滑油压力表等航空仪表。到了 20 世纪 30 年代，为使飞机能在云中或夜间飞行，又增添了升降速度表、转弯侧滑仪、陀螺地平仪和陀螺方向仪等航空仪表。总之，随着科学技术的发展，航空仪表的发展是紧跟飞机发展而发展的。

从航空仪表在各个历史时期出现的不同结构与形式来看，它的发展过程大体分为以下 5 个阶段。

1. 机械仪表阶段

这个阶段是仪表的初创时期，多数仪表为单个整体直读式结构，也称为直读式仪表，即传感器和指示器组装在一起的单一参数测量仪表，其表内敏感元件、信号传送和指示部分均为机械结构，例如早期的空速表和高度表。

机械仪表的最大优点是结构简单、工作可靠、成本低廉；它的缺点是灵敏度较低，指示误差较大。随着飞机性能和要求精度的不断提高，机械仪表早已不能满足航空发展的需要。

2. 电气仪表阶段

从 20 世纪 30 年代起，航空仪表已由机械化逐步走向电气化，发展成电气仪表，此时的仪表称为远读式仪表，如远读式磁罗盘、远读式地平仪等。所谓"远读"是指仪表的传感器和指示器没有装在同一个表壳内，它们之间的控制关系是通过电信号的传递实现的，因相距较远，故称为远读式仪表。

用电气传输代替机械传动，可以提高仪表的反应速度、准确度和缩短传输距离。将仪表的指示部分与其他部分分开，使仪表板上的仪表体积大为缩小，改变了因仪表数量多而出现的仪表板拥挤状况。另外，仪表的敏感元件远离驾驶舱，减少了干扰，提高了敏感元件的测量精度。远读式仪表也存在一些缺点，如整套仪表结构复杂、部件增多、重量增加。

3. 机电式伺服仪表阶段

为了进一步提高仪表的灵敏度和精度，20 世纪 40 年代后期，出现了能够自动调节的小功率伺服系统仪表，即机电式伺服仪表。伺服系统又称为随动系统，它是一种利用反馈原理来保证输出量与输入量相一致的信号传递装置；对仪表信号采用伺服系统方式来传送，信号能量得到放大，提高了仪表的指示精度和带负载能力，可以实现一个传感器带动几个指示器，有利于仪表的综合化和自动化。

4. 综合仪表阶段

20 世纪 50 年代后期，由于飞机性能迅速提高，各种系统设备日益增多，所需指示和监控仪表大量增加，有的飞机上已多达上百种，仪表板和座舱无法安排，驾驶员也目不暇接、眼花缭乱；另外，飞机的飞行速度和机动性能的提高，又使驾驶员观察仪表的时间相对缩短，容易出错，因此把功能相同或相关的仪表指示器有机地组合在一起，形成统一指示的综合仪表，已成为航空仪表发展的必然趋势。例如，综合罗盘指示器、组合地平仪和各种发动机仪表的相互组合等都是一表多用的结构形式。

机电式综合仪表一直使用到 20 世纪 60 年代末。如图 1.1 – 1 所示为典型机电式综合仪表及其布局。

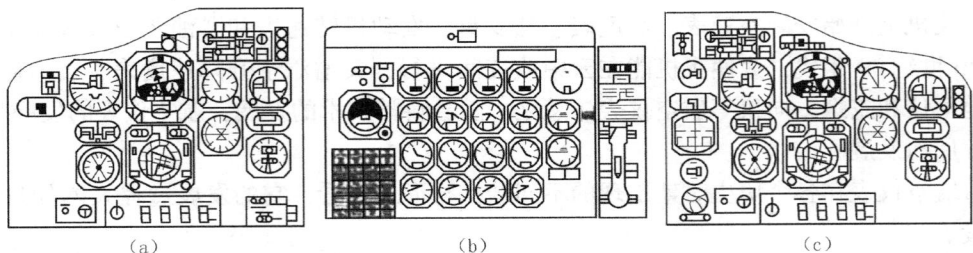

图 1.1 – 1 典型机电式综合仪表及其布局

（a）正驾驶员的飞行仪表；（b）发动机仪表；（c）副驾驶员的飞行仪表

5. 电子综合显示仪表阶段

随着电子技术的飞速发展，从 20 世纪 60 年代开始出现电子显示仪表，电子显示仪表逐步取代了指针式机电仪表，使仪表结构进入革新年代。到 20 世纪 70 年代中期，电子显示仪表又进一步向综合化、数字化、标准化和多功能方向发展，并出现了高度综合又相互补充、交换显示的电子综合显示仪表。驾驶员可以通过控制板对飞机进行控制和安全监督，初步实现了人—机"对话"。驾驶舱仪表、惯性导航系统、大气数据系统、自动飞行控制系统和飞行管理系统等已成为重要的航空电子设备。

20 世纪 80 年代初期，在一些先进机型的驾驶舱中（如波音 757/767、空客 310），主要仪表的显示部分已广泛采用衍射平视仪和彩色多功能显示器，出现了 EFIS（电子飞行仪表系统）和 EICAS（发动机指示和机组警告系统），但是综合程度有限，仍配置有较多的机电仪表和备用仪表，这是电子飞行仪表的第一代产品。

20 世纪 80 年代中后期，以波音 747/400、空客 320 为代表的先进机型中的电子飞行仪表为第二代产品。彩色电子显示系统有了进一步的发展，出现了高度综合的电子飞行仪表系统，其特点是驾驶舱用大屏幕 CRT（彩色阴极射线管）显示器显示数据，仅配置很少的备用仪表。

20 世纪 90 年代的第三代电子飞行仪表为平板显示系统。仪表数据显示用液晶显示器（LCD）取代了彩色阴极射线管，它的显示亮度大且分辨率高，特别是具有体积小、重量轻、耗电量小等优点。例如，波音 777 客机驾驶舱的主要仪表显示采用的就是彩色液晶显示器。

1.2　航空仪表的布局与数据显示格式

1.2.1　航空仪表的布局

对于现代大型商业飞机的驾驶舱仪表显示来说，无论采用 CRT，还是采用 LCD，其驾驶舱的布局是基本相同的。如图 1.2 - 1 所示为典型电子综合显示仪表及其布局。

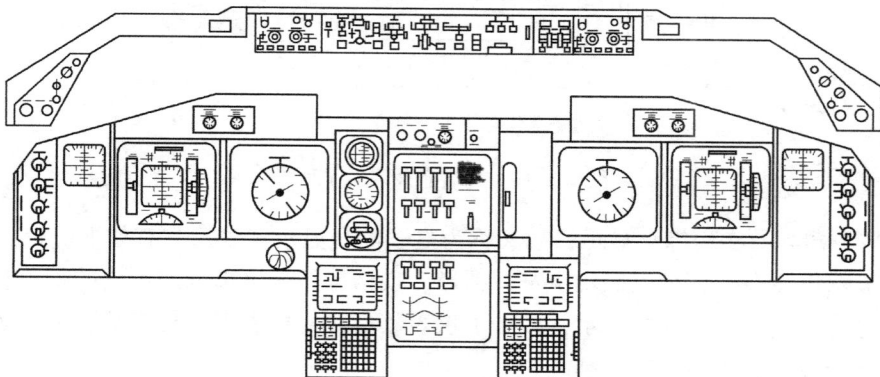

图 1.2 - 1　典型电子综合显示仪表及其布局

与图 1.1 - 1 的仪表板相对应，正、副驾驶员的飞行仪表板上有主飞行显示器（PFD）和导航显示器（ND），中间的发动机仪表板上有上、下 EICAS 显示器。在现代屏幕显示的驾驶舱中，仍然保留了陀螺地平仪、气压式高度表、空速表三块指针式备用仪表，三块备用仪表的表头图形如图 1.2 - 2 所示。

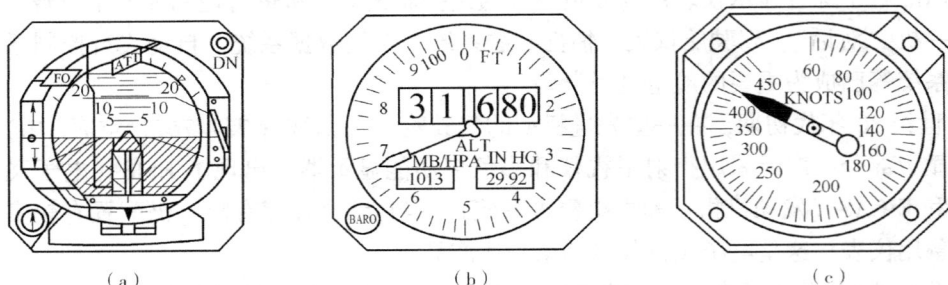

图 1.2 - 2　备用仪表的表头图形
(a) 陀螺地平仪；(b) 气压式高度表；(c) 空速表

在一些更先进的大型商业飞机上，除具有电子飞行仪表外，已经将备用姿态、备用高度、备用空速、航向罗盘、仪表着陆偏离指示和气压基准设置等指示器集成在一起，称为综合备用飞行显示器（ISFD），用液晶显示器 LCD 作为仪表屏幕。它看上去就像小型的主飞行显示器，在其前面板上有气压基准选择电门、指示窗、高度带、空速带、姿态盘、航向刻度盘和仪表着陆的偏离指示。在地面测试时，可以提供故障代码、故障等级分类。仪表自带测试功能，自备电瓶和充电器，在紧急情况下可以连续供电 150 min。故障时，相应指示部分的故障旗出现，如图 1.2 - 3 所示为综合备用飞行显示器。

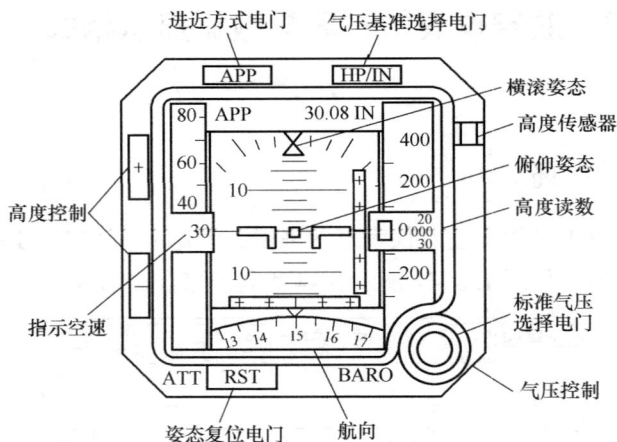

图 1.2 - 3　综合备用飞行显示器

电子显示器容易实现综合显示，故又称为电子综合显示仪表。它有如下优点：

(1) 显示灵活多样，可以显示字符、图形、表格等，还可以采用不同的颜色显示。

(2) 容易实现信号的综合显示，减少了仪表数量，使仪表板布局简洁，便于观察。

(3) 电子显示器的显示精度高。

(4) 采用固态器件，寿命长，可靠性高。

（5）价格不断下降，性能价格比高。

（6）符合机载设备数字化的发展方向。

总之，航空仪表的发展过程是从机械指示发展到电子显示，信号处理单元从纯机械到数字、计算机系统，仪表的数量经历了从少到多，又从多到少的发展过程。从某种意义上讲，驾驶舱显示仪表是飞机先进程度的重要标志之一。

1.2.2　航空仪表的数据显示格式

无论是分离式仪表显示数据的格式，还是电子式仪表显示数据的格式，都遵循基本"T"形格式。

1. 分离式仪表显示数据的基本"T"形格式

如图 1.2 - 4 所示为正驾驶员的飞行仪表板。从仪表板上粗黑线框处的形状可以看出，左边的马赫—空速表、中间的姿态指引仪（ADI）、右边的气压式高度表、下边的水平状态指示器（HIS）（或称为航道罗盘），一起构成了"T"形格式，这就是分离式仪表显示数据的基本"T"形格式。按照这种格式，主要飞行参数的显示为：空速、姿态、气压高度、航向。

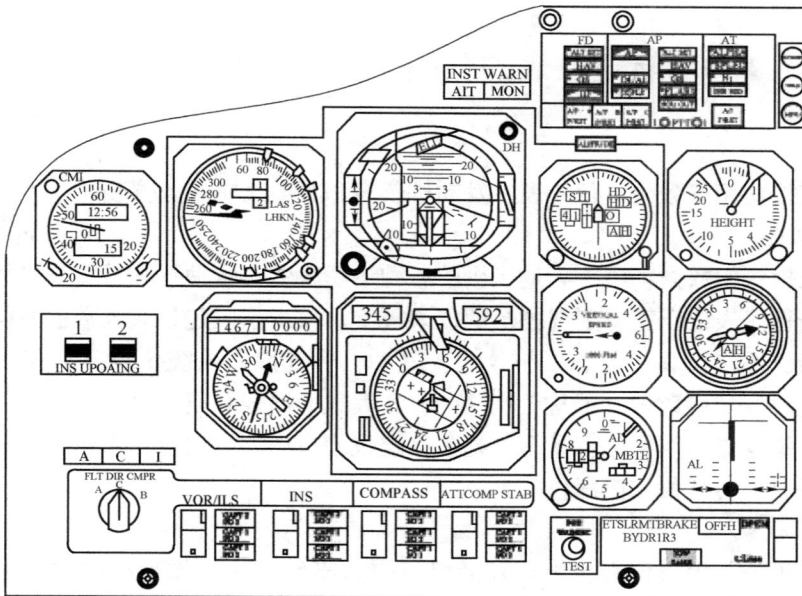

图 1.2 - 4　正驾驶员的飞行仪表板

即使是小型飞机驾驶舱中的飞行参数也以"T"形格式显示，这种固定的格式可以为驾驶员提供方便。

2. 电子式仪表显示数据的基本"T"形格式

如图 1.2 - 5 所示为主飞行显示器（PFD）。从显示器上粗黑线框处的形状同样可以看出，左边的空速带、中间的姿态指引仪、右边的气压式高度带、下边的航向带也构成了"T"形格式，这就是电子式仪表显示数据的基本"T"形格式。

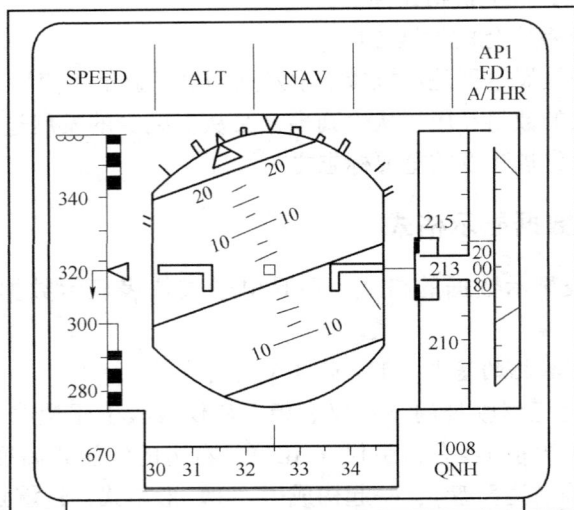

图 1.2－5　主飞行显示器

1.3　航空仪表的分类

航空仪表按功用可分为飞行仪表、发动机仪表和其他飞机系统仪表。

1. 飞行仪表

飞行仪表提供的数据，用于测量飞机的各种运动参数，帮助驾驶员驾驶飞机完成安全经济的飞行。飞行仪表位于正、副驾驶员的仪表板上。飞行仪表包括大气数据系统仪表、航向系统仪表、指引系统仪表和姿态系统仪表，其中，大气数据系统仪表有高度表、升降速度表、指示空速表、马赫数表（或称为 M 数表）、大气静温表和空气总温表等；航向系统仪表有磁罗盘、陀螺罗盘和陀螺磁罗盘等；指引系统仪表有姿态指引仪、水平指引仪等；姿态系统仪表有地平仪、转弯仪和侧滑仪等。

2. 发动机仪表

发动机仪表位于中央仪表板上，发动机仪表是指发动机工作系统中的各种参数测量仪表，如转速表（螺旋桨转速表、低压涡轮和高压涡轮转速表）、进气压力表和气缸头温度表（两表用于活塞式发动机）、扭矩表和排气温度表（两表用于涡轮螺旋桨发动机）、压力比表（或推力表）和排气温度表（两表用于涡轮喷气或涡轮风扇发动机）、燃油压力表（指汽油压力表或煤油压力表）、滑油压力表、滑油温度表、燃油油量表（指汽油油量表或煤油油量表）、燃油流量表、滑油油量表、发动机振动指示器等。

3. 其他飞机系统仪表

在飞机的其他系统或设备中使用的测量仪表统称为其他飞机系统仪表。如飞机的增压系统中有座舱高度表、压差表、空气流量表、升降速度表和温度表等；飞机的液压系统中有各种压力表和液压油油量表等；灭火系统中有各种压力表；此外，还有起落架收放位置表、襟翼位置表和飞机电气设备用的电流表、电压表、频率表等。

1.4　模拟式/数字式电子仪表的优缺点

在飞机上，老式的空速表是模拟式测量仪表，指针在刻度盘上连续指示出空速值。驾驶员要想得到空速值就必须根据指针在刻度盘上的位置计算出来，这需要一定的时间。然而，如果驾驶员关心空速的变化趋势，则可以很快地通过指针的摆动方向判断出来。可见，驾驶员使用模拟式测量仪表具有获得准确数值慢，获得数值变化趋势快的特点。

现在空速值在主飞行显示器（PFD）上显示，它是典型的数字式电子仪表。从图1.4－1（b）中可以很清楚地看到，此时的空速值是 30 kn[①]。可以想象，如果数据仅以纯数字的形式显示，那么，对于数据变化趋势的判断同样需要一定的时间。因此，现代航空仪表均采用数字技术，而数据以数字和模拟两种方式显示，这样，驾驶员既可以较快地得到准确的数据，又可以较快地获得该数据的变化趋势，这是现代数字式电子仪表的特点。如图1.4－1 所示为典型的模拟式和数字式显示器。

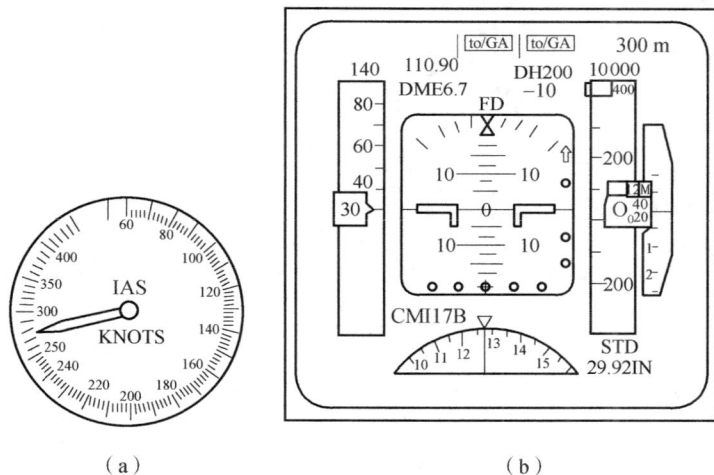

（a）　　　　　　　　　　　　　（b）

图 1.4－1　典型的模拟式和数字式显示器
（a）模拟式显示器；（b）数字式显示器

【思考与练习】

（1）航空仪表的功用是什么？
（2）航空仪表按功用可以分为哪几类？

---

① kn 是节，1 节 ＝1 海里/时。

（3）简述航空仪表的发展历程。

（4）航空仪表的数据显示格式是什么格式？

（5）模拟式/数字式电子仪表的优缺点有哪些？

第 2 章 航空仪表基础

2.1 传感器的基本概念

2.1.1 传感器的定义与组成

传感器是一种能感受规定的被测量，并按照一定的规律转换成输出信号的器件或装置。常用传感器的输出信号多为易于处理的电量，如电压、电流和频率等。

传感器一般由敏感元件、转换元件和信号调理与转换电路组成。其中，敏感元件是指传感器中能直接感受或响应被测量的部分；转换元件是指传感器中将敏感元件感受或响应的被测量转换成适用于传输或测量的电信号的部分。由于传感器的输出信号一般都很微弱，因此需要有信号调理与转换电路对其进行放大、运算和调理等。随着半导体器件与集成技术在传感器中的应用，传感器的信号调理与转换电路可安装在传感器的壳体里或与敏感元件一起集成在同一芯片上，构成集成传感器（如美国 ADI 公司生产的 AD22100 型模拟集成温度传感器）。此外，信号调理与转换电路以及传感器工作时必须有辅助电源。传感器的组成如图 2.1 – 1 所示。

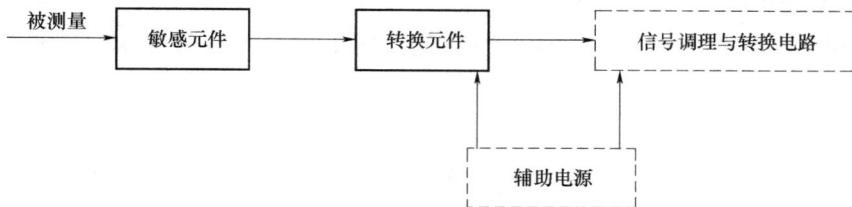

图 2.1 – 1 传感器的组成

2.1.2　传感器的分类

由于传感器的工作原理有多种，所以，传感器的种类繁多，分类方法也很多。按被测量的性质不同，主要分为位移传感器、压力传感器、温度传感器等；按传感器的工作原理，主要分为电阻应变式传感器、电感式传感器、电容式传感器、压电式传感器、磁电式传感器等。习惯上常把两者结合起来命名传感器，比如电阻应变式压力传感器、电感式位移传感器等。

按被测量的转换特征，传感器又可分为结构型传感器和物性型传感器。结构型传感器是通过传感器结构参数的变化而实现信号转换的，如电容式传感器依靠极板间距离变化引起电容量的变化。物性型传感器是利用某些材料本身的物理性质随被测量变化的特性而实现参数的直接转换，这种类型的传感器具有灵敏度高、响应速度快、结构简单、便于集成等特点，是传感器的发展方向之一。

按能量的传递方式，还可分为能量控制型传感器和能量转换型传感器两大类。能量控制型传感器的输出能量由外部供给，但受被测输入量的控制，如电阻应变式传感器、电感式传感器、电容式传感器等。能量转换型传感器的输出量直接由被测量能量转换而得，如压电式传感器等。

2.1.3　传感器的基本特性

在测量过程中，要求传感器能感受到被测量的变化并将其不失真地转换成容易测量的量。被测量一般有两种形式：一种是稳定的，即不随时间变化或变化极其缓慢的信号，称为静态信号；另一种是随时间变化而变化的信号，称为动态信号。由于输入量的状态不同，传感器所呈现出来的输入—输出特性也不同，因此，传感器的基本特性一般用静态特性和动态特性来描述。

1. 传感器的静态特性

传感器的静态特性是指被测量的值处于稳定状态时的输出—输入关系。衡量静态特性的重要指标是线性度、灵敏度、迟滞、重复性、分辨率、稳定性和漂移等。

1）线性度

传感器的线性度是指其输出量与输入量之间的实际关系曲线（即静特性曲线）偏离直线的程度，又称为非线性误差，静特性曲线可通过实际测量获得。在实际应用中，大多数传感器为非线性的，为了得到线性关系，常引入各种非线性补偿环节。如采用非线性补偿电路或计算机软件进行线性化处理。但如果传感器非线性的次方不高，输入量变化范围较小时，可用一条直线（切线或割线）近似地代表实际曲线的一段，如图 2.1 - 2 所示，使传感器输出—输入线性化，所采用的直线称为拟合直线。实际特性曲线与拟合直线之间的偏差称为传感器的非线性误差（或线性度），通常用相对误差 γ_L 表示，即

$$\gamma_L = \pm \frac{\Delta L_{max}}{Y_{FS}} \times 100\%$$

从图 2.1 - 2 可知，即使是同类传感器，拟合直线不同，其线性度也是不同的。选取拟

合直线的方法很多，常用的有端点法、割线法、切线法、理论直线法、最小二乘法和计算机程序法等，用最小二乘法求取的拟合直线的拟合精度最高。

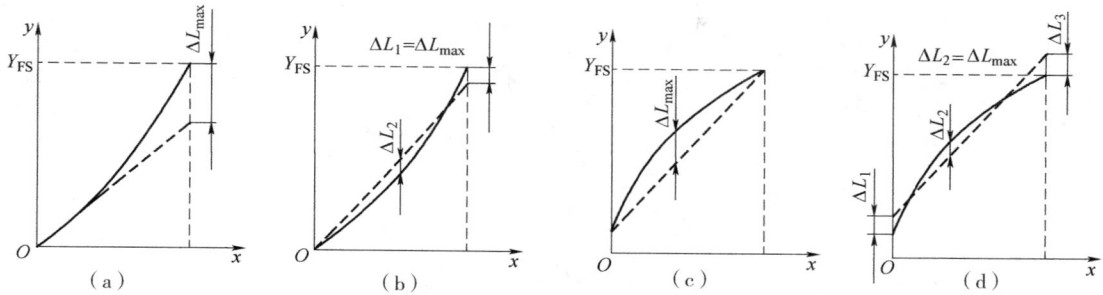

图 2.1-2　几种直线拟合方法

(a) 切线法；(b) 过零旋转拟合法；(c) 端点法；(d) 端点平移拟合法

2）灵敏度

灵敏度 S 是指传感器的输出量增量 Δy 与引起输出量增量 Δy 的输入量增量 Δx 的比值，即

$$S = \frac{\Delta y}{\Delta x}$$

对于线性传感器，它的灵敏度就是它的静态特性的斜率，即 S 为常数；而非线性传感器的灵敏度为一变量，用 $S = \dfrac{\mathrm{d}y}{\mathrm{d}x}$ 表示。传感器的灵敏度如图 2.1-3 所示。

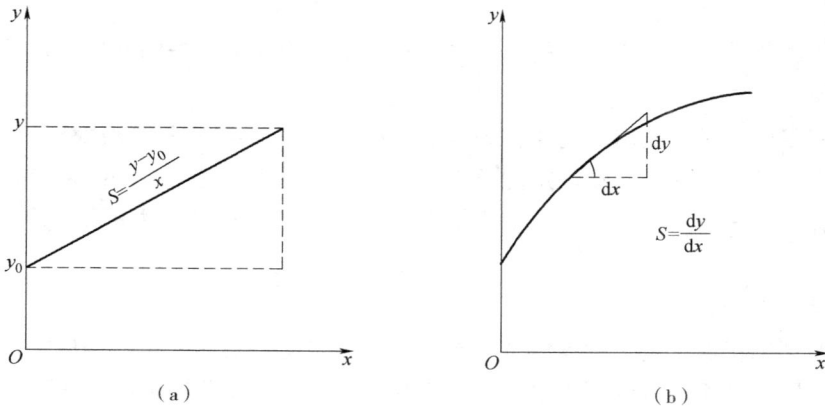

图 2.1-3　传感器的灵敏度

(a) 线性传感器的灵敏度；(b) 非线性传感器的灵敏度

3）迟滞（回差滞环现象）

传感器在正向（输入量增大）行程和反向（输入量减小）行程期间，输出—输入特性曲线不重合的现象称为迟滞，如图 2.1-4 所示。也就是说，对于同一大小的输入信号，传感器的正、反行程输出信号大小不等，这种现象主要是由传感器敏感元件材料的物理性质和机械零部件的缺陷所造成的。例如，弹性敏感元件的弹性滞后、运动部件摩擦、传动机构的间隙、紧固件松动等，具有一定的随机性。

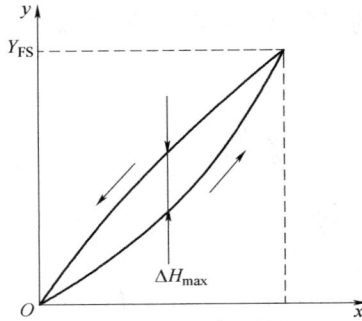

图 2.1-4　传感器的迟滞特性

4）重复性

重复性是指传感器在输入量按同一方向做全量程多次测量时，所得特性曲线不一致性的程度。多次按相同输入条件测量的输出特性曲线越重合，其重复性越好，误差越小。

5）分辨率

传感器的分辨率是指在规定测量范围内所能检测到的输入量的最小变化值 $\Delta x_{\min}$。

6）稳定性

传感器的稳定性一般是指长期稳定性，在室温条件下，经过相当长的时间间隔，传感器的输出与起始标定时的输出之间的差异。因此，通常又用其不稳定度来表征传感器输出的稳定程度。

7）漂移

传感器的漂移是指在外界的干扰下，输出量发生与输入量无关的变化，包括零点漂移和灵敏度漂移等。

传感器在零输入时，输出的变化称为零点漂移。零点漂移或灵敏度漂移又可分为时间漂移和温度漂移。时间漂移是指在规定的条件下，零点或灵敏度随时间的缓慢变化。温度漂移是指当环境温度变化时，引起的零点或灵敏度漂移。漂移一般可通过串联或并联可调电阻来消除。

2. 传感器的动态特性

传感器的动态特性是指传感器测量动态信号时，输出量对输入量的响应特性。一个动态特性好的传感器，其输出量将再现输入量的变化规律，即具有相同的时间函数。在动态的输入信号情况下，输出信号一般来说不会与输入信号具有完全相同的时间函数，这种输出与输入间的差异就是所谓的动态误差。

影响传感器动态特性的主要是传感器的固有因素，如温度传感器的热惯性等，不同的传感器，其固有因素的表现形式和作用程度不同。另外，动态特性还与传感器输入量的变化形式有关。也就是说，在研究传感器的动态特性时，通常是根据不同输入量的变化规律来考察传感器的动态响应的。传感器的输入量随时间变化的规律是多种多样的，下面对传感器动态特性的分析，同自动控制系统分析一样，通常从时域和频域两方面采用瞬态响应法和频率响应法来分析。

1）瞬态响应法

当研究传感器的动态特性时，在时域中对传感器的响应和过渡过程进行分析的方法，称为时域分析法，这时传感器对所加激励信号的响应称为瞬态响应。常用激励信号有阶跃函数、斜坡函数、脉冲函数等。下面以最典型、最简单、最易实现的阶跃信号作为标准输入信号来分析评价传感器的动态性能指标。

当给静止的传感器输入一个单位阶跃函数信号时，

$$u(t) = \begin{cases} 0 & t \leqslant 0 \\ 1 & t > 0 \end{cases}$$

其输出特性称为阶跃响应或瞬态响应特性。瞬态响应特性曲线如图 2.1 − 5 所示。

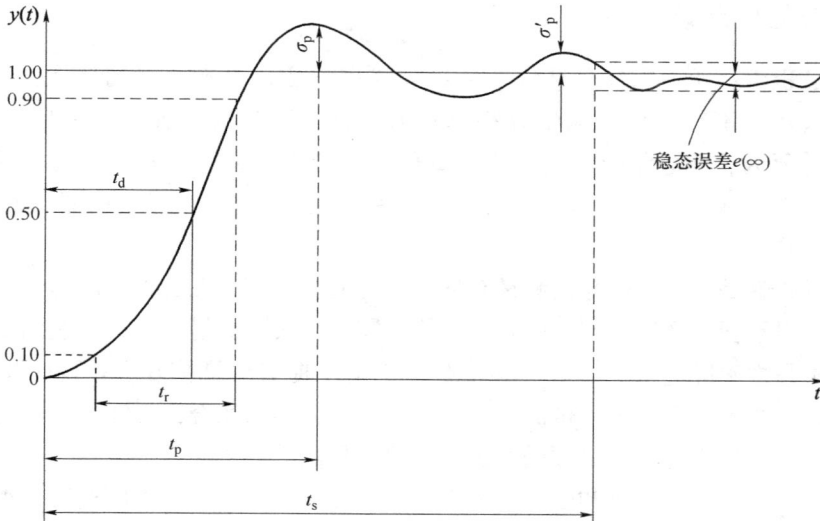

图 2.1 − 5　瞬态响应特性曲线

（1）最大超调量 σ_p：最大超调量就是响应曲线偏离阶跃曲线的最大值，常用百分数表示。

（2）延滞时间 t_d：是阶跃响应达到稳态值 50% 所需要的时间。

（3）上升时间 t_r：根据控制理论，它有以下几种定义：

①响应曲线从稳态值的 10% 上升到 90% 所需的时间。

②从稳态值的 5% 上升到 95% 所需的时间。

③从零上升到第一次到达稳态值所需的时间。

（4）峰值时间 t_p：响应曲线从零到第一个峰值时所需的时间。

（5）响应时间 t_s：响应曲线衰减到稳态值之差不超过 ±5% 或 ±2% 时所需要的时间，有时又称为过渡过程时间。

2）频率响应法

频率响应法是从传感器的频率特性出发研究传感器的动态特性。传感器对正弦输入信号的响应特性，称为频率响应特性。对传感器动态特性的理论研究，通常是先建立传感器的数学模型，通过拉氏变换找出传递函数表达式，再根据输入条件得到相应的频率特性。大部分传感器可简化为单自由度的一阶或二阶系统，其传递函数为

$$H(j\omega) = \frac{1}{\tau(j\omega) + 1}$$

因此，可以方便地应用自动控制原理中的分析方法和结论，读者可参考相关书籍，这里不再赘述。研究传感器的频域特性时，主要用幅频和相频特性。传感器的频率响应特性指标有如下几个。

（1）频带：传感器增益保持在一定值内的频率范围称为传感器的频带或通频带，对应有上、下截止频率。

（2）时间常数 τ：用时间常数 τ 来表征一阶传感器的动态特性，τ 越小，频带越宽。

（3）固有频率 ϖ_n：二阶传感器的固有频率 ϖ_n 表征了其动态特性。

2.1.4 传感器的测量误差

在检测过程中，不论采用什么样的测量方式和方法，也不论采用什么样的测量仪表，由于测量仪表本身不够准确，测量方法也不够完善，以及测量者经验不足和人的感觉器官受到局限等原因，测量结果与被测量的真值之间会存在差值，这个差值称为测量误差。测量误差的主要来源可以概括为工具误差（又称为仪器误差）、环境误差、方法误差和人员误差等。

测量的目的就是为了求得与被测量真值最接近的测量值，在合理的前提下，这个值越逼近真值越好。但不管怎么样，测量误差不可能为零。在实际测量中，只需达到相应的精确度就可以，绝不是精确度越高越好。必须清楚地知道，提高测量精确度是要付出人力、物力的，是要以牺牲测量可靠性为代价的。那种不计工本，不顾场合，一味追求越准越好的做法是不可取的，要有技术与经济兼顾的意识，应追求最高的性价比。

为了便于对误差进行分析和处理，人们通常把测量误差从不同角度进行分类。按误差的表示方法可分为绝对误差、相对误差和引用误差；按误差出现的规律可分为系统误差、随机误差和粗大误差；按被测量与时间的关系可分为静态误差和动态误差。

1. 绝对误差、相对误差和引用误差

1）绝对误差

绝对误差是指测量值 A_X 与被测量真值 A_0 之间的差值，用 δ 表示，即

$$\delta = A_X - A_0$$

由式可知，绝对误差的单位与被测量的单位相同，且有正负之分。用绝对误差表示仪表的误差大小也比较直观，它被用来说明测量结果接近被测量真值的程度。在实际中，被测量真值 A_0 是得不到的，一般用理论真值或计量学约定真值 X_0 来代替 A_0。

$$\delta = A_X - X_0$$

绝对误差不能作为衡量测量精确度的标准，例如用一个电压表测量 200 V 电压，绝对误差为 +1 V，而用另一个电压表测量 10 V 电压，绝对误差为 +0.5 V，前者的绝对误差虽然大于后者，但误差值相对于被测量值是后者大于前者，即两者的测量精确度相差较大，为此引入了相对误差。

2）相对误差

所谓相对误差（用 γ 表示）就是指绝对误差 δ 与被测量真值 X_0 的百分比，即

$$\gamma = \frac{\delta}{X_0} \times 100\%$$

在上面的例子中：

$$\gamma_1 = \frac{1}{200} \times 100\% = 0.5\%$$

$$\gamma_2 = \frac{0.5}{10} \times 100\% = 0.5\%$$

所以，相对误差比绝对误差能更好地说明测量的精确程度。

在实际测量中，由于被测量真值是未知的，而指示值又很接近真值，因此也可以用指示值 A_X 代替真值 X_0 来计算相对误差。

一般情况下，使用相对误差来说明不同测量结果的准确程度，即用相对误差来评定某一测量值的精确度，但不适用于衡量测量仪表本身的质量。因为同一台仪表可以用来测量许多不同真值的被测量，在整个测量范围内的相对误差不是一个定值。随着被测量的减小，相对误差变大。为了更合理地评价仪表质量，采用了引用误差。

3）引用误差

引用误差是绝对误差 δ 与仪表量程 L 的比值，通常以百分数表示，即

$$\gamma_0 = \frac{\delta}{L} \times 100\%$$

对同一台确定的仪表或检测系统，出现的绝对误差最大值是一个定值，所以其最大引用误差就是一个定值，由仪表本身性能所决定。一般用最大引用误差来确定测量仪表的精度等级。工业仪表常见的精度等级有 0.1 级、0.2 级、0.5 级、1.0 级、1.5 级、2.0 级、2.5 级、5.0 级等。

在具体测量某个值时，其相对误差可以根据仪表允许的最大绝对误差和仪表指示值进行计算。例如，2.0 级的仪表，量程为 100，在使用时它的最大引用误差不超过 ±2.0%，也就是说，在整个量程内，它的绝对误差最大值不会超过其量程的 ±2.0%，即为 ±2.0。用它测量真值为 80 的测量值时，其相对误差最大为 ±2.0/80×100% = ±2.5%。测量真值为 10 的测量值时，其相对误差最大为 ±2.0/10×100% = ±20%。由此可见，精度等级已知的测量仪表只有在被测量值接近满量程时，才能发挥它的测量精度。因此选用测量仪表时，应当根据被测量的大小和测量精度要求，合理地选择仪表量程和精度等级，只有这样才能提高测量精度，达到最好的性价比。

2. 系统误差、随机误差和粗大误差

1）系统误差

在相同条件下，多次重复测量同一量时，保持恒定或遵循某种变化规律的误差称为系统误差。其误差的数值和符号不变的称为恒值系统误差。按照一定规律变化的，称为变值系统误差。变值系统误差又可分为累进性变值系统误差、周期性变值系统误差和按复杂规律变化的等变值系统误差 3 种类型。

检测装置本身性能不完善、测量方法不当、仪器使用不当、环境条件的变化等原因都可能产生系统误差。如果能设法消除这些原因，则系统误差也就被消除了。例如，由于仪表刻度起始位不对产生的误差，只要在测量前校正指针零位即可消除。

系统误差的大小表明测量结果的准确度。系统误差越小，则测量结果越准确。系统误差的大小说明了测量结果偏离被测量真值的程度。系统误差是有规律的，因此可通过实验或分析的方法，查明其变化规律和产生原因，通过对测量值的修正或者采用一定的预防措施，就能消除或减小它对测量结果的影响。

2）随机误差

在相同条件下，多次测量同一量时，其误差的大小和符号以不可预见的方式变化，这种误差称为随机误差。

随机误差是由很多复杂因素的微小变化的总和引起的，分析起来比较困难。但是，随机误差具有随机变量的一切特点，在一定条件下服从统计规律，因此通过多次测量后，对其总和可以用统计规律来描述，从而在理论上估计出其对测量结果的影响。随机误差的大小表明测量结果重复一致的程度，即测量结果的分散性。通常，用精密度表示随机误差的大小。随机误差大，测量结果分散，精密度低；反之，测量结果的重复性好，精密度高。

3）粗大误差

明显歪曲测量结果的误差称为粗大误差，又称为过失误差。含有粗大误差的测量值称为坏值或异常值。在实际测量中，由于粗大误差的误差数值特别大，容易从测量结果中发现，一经发现粗大误差，可以认为该次测量无效，坏值应从测量结果中剔除，从而消除它对测量结果的影响。

粗大误差主要是人为因素造成的。例如，由于测量人员工作时的疏忽大意，出现了读数错误、记录错误、计算错误或操作不当等。另外，测量方法不恰当，测量条件意外地突然变化，也可能造成粗大误差。在分析测量结果时，就应先分析有没有粗大误差，先把坏值从测量值中剔除，然后再进行系统误差和随机误差的分析。

3. 动态误差和静态误差

静态误差是指在测量过程中，被测量随时间变化很缓慢或基本上不变化的测量误差。以上所介绍的测量误差均属于静态误差。

在被测量随时间变化时，进行测量所产生的附加误差称为动态误差。由于检测系统（或仪表）对动态信号的响应需要一定时间，输出信号来不及立即反映输入信号的量值，加上传感器对不同频率的输入信号的增益和时间延迟不同，因此输出信号与输入信号的波形将不完全一致而造成动态误差。在实际应用中，应尽量选用动态特性好的仪表，以减小动态误差。

2.2　电阻式传感器

电阻式传感器是将被测量转变为电阻变化的一种传感器。它由于结构简单、易于制造、价格便宜、性能稳定、输出功率大，在检测系统中得到了广泛应用。

2.2.1　电阻式传感器的工作原理

金属体都有一定的电阻，电阻值因金属的种类而异。同样的材料，越细或越薄，则电阻值越大。当加有外力时，金属若变细变长，则阻值增加；若变粗变短，则阻值减小。如果在发生应变的物体上安装（通常是粘贴）金属体，当物体伸缩时，金属体也按某比例发生伸缩，因而电阻值产生相应的变化。

设有一根长度为 l，截面积为 A，电阻率为 ρ 的金属丝，则它的电阻值 R 可用下式表示：

$$R = \rho \frac{l}{A}$$

从上式可见，若导体的 3 个参数（电阻率、长度和截面积）中的一个或数个发生变化，则电阻值也随着变化，因此可根据此原理来设计制作传感器。

2.2.2　电阻应变式传感器

电阻应变式传感器是利用电阻应变片将应变转换为电阻值变化，即根据应变效应而设计制作的传感器。任何非电量，只要能设法转换为应变片的应变，都可以利用此种传感器进行测量。因此，电阻应变式传感器可以用来测量应变、力、扭矩、位移和加速度等多种参数。

1. 电阻应变效应

当导体或半导体材料在外力作用下产生机械变形时，其电阻值也相应发生变化的物理现象，称为电阻应变效应。

$$\frac{\Delta R}{R} = K_0 \varepsilon$$

式中，K_0 为金属电阻丝的应变灵敏度系数，它表示单位应变所引起的电阻值的相对变化。

K_0 的大小由两个因素影响：一是几何尺寸的改变；二是材料电阻率的改变。对于金属材料而言，以前者为主；对于半导体材料，主要由后者，即电阻率相对变化所决定。另外，式中还表明电阻值的相对变化与应变成正比，因此通过测量电阻的变化，便可测量出应变 ε。

2. 电阻应变片的结构

电阻应变片的结构如图 2.2 - 1 所示，一般由敏感栅（金属丝或箔）、基底、覆盖层、黏合剂、引出线等组成。敏感栅是转换元件，它把感受到的应变转换为电阻的变化；基底用来将弹性体的表面应变准确地传送到敏感栅上，并使敏感栅与弹性体之间相互绝缘；覆盖层用来保护敏感栅；黏合剂把敏感栅与基底粘贴在一起；引出线用来连接测量导线。常用电阻应变片有两大类：金属电阻应变片和半导体应变片。

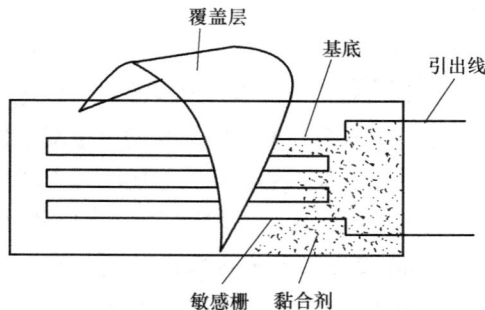

图 2.2 - 1　电阻应变片的结构

1) 金属电阻应变片

金属电阻应变片有丝式、箔式及薄膜式等结构形式。

丝式应变片如图2.2-2（a）所示，它是将金属丝按图示形状弯曲后用黏合剂粘贴在基底上而成的。基底可分为纸基、胶基和纸浸胶基等。电阻丝两端焊有引出线，使用时只要将应变片贴于弹性体上就可构成应变式传感器。

箔式应变片如图2.2-2（b）所示，它的敏感栅是通过光刻、腐蚀等工艺制成的。敏感栅厚度一般在0.003~0.01 mm。与丝式应变片相比其表面积大、散热性好，允许通过较大的电流。由于它的厚度薄，因此具有较好的可挠性，灵敏度系数较高。箔式应变片还可以根据需要制成任意形状，适合批量生产。

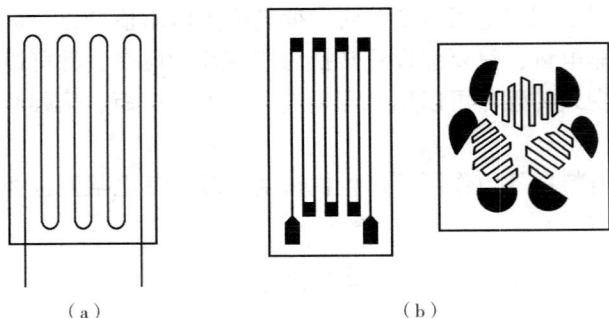

图2.2-2 金属电阻应变片的结构
（a）丝式应变片；（b）箔式应变片

薄膜式应变片是采用真空蒸镀或溅射式阴极扩散方法，在薄的基底材料上制成一层金属电阻材料薄膜以形成应变片。这种应变片有较高的灵敏度系数，允许电流密度大，工作温度范围较广。

2) 半导体应变片

半导体应变片是根据半导体材料的压阻效应制成的一种纯电阻性元件。当对半导体材料的某一轴向施加一定载荷而产生应力时，它的电阻率会发生变化，这种物理现象称为压阻效应。半导体应变片主要有体型、薄膜型和扩散型三种。

半导体应变片与金属电阻应变片相比其灵敏度高50~70倍，另外，其横向效应和机械滞后小。但它的温度稳定性差，在较大应变下，灵敏度的非线性误差大。

3. 电阻应变式传感器的测量电路

电阻应变片在工作时，将应变片用黏合剂粘贴在弹性体或试件上，弹性体受外力作用变形所产生的应变就会传递到应变片上，从而使应变片电阻值发生变化，通过测量阻值的变化，就能得知外界被测量的大小。但是，由于金属电阻应变片的灵敏度系数 K 值通常都很小，机械应变一般也很小，因此电阻的相对变化是很小的，用一般的测量电阻仪表很难直接测量出来，必须用专门的电路来测量这种微弱的电阻变化。一般采用电桥电路实现微小阻值的转换。

由于温度的变化会引起电阻值的变化，从而造成应变测量结果的误差，而且由温度变化所引起的电阻变化与由应变引起的电阻变化具有同等数量级，因此为了保证测量的精确度，一般都要采取温度补偿措施，以消除温度变化所造成的误差。当测量时，在被测件变形较大处粘贴两片工作片，在试件变形小或没有变形处粘贴两片补偿片，如图2.2-3所示。同时接入测量电桥的 4 个桥臂，就可消除温度变化对测量的影响。

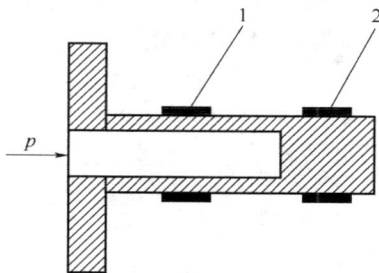

图 2.2 - 3　温度补偿
1—工作片；2—补偿片

2.3　电容式传感器

电容式传感器采用电容器作为传感元件，将不同物理量的变化转换为电容量的变化。在大多数情况下，作为传感元件的电容器是由两平行板组成的以空气为介质的电容器，有时也采用由两平行圆筒或其他形状平面组成的电容器。

电容式传感器的工作原理可用如图 2.3 - 1 所示的平行板电容器来说明。设两极板相互覆盖的有效面积为 A，两极板间的距离为 δ，两极板间介质的介电常数为 ε。当不考虑边缘电场影响时，其电容量 C 为

$$C = \frac{\varepsilon A}{\delta}$$

由上式可知平行板电容器的电容量是 ε、A 和 δ 的函数。如果保持其中两个参数不变，而改变另一个参数，那么被测量参数的改变就可由电容量 C 的改变反映出来。如将上极板固定，下极板与被测运动物体相连，当被测运动物体上下移动或左右移动时，就会引起电容的变化，通过一定的测量线路可将这种电容变化转变成电压、电流、频率等输出信号，根据输出信号大小，即可测定运动物体位移的大小。因此，根据工作原理的不同，电容式传感器可分为变间隙式、变面积式和变介电常数式 3 种类型。

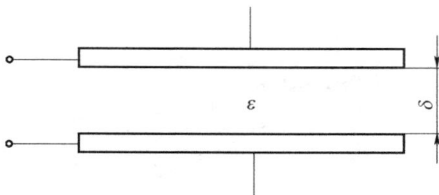

图 2.3 - 1　平行板电容器

2.3.1　变间隙式电容传感器

如图 2.3 - 2 所示为变间隙式电容传感器。图中 1 为固定极板，2 为与被测对象相连的

活动极板，初始状态时两极板间的距离为 d。当活动极板因被测参数的改变而引起移动时，两极板间的距离发生变化；在极板面积和介质介电常数不变时，电容量 C 也相应发生改变，设移动距离为 x，两极板间的距离为 δ，其电容量为

$$C = \frac{\varepsilon A}{d - x} = \frac{\varepsilon A}{\delta}$$

由式可以看出电容 C 与 x 成非线性关系。灵敏度为

$$K = \frac{\mathrm{d}C}{\mathrm{d}\delta} = -\frac{\varepsilon A}{\delta^2}$$

灵敏度 K 与两极板间距离 δ 的平方成反比，极距越小，灵敏度越高。因此要提高灵敏度，应减小初始距离 d。但 d 过小时，又容易引起击穿，同时加工精度要求也高，为此，一般在极板间放置云母、塑料膜等介电常数高的物质来改善这种情况。如云母的相对介电常数为空气的 7 倍，其击穿电压不小于 10^3 kV/mm，而空气的击穿电压仅为 3 kV/mm。一般电容式传感器的起始电容在 20 ~ 30 pF，极板距离在 25 ~ 200 μm 的范围内。

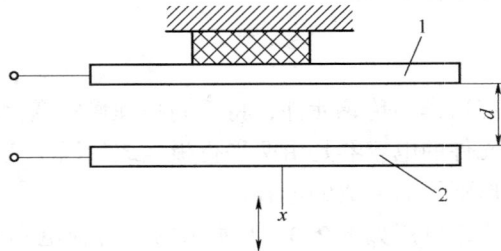

图 2.3 - 2 变间隙式电容传感器

1—固定极板；2—活动极板

实际应用中为了提高传感器的灵敏度，常采用差动式结构，如图 2.3 - 3 所示为差动式电容传感器。差动式电容传感器的中间可移动极板分别与两边固定的电容器极板形成两个电容器，平衡时两极板间的距离 $\delta_1 = \delta_2 = \delta$。当中间极板向一方向移动 $\Delta\delta$ 时，其中一个电容器的电容 C_1 因间隙增大而减小，而另一个电容器的电容 C_2 则因间隙的减小而增大，电容总变化量为

$$\Delta C = C_1 - C_2 = -\frac{2\varepsilon A}{\delta^2}\Delta\delta$$

$$K = \frac{\Delta C}{\Delta\delta} = -\frac{2\varepsilon A}{\delta^2}$$

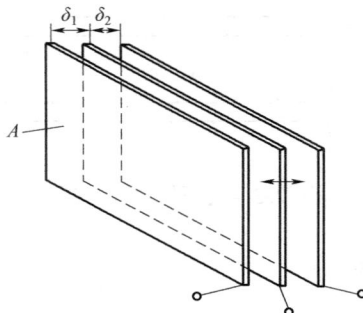

图 2.3 - 3 差动式电容传感器

由此可见，采用差动的形式可提高测量的灵敏度，还可消除外界干扰所造成的测量误差。

2.3.2 变面积式电容传感器

如图 2.3-4 所示为一直线位移型变面积式电容传感器，极板长为 b，宽为 a，极距为 d，初始电容值为 C_0。当动极板移动 Δx 后，覆盖面积就发生变化，电容也随之改变，其值为

$$C = \frac{\varepsilon b(a - \Delta x)}{d} = C_0 - \frac{\varepsilon b}{d}\Delta x$$

其灵敏度为

$$K = \frac{\Delta C}{\Delta x} = -\frac{\varepsilon b}{d}$$

可见，增加 b 或减小 d 均可提高传感器的灵敏度。变面积式电容传感器的灵敏度为常数，即输出与输入呈线性关系。

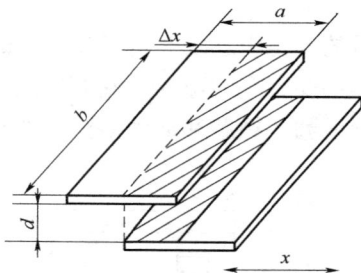

图 2.3-4 变面积式电容传感器

变面积式电容传感器线性度好，但其灵敏度低，一般用于较大位移的测量。为了提高灵敏度，常采用差动式结构。

2.3.3 变介电常数式电容传感器

如图 2.3-5 所示为变介电常数式电容传感器，该电容器具有两种不同的介质，其相对介电常数分别为 ε_{r1} 和 ε_{r2}，介质厚度分别为 a_1 和 a_2，即两者之和等于两极板间距 a_0，极板面积为 A，ε_0 为真空介电常数。整个装置可视为两个电容器串联而成，其总电容量 C 由两电容器的电容 C_1 和 C_2 所确定，即

$$\frac{1}{C} = \frac{1}{C_1} + \frac{1}{C_2} = \frac{1}{\varepsilon_0 A}\left(\frac{a_1}{\varepsilon_{r1}} + \frac{a_2}{\varepsilon_{r2}}\right)$$

因此有

$$C = \frac{\varepsilon_0 A}{\dfrac{a_1}{\varepsilon_{r1}} + \dfrac{a_2}{\varepsilon_{r2}}}$$

总之，变间隙式电容传感器的灵敏度为变量，只有当被测量远小于极板间距时才可近似为常数，一般用来测量微小线位移（可小至 $0.01~\mu m \sim 0.1~mm$），也可用于测量由力、位移、振动等引起的极板间距离的变化。变间隙式电容传感器灵敏度较高，易实现非接触测量，因而应用较为普遍。变面积式电容传感器的灵敏度为常数，一般用来测量角位移或较大

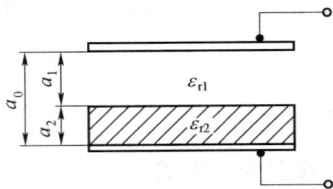

图 2.3 – 5　变介电常数式电容传感器

的线位移。变介电常数式电容传感器常用于固体或液体的物位测量，也可用于测量各种介质的温度、密度等状态参数。

2.4　电感式传感器

电感式传感器是利用被测量的变化引起线圈自感或互感的变化，从而导致线圈电感的改变来实现测量的。电感式传感器主要有变间隙式、变面积式和螺管式三种类型，如图2.4 – 1所示。虽然形式不同，但都包含线圈、铁芯和活动衔铁三部分。

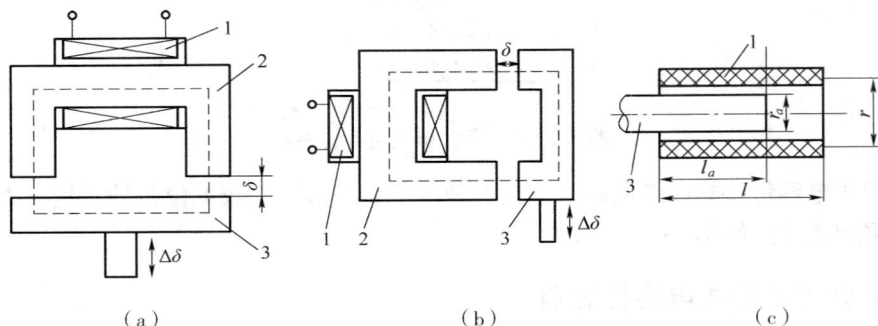

（a）　　　　　　　　　（b）　　　　　　　　（c）

图 2.4 – 1　电感式传感器的结构

（a）变间隙式；（b）变面积式；（c）螺管式

1—线圈；2—铁芯；3—活动衔铁

2.4.1　变间隙式电感传感器

变间隙式电感传感器结构如图 2.4 – 1（a）所示。工作时，衔铁与被测物体连接，被测物体的位移 $\Delta\delta$ 将引起气隙的距离 δ 发生变化，使磁路中气隙的磁阻发生变化，从而引起线圈的电感变化。如果忽略磁路中其他部分的磁阻而只计气隙的磁阻，则磁阻 R_m 为

$$R_{\mathrm{m}} = \frac{2\delta}{\mu A}$$

式中，δ 为气隙距离；μ 为空气磁导率；A 为气隙截面积。

整个磁路的电感为

$$L = \frac{n^2}{R_{\mathrm{m}}} = \frac{n^2 \mu A}{2\delta}$$

式中，n 为线圈匝数。

上式表明，自感 L 与气隙距离 δ 成反比，而与气隙截面积 A 成正比。若固定截面积 A，当气隙距离有微小变化 $\mathrm{d}\delta$ 时，引起自感量的变化量 $\mathrm{d}L$ 为

$$\mathrm{d}L = -\frac{n^2\mu A}{2\delta^2}\mathrm{d}\delta$$

故变间隙式电感传感器的灵敏度为

$$K = -\frac{n^2\mu A}{2\delta^2}$$

灵敏度 K 与气隙距离 δ 的平方成反比，δ 愈小，灵敏度愈高。为了减小非线性误差，这种传感器适用于较小位移的测量，测量范围为 0.001 ~ 1 mm。由于行程小，而且衔铁在运行方向上受铁芯限制，制造装配困难，因此近年来较少使用该类传感器。

2.4.2　变面积式电感传感器

变面积式电感传感器结构如图 2.4 – 1（b）所示，工作时气隙距离不变，铁芯与衔铁之间相对覆盖面积随被测位移量的变化而改变，从而导致线圈电感发生变化。这类传感器的灵敏度为

$$K = -\frac{n^2\mu}{2\delta}$$

2.4.3　螺管式电感传感器

螺管式电感传感器结构如图 2.4 – 1（c）所示，它由一柱形衔铁插入螺管内构成，其衔铁随被测对象移动，线圈磁力线路径上的磁阻发生变化，线圈电感量也因此而变化。线圈电感量的大小与衔铁插入深度有关。理论上，电感相对变化量与衔铁位移的相对变化量成正比，但由于线圈内磁场强度沿轴线分布不均匀，因此实际上它的输出仍有非线性。

设线圈长度为 l、线圈的平均半径为 r、线圈的匝数为 n、衔铁进入线圈的长度为 l_a、衔铁的半径为 r_a、铁芯的有效磁导率为 μ_m，则线圈的电感量 L 与衔铁进入线圈的长度 l_a 的关系为

$$L = \frac{4\pi^2 n^2}{l^2}\left[lr^2 + (\mu_m - 1)l_a r_a^2\right]$$

由上式可知，螺管式电感传感器的灵敏度较低，但由于其量程大且结构简单，易于制作和批量生产，因此它是使用最广泛的一种电感式传感器。

以上三种电感传感器中，变间隙式电感传感器灵敏度最高，且随气隙的增大而减小，非线性误差大，为了减小非线性误差，量程必须限制在较小范围内，所以只能用于微小位移的测量，一般为 0.001 ~ 1 mm，其制作装配比较困难。变面积式电感传感器灵敏度比变间隙式传感器小，但线性较好，量程也比变间隙式传感器大，使用比较广泛。螺管式电感传感器灵敏度较低，但量程大且结构简单，易于制作和批量生产，是使用最广泛的一种电感式传感器。

以上三种类型传感器，由于线圈中流过负载的电流不等于零，存在起始电流，非线性较大，而且有电磁吸力作用于活动衔铁，易受外界干扰的影响，如电源电压和频率的波动，温度变化等都将使输出产生误差，所以不适用于精密测量，只用在一些继电信号装置中。

在实际应用中，广泛采用的是将两个电感式传感器组合在一起，形成差动式变间隙传感

器，这样既可以提高传感器的灵敏度，又可以减小测量误差。差动变间隙式传感器的工作行程只有几微米至几毫米，所以适用于微小位移的测量，对较大范围的测量往往采用螺管式传感器。

2.5　压电式传感器

压电式传感器是一种有源传感器，即发电式传感器，它是以某些材料的压电效应为基础，在外力作用下，这些材料的表面上产生电荷，从而实现非电量到电量的转换。压电式传感器是力敏元件，它能测量最终能变换为力的那些物理量，例如压力、应力、加速度等，在工程上有着广泛的应用。

2.5.1　压电效应

某些材料当沿着一定方向受到作用力时，不但产生机械变形，而且内部极化，表面有电荷出现；当外力去掉后，又重新恢复到不带电状态，这种现象称为压电效应。相反，在这些材料的某些方向上施加电场，它会产生机械变形，当去掉外加电场后，变形随之消失，这种现象称为逆压电效应或电致伸缩效应。常见的压电材料有为三类：单晶压电晶体、多晶压电陶瓷和新型压电材料。

1. 单晶压电晶体

单晶压电晶体各向异性，主要有石英、铌酸锂等。石英晶体有天然与人工之分，是最常用的压电材料之一。如图 2.5 – 1 所示为石英晶体，石英晶体的外形呈六面体结构，有三根互相垂直的轴表示其晶轴，其中纵轴 z 称为光轴，经过正六面体棱线而垂直于光轴的 x 轴称为电轴，而垂直于 x 轴和 z 轴的 y 轴称为机轴。

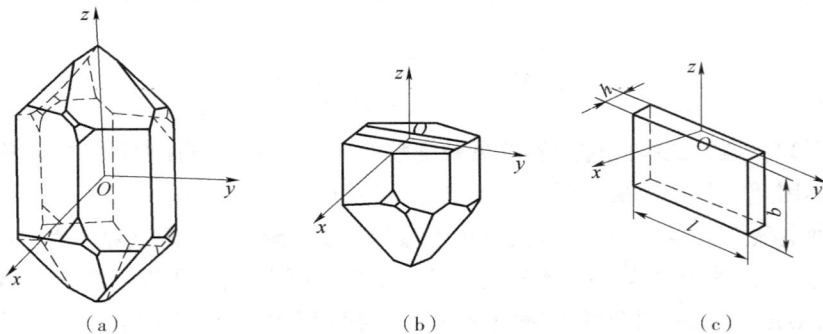

图 2.5 – 1　石英晶体
(a) 石英晶体的外形；(b) 坐标系；(c) 切片

从石英晶体上沿各轴线切下一片平行六面体切片，当受到力的作用时，其电荷分布在垂直于 x 轴的平面上，沿 x 轴受力产生的压电效应称为纵向压电效应，沿 y 轴受力产生的压电效应称为横向压电效应，沿切向受力产生的压电效应称为切向压电效应。

由纵向压电效应产生的电荷量 q 为

$$q = d_{11}F$$

式中，d_{11} 为纵向压电常数；F 为作用力。

上式表明石英晶体表面产生的电荷与作用力成正比。

石英晶体的压电常数比较低，纵向压电常数 $d_{11} = 2.31 \times 10^{-12}$ C/N，但具有良好的机械强度和时间及温度稳定性，常用于精确度和稳定性要求特别高的场合。

铌酸锂晶体是人工拉制的，居里点高达 1 200 ℃，适用于做高温传感器，缺点是质地脆、抗冲击性差、价格较贵。

2. 多晶压电陶瓷

多晶压电陶瓷是一种经极化处理后的人工多晶体，主要有极化的铁电陶瓷（钛酸钡）、锆钛酸铅等。

钛酸钡是使用最早的压电陶瓷，它具有较高的压电常数，约为石英晶体的 50 倍，但它的居里点低，约120 ℃，机械强度和温度稳定性都不如石英晶体。

锆钛酸铅系列压电陶瓷（PZT），随配方和掺杂的变化可获得不同的性能。它的压电常数很高，为 $(200 \sim 500) \times 10^{-12}$ C/N，居里点约为 310 ℃，温度稳定性比较好，是目前使用最多的压电陶瓷。

由于压电陶瓷的压电常数大、灵敏度高、价格低廉，在一般情况下，都采用它作为压电式传感器的压电元件。

3. 新型压电材料

新型压电材料主要有有机压电薄膜和压电半导体等。有机压电薄膜是由某些高分子聚合物，经延展拉伸和电场极化后形成的具有压电特性的薄膜，如聚仿氟乙烯、聚氟乙烯等。有机压电薄膜具有柔软、不易破碎、面积大等优点，可制成大面积阵列传感器和机器人触觉传感器。

有些材料如硫化锌、氧化锌、硫化钙等，既具有半导体特性又具有压电特性。由于同一材料上兼有压电和半导体两种物理性能，故可以利用压电特性制成敏感元件，又可以利用半导体特性制成电路器件，研制成新型集成压电式传感器。

4. 等效电路

压电元件是在压电晶片产生电荷的两个工作面上进行金属蒸镀，形成两个金属膜电极，如图 2.5 – 2（a）所示。当压电晶片受力时，在晶片的两个表面上聚积等量的正、负电荷，晶片两表面相当于电容器的两个极板，两极板之间的压电材料等效于一种介质，因此压电晶片相当于一只平行极板介质电容器，其电容量为

$$C = \frac{\varepsilon A}{\delta}$$

压电元件可以等效为一个具有一定电容的电荷源。

当压电式传感器接入测量电路中，连接电缆的寄生电容形成传感器的并联寄生电容 C_c，传感器中的漏电阻和后续电路的输入阻抗形成泄漏电阻 R_0，其等效电路如图 2.5 – 2（d）所示。由于后续电路的输入阻抗不可能无穷大，而且压电元件本身也存在漏电阻，极板上的电荷由于放电而无法保持不变，从而造成测量误差。因此，不宜利用压电式传感器测量静态信号；而测量动态信号时，由于交变电荷变化快，漏电量相对较小，故压电式传感器适宜做动态测量。

压电式传感器中使用的压电晶片有方形、圆形、圆环形等多种形状，而且往往用两片或多片进行并联或串联，如图2.5－2（b）和（c）所示，并联适用于测量缓变信号和以电荷为输出量的场合，串联适用于测量高频信号和以电压为输出量的场合，并要求测量电路有高的输入阻抗。

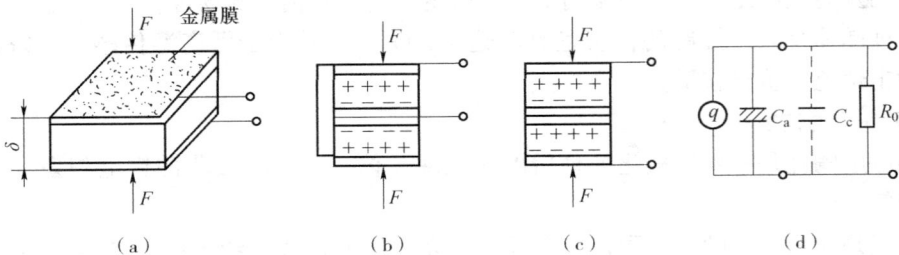

图 2.5 － 2　压电元件及等效电路
（a）压电元件；（b）并联；（c）串联；（d）等效电路

2.5.2　压电式传感器的测量电路

由于压电式传感器输出的电荷量很小，而且压电元件本身的内阻很大，因此，通常把传感器信号先输入到高输入阻抗的前置放大器，经过阻抗变换以后，再进行其他处理。

压电式传感器的输出量可以是电压，也可以是电荷，因此，前置放大器有电压放大器和电荷放大器两种形式。电压放大器可采用高输入阻抗的比例放大器，其电路比较简单，但输出受到连接电缆对地电容的影响。目前，常采用电荷放大器作为前置放大器。

如图2.5－3所示为电荷放大器的等效电路，其中 C_a 为传感器电容，C_c 为电缆电容，C_b 为放大器的输入电容。电荷放大器是一个高增益带电容反馈的运算放大器。分析可知，在一定条件下，电荷放大器输出电压与传感器的电荷量成正比，与电缆电容无关。

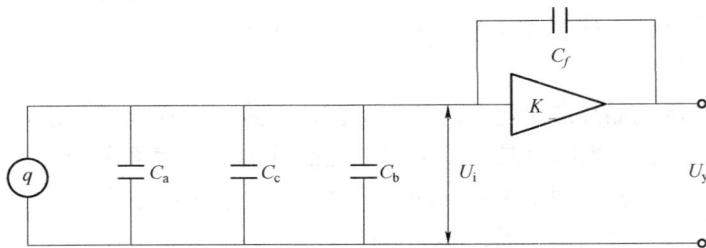

图 2.5 － 3　电荷放大器的等效电路

2.6　热敏传感器

热敏传感器主要有热电偶式传感器和热电阻式传感器两种类型。热电偶式传感器是利用热电效应，将热量直接转换为电量的输出，典型的器件有热电偶。热电阻式传感器是基于热电阻效应，将热量的变化转换为材料的电阻变化，按材料的不同，可分为金属导体热电阻式传感器和半导体热电阻式传感器两种。

2.6.1　热电偶式传感器

1. 热电偶的工作原理

将两种不同材料的导体组成一个闭合回路，当闭合回路的两个节点分别置于不同的温度场中，回路中产生一个方向和大小与导体的材料及两节点的温度有关的电动势，这种效应称为热电效应，两端的温差越大，产生的电动势也越大。两种导体组成的回路称为热电偶，这两种导体称为热电极，产生的电动势称为热电动势。如图 2.6 – 1 所示为热电偶。

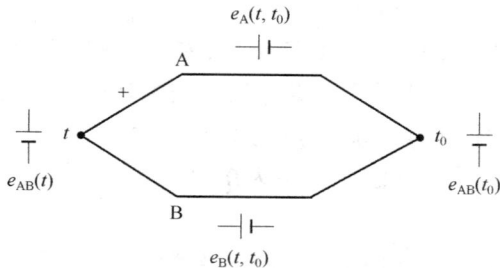

图 2.6 – 1　热电偶

热电偶的热电动势由两部分组成，一部分是两种导体的接触电动势，另一部分是单一导体的温差电动势。接触电动势是在两种不同材料的导体接触时，由于导体的自由电子密度不同，电子在两个方向上扩散的速度不一样所造成的电压差。温差电动势是由于同种导体置于不同的温度场，导体内部自由电子从热端向冷端扩散，并在冷端积聚起来，从而使得热端失去电子带正电，冷端得到电子带负电，这样，导体内部建立了一个由热端指向冷端的静电场，此静电场使得电子反向运动，当静电场对电子的作用力与扩散力相平衡时，扩散作用停止，此时，导体两端形成的电场产生的电势称为温差电动势。但在热电偶回路中起主要作用的是接触电动势，温差电动势只占极小部分，可以不予考虑。

常用的热电偶由两根不同的导线组成，它们的一端焊接在一起，为工作端（或称为热端）T，测温时将它置于被测温度场中；不连接的两个叫自由端（或称为冷端）T_0，与测量仪表引出的导线相连接。当热端与冷端有温差时，测量仪表便能测出被测温度。热电偶由温差产生的热电动势是随介质温度变化而变化的，其关系为

$$E_{AB}(t, t_0) = e_{AB}(t) - e_{AB}(t_0)$$

综上所述，热电动势的大小只与材料和节点温度有关，与热电偶的尺寸、形状及沿电极温度分布无关。如果冷端温度固定，则热电偶的热电动势就是被测温度的单值函数。这样，当冷端温度恒定时，热电偶产生的热电动势只随热端（工作端 T）温度的变化而变化，即一定的热电动势对应着一定的温度，只要测量出热电动势就可以达到测温的目的。通常，把冷端放于温度场为零的环境内，然后在不同的温差情况下，精确地测出回路总热电动势，并将结果列成表格，称为热电偶的分度表。

2. 热电偶的基本定律

1）中间导体定律

在热电偶回路中接入第 3 种导体，只要第 3 种导体的两节点温度相同，则回路总的热电

动势不变。

同样在热电偶回路中接入第 4、第 5、…、第 n 种导体，只要接入导体的两端温度相等，且接入导体是匀质的，都不会影响原来热电偶热电动势的大小。这种性质在实际应用中有着重要的意义，可以方便地在回路中直接接入各种类型的仪表，也可以将热电偶的两端不焊接而直接插入液态金属中或直接焊接在金属表面进行温度测量。

2）中间温度定律

热电偶在两节点温度为 t、t_0 时的热电动势等于该热电偶在节点温度为 t、t_n 和 t_n、t_0 时的相应热电动势的代数和，这个定律称为中间温度定律，即

$$E_{AB}(t,\ t_0) = E_{AB}(t,\ t_n) + E_{AB}(t_n,\ t_0)$$

中间温度定律为补偿导线的使用提供了理论基础。它表明热电偶的两电极被两根导体延长，只要接入的两根导体组成的热电偶的热电特性与被延长的热电偶的热电特性相同，且它们之间连接的两点温度相同，则总回路的热电动势与连接点温度无关，只与延长以后的热电偶两端的温度有关。另外，当冷端温度 t_0 不为 0 ℃，可通过算式及分度表求得工作温度 t。

3）参考电极定律

如果两种导体分别与第三种导体组成的热电偶所产生的热电动势已知，则由这两种导体组成的热电偶所产生的热电动势也就已知，这个定律称为参考电极定律。

如图 2.6 – 2 所示，导体 A、B 与标准电极 C 组成的热电偶，若它们产生的热电动势已知，即

$$E_{AC}(t,\ t_0) = e_{AC}(t) - e_{AC}(t_0)$$
$$E_{BC}(t,\ t_0) = e_{BC}(t) - e_{BC}(t_0)$$

那么，导体 A 与 B 组成的热电偶热电动势为

$$E_{AB}(t,\ t_0) = E_{AC}(t,\ t_0) - E_{BC}(t,\ t_0)$$

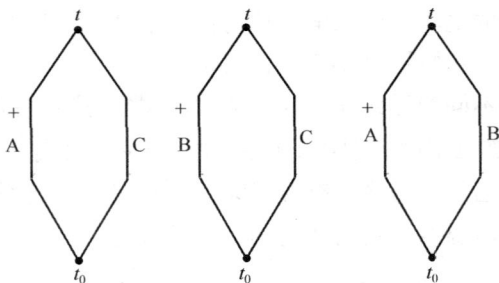

图 2.6 – 2　三种导体分别组成的热电偶

参考电极定律是极为实用的定律，使得标准电极的作用得以实现。可以想象，金属有成千上万种，而合金类型更是繁多，所以，要得出各种金属之间组合而成热电偶的热电动势，其工作量太大。由于铂的物理、化学性质稳定，熔点高，易提纯，因此通常选用高纯铂作为标准电极。当各种金属与纯铂组成的热电偶的热电动势已知，则各种金属之间相互组合而成的热电偶的热电动势就可以计算出来。

3. 热电偶的材料与结构

1）热电偶的材料

根据金属的热电效应，任意两种不同的金属导体都可以作为热电偶回路的电极，但在实

际应用中，不是所有的金属都可以做成热电偶的。作为热电偶回路电极的金属导体应具备以下几个特点：

（1）配对的热电偶应有较大的热电动势，并且热电动势与温度尽可能有良好的线性关系。

（2）能在较大的温度范围内应用，并且在长时间工作后，不会发生明显的化学及物理性能的变化。

（3）温度系数小，导电率高。

（4）易于复制，工艺性与互换性好，便于制订统一的分度表，材料要有一定的韧性，焊接性能好，以利于制作。

满足上述条件的金属材料不是很多。目前，我国大量使用的是铜—康铜、镍铬—烤铜、镍铬—镍硅、镍铬—镍铝、铂铑$_{10}$—铂、铂铑$_{30}$—铂铑$_6$。根据国际电工委员会（IEC）标准规定，我国将发展镍铬—康铜、铁—康铜热电偶材料。

2）热电偶的结构

热电偶的种类繁多，按结构形式和用途可分为普通热电偶、铠装热电偶、多点式热电偶和薄膜热电偶等。另外，按照材料划分还可分为难熔金属热电偶、贵金属热电偶和廉价金属热电偶；按照使用温度划分可分为高温热电偶、中温热电偶和低温热电偶。

4. 热电偶冷端的温度补偿

为使热电动势与被测温度间成单值函数关系，需要把热电偶冷端的温度保持恒定。由于热电偶的分度表是在其冷端温度 0 ℃条件下测得的，因此只有满足 $t_0 = 0$ ℃的条件，才能直接应用分度表。但在实际中，热电偶的冷端通常靠近被测对象且受到周围环境温度的影响，其温度不是恒定不变的，为此，必须采用一些措施进行补偿或者修正，常用的补偿方法有以下几种。

1）0 ℃恒温法

将热电偶的冷端置于装有冰水混合物的恒温器内，使冷端温度保持 0 ℃不变，它消除了 t_0 不等于 0 ℃而引入的误差。0℃恒温法通常用于实验室或精密的温度检测。

2）冷端温度修正法

在冷端温度不等于 0 ℃，但为不变的 t_n 时，冷端温度修正法避免了由于环境温度的波动而引入的误差。此时，根据中间温度定律，可将热电动势修正到冷端 0 ℃时的热电动势，修正公式为

$$E_{AB}(t, 0) = E_{AB}(t, t_n) + E_{AB}(t_n, 0)$$

式中，$E_{AB}(t, 0)$ 为热电偶热端温度为 t，冷端温度为 0 ℃时的热电动势；

$E_{AB}(t, t_n)$ 为热电偶热端温度为 t，冷端温度为 t_n 时的热电动势；

$E_{AB}(t_n, 0)$ 为热电偶热端温度为 t_n，冷端温度为 0 ℃时的热电动势。

例：用镍铑—镍硅热电偶测炉温，当冷端温度为 30 ℃时，测得热电动势为 39.17 mV，求实际温度是多少？

解：由 $t_n = 30$ ℃，查分度表得 $E(30, 0) = 1.20$ mV，则

$$E(t, 0) = E(t, 30) + E(30, 0) = 39.17 + 1.20 = 40.37 \text{ mV}$$

再用 40.37 mV 反查分度表可得 977 ℃，即为实际炉温。

3）补偿导线法

在使用热电偶测温时，必须使热电偶的冷端温度保持恒定，否则在测温时引入的测量误

差将是个变量，影响测温的准确性，所以必须使冷端远离温度对象，采用补偿导线就可以做到这点。补偿导线实际上是对化学成分不同的导线，在 0 ℃ ~ 150 ℃ 温度范围内与配接的热电偶有一致的热电特性，起着延长热电偶的作用，这样就将热电偶的冷端延伸到温度恒定的场所（如仪表室、控制室），其实质是相当于将热电极延长。根据中间温度定律，只要使热电偶和补偿导线的两个节点温度一致，就不会影响热电动势的输出。

4）仪表机械零点调整法

对于具有零位调整的显示仪表而言，如果热电偶冷端温度 t_0 较为恒定时，可在测温系统未工作前，预先将显示仪表的机械零点调整到 t_0 上，这相当于把热电动势修正值 $E(t_0, 0)$ 预先加到了显示仪表上，当此测量系统投入工作后，显示仪表的显示值就是实际的被测温度值。

5）补偿电桥法

当热电偶冷端温度波动较大时，一般采用补偿电桥法。补偿电桥法是利用不平衡电桥（又称为冷端补偿器）产生不平衡电压来自动补偿热电偶因冷端温度变化而引起的热电动势变化。

采用补偿电桥法必须注意下列几点：

（1）当补偿器接入测量系统时，正负极性不可接反。

（2）显示仪表的机械零点应调整到冷端温度补偿器设计时的平衡温度，如补偿器是按 $t_0 = 20$ ℃ 时电桥平衡设计的，则仪表机械零点应调整到 20 ℃ 处。

（3）因热电偶的热电动势和补偿电桥输出电压两者随温度变化的特性不完全一致，故冷端补偿器在补偿温度范围内得不到完全补偿，但误差很小，能满足工业生产的需要。

5. 热电偶的测温电路

热电偶常用于测量一点的温度或者是两点之间的温度差。当测量一点温度时，热电偶与仪表通过补偿导线连接。当测量两点之间温度差时，采用两支热电偶和检测仪表配合使用，如图 2.6 - 3 所示。工作时两支热电偶产生的热电动势方向相反，所以输入仪表的是热电动势的差值，这个差值反映了两点间的温度差。为了减少测量误差，提高检测精度，一般使用两支热电特性一致的热电偶，同时要保证两支热电偶的冷端温度一致，配合相同的补偿导线。

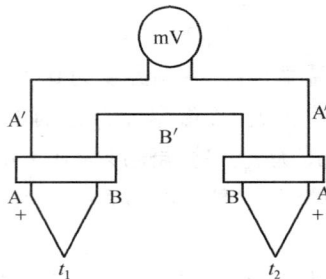

图 2.6 - 3　测量两点间温度差

另外，热电偶测温时还常采用并联线路和串联线路。如有些大型设备，当要测量其多点的平均温度时，多采用与热电偶并联的测量电路来实现，将 N 支相同型号的热电偶的正极和负极分别连接在一起，如图 2.6 - 4 所示，如果 N 支热电偶的电阻值相等，则并联测量的

总热电动势等于 N 支热电动势的平均值。

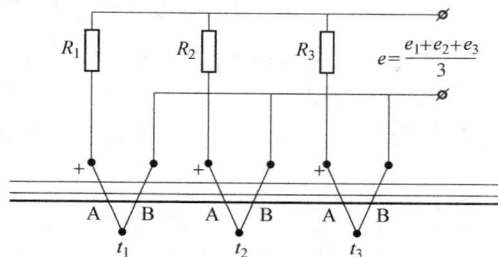

图 2.6 - 4　热电偶并联测量电路

有时将 N 支相同型号的热电偶依次连接，这样串联测量线路的总热电动势较大，等于 N 支热电偶热电动势之和。串联线路的主要优点是热电动势大，仪表的灵敏度大为增加，缺点是只要有一支热电偶断路，整个测量系统将无法正常工作。

2.6.2　热电阻式传感器

根据导电物体的电阻率随本身温度变化而变化的电阻效应制成的传感器，称为热电阻式传感器。

1. 热电阻

金属材料的载流子为电子，当金属温度在一定范围内升高时，自由电子的动能增加，使得自由电子定向运动的阻力增加，金属的导电能力降低，即电阻增加，通过测量电阻值变化的大小而得出温度变化的大小，最常用的材料为铂和铜。在低温测量中，使用钢、锰及碳等材料制成的热电阻。铂热电阻是目前公认的制造热电阻式传感器的最好材料，它性能稳定、重复性好、测量精度高，其阻值与温度之间有很近似的线性关系，主要用于高精度温度测量和标准电阻温度计，其缺点是电阻温度系数小，价格较高，其测温范围为 - 200 ℃ ~ + 850 ℃。

如果测量精度要求不是很高，测量温度小于 + 150 ℃时，可选用铜热电阻。铜热电阻的测温范围是 - 50 ℃ ~ + 150 ℃，其价格便宜，易于提纯，复制性好，在测温范围内线性度极好，其电阻温度系数 α 比铂高，但电阻率 ρ 较铂小。铜热电阻在温度稍高时易于氧化，只能用于 + 150 ℃以下的温度测量，范围较窄，而且体积也较大，所以适用于对测量精度和敏感元件尺寸要求不是很高的场合。目前，铂和铜热电阻都已标准化和系列化，选用较方便。

镍热电阻的测温范围为 - 100 ℃ ~ + 300 ℃，它的电阻温度系数较高，电阻率也较大。但它易氧化、化学稳定性差、不易提纯、复制性差、非线性较大，故目前应用不多。

工业用的几种主要热电阻材料特性如表 2.6 - 1 所示。

表 2.6 - 1　工业用的几种主要热电阻材料特性

材料名称	电阻率 ρ / $(\Omega \cdot mm^2 \cdot m^{-1})$	测温范围/℃	电阻丝直径/mm	特性
铂	0.098 1	- 200 ~ + 650	0.03 ~ 0.07	近似线性、性能稳定、精度高
铜	0.07	- 50 ~ + 150	0.1	线性、低温测量
镍	0.12	- 100 ~ + 300	0.05	近似线性

近年来在低温和超低温测量方面，开始采用一些较为新颖的热电阻，例如铑铁电阻、铟铁电阻、锰电阻和碳电阻等。铑铁电阻是以含 0.5% 克铑原子的铑铁合金丝制成的，具有较高的灵敏度和稳定性，重复性较好。铟铁电阻是一种高精度低温热电阻，在 4.2K ~ 15K 温域内其灵敏度比铂高 10 倍，故可以用于铂电阻不能使用的测温范围。

热电阻式传感器主要用于中低温 （ −200 ℃ ~ +650 ℃ 或 +850 ℃ ） 范围的温度测量。

2. 热敏电阻

热敏电阻是一种新型测温元件，其原理是：当热敏材料周围有热辐射时，它吸收辐射热，产生温升，从而引起材料电阻的变化。它有金属和半导体两种，金属多为金、镍和铋等；半导体多为金属氧化物，如氧化锰、氧化镍和氧化钴等。金属热敏电阻多为正电阻温度系数，绝对值比半导体的小，其电阻与温度的关系基本上是线性的，耐高温能力较强，所以多用于温度的模拟测量；而半导体热敏电阻多为负电阻温度系数，绝对值比金属的大十几倍，其电阻与温度的关系是非线性的，耐高温能力较差，所以多用于辐射探测。

与其他温度传感器相比，热敏电阻温度系数大、灵敏度高、响应速度快、测量线路简单，有些不用放大器就能输出几伏的电压，非常适用于家用电器、空调、复印机、电子体温计、表面温度计和汽车等产品作为测温控制和加热元件。另外，它体积小、寿命长、价格便宜，由于本身电阻值大，因此可以不考虑引线长度带来的误差，适于远距离的测量和控制，而对耐湿、耐酸、耐碱、耐热冲击、耐振动场合，可靠性比较高。但它的线性度和互换性较差，同一型号的产品特性参数有较大差别。一般需要经过线性化处理，使输出电压与温度基本上呈线性关系。热敏电阻的测温范围为 50 ℃ ~ 1 450 ℃。

近年来，开发了不少热敏电阻新产品，随着生产工艺的不断改进，其线性度、稳定性都达到了一定水平，使电路设计和维修、更换都很方便。

【思考与练习】

（1）传感器的功用及组成有哪些？

（2）什么是传感器的静态特性，有哪些性能指标？

（3）说明传感器测量误差的分类。

（4）绝对误差、相对误差、引用误差的计算方法有哪些？

（5）简述电阻应变式传感器的工作原理。

（6）简述电容式传感器的工作原理及分类？

（7）简述电感式传感器的工作原理及分类？

（8）什么是压电效应？

（9）热敏传感器的分类有哪些？

（10）简述热电偶式传感器的三大定律。

第3章　大气数据仪表

测量飞机高度、速度的仪表又称为大气数据仪表，它包括高度表、指示空速表、真空速表、马赫数表、升降速度表等，这些仪表对于驾驶飞机和领航计算都有重要作用。

目前，在小型飞机和通用飞机上大多使用分立式高度表、指示空速表和升降速度表，而大、中型飞机上则利用大气数据计算机集中处理大气数据，然后由电动仪表或电子显示器显示出各种飞行参数。

3.1　气压式高度表

气压式高度表是通过感受大气压力，指示飞机飞行高度的高度表。正确地测量和选择飞行高度，对充分发挥飞机性能、减少燃油消耗、节约飞行时间和保证飞行安全都有十分重要的意义。

3.1.1　飞行高度及测量方法

飞机的飞行高度是指从飞机到某一个指定基准面之间的垂直距离。根据所选基准面，飞行高度可分以下几种，如图3.1-1所示。

1. 相对高度

飞机到某一机场场面的垂直距离叫作相对高度。飞机起飞、降落时，必须知道相对高度。

2. 真实高度

飞机到正下方地面（如地面、水面、山顶等）的垂直距离叫作真实高度。在飞越高山、高空摄影、航测，尤其是盲降着陆时，需要准确测量真实高度。

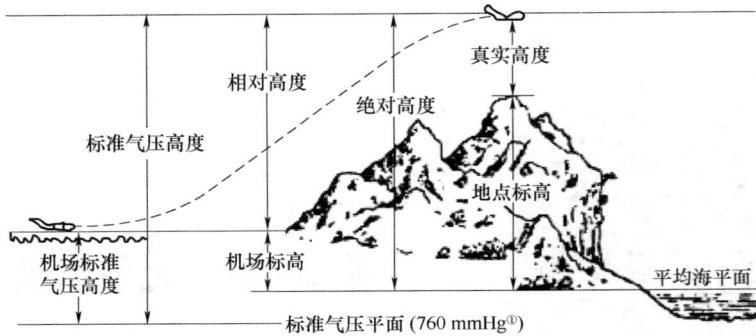

图 3.1 - 1　几种飞行高度

3. 绝对高度

飞机到平均海平面的垂直距离叫作绝对高度。在海上飞行时，需要知道绝对高度。我国的平均海平面在青岛附近的黄海上，它是我国地理标高的"原点"。

相对高度、真实高度、绝对高度都是以地表面上某一水平面作为基准面的高度，具有稳定的几何形态，有的文献称为几何高度。

4. 标准气压高度（H_{QNE}）

飞机到标准气压平面的垂直距离叫作标准气压高度。标准气压平面是国际统一规定的气压基准面，它的气压为 760 mmHg 或 1 013 hPa[②]（1 013 mbar[③]）或 29.92 inHg[④]。在航线飞行时，采用标准气压高度，可以统一高度基准，避免两机相撞的危险。

飞机平飞时，相对高度、绝对高度都不改变；真实高度随飞机正下方地面高度的改变而改变；标准气压高度则随飞机正下方标准气压平面位置的改变而改变。

几种高度的关系是：

绝对高度 = 相对高度 + 机场标高 = 真实高度 + 地点标高

标准气压高度 = 相对高度 + 机场标准气压高度

需要指出的是标高和标准气压高度是不同的，标高是某地到地理"原点"的高度，即海拔高度；标准气压高度则是该地到标准气压平面的高度，它们的基准面是不同的。

5. 场压高度（H_{QFE}）

场压高度是以起飞或着陆机场的场面气压为基准面的气压高度，简称为场压高。在标准大气条件下，场压高等于相对高度。

当飞机停在跑道上时，气压式高度表指示的场压高应为零（准确讲，应为飞机座舱高度）。

6. 修正海压高度（H_{QNH}）

修正海压高度即修正海平面气压高度，简称为海压高度或海压高。它是以修正海平面气压为基准面的气压高度。修正海平面气压是根据当时机场的场面气压和标高，按照标准大气

---

①毫米汞柱，1 mmHg = 133.322 Pa。

②百帕，1 hPa = 10^2 Pa。

③毫巴，1 mbar = 10^2 Pa。

④英寸汞柱，1 inHg = 3386.388 Pa。

条件推算出来的海平面气压值（由气象台提供）。在标准大气条件下，修正海压高度等于绝对高度。

当飞机停在跑道上时，气压式高度表指示的海压高应为机场标高。准确地讲，应为飞机座舱高度加机场标高。

标准气压高度、场压高度和海压高度都和大气压力有关，可以通过测量大气压力间接测量，有的文献上又把它们称为气压高度。几种气压高度的关系是：

海压高度 = 场压高度 + 机场标高

标准气压高度 = 海压高度 + 气压修正高度

气压修正高度是指按照标准大气高度公式计算出来的修正海平面气压值与标准大气压值之差对应的高度值。在海平面附近（或较低高度上），气压与高度的换算值约为 11 m/mmHg、8.25 m/hPa 或 1 000 ft/inHg。

标准气压高度、场压高度和海压高度可以用气压式高度表测量；真实高度使用无线电高度表测量。

3.1.2 高度表的原理

1. 高度与大气压的关系

地球周围的大气对物体存在着一定的压力，叫作大气压力。大气压力是怎样产生的呢？从宏观上讲，是大气的重量作用于物体表面；从微观上讲，是气体分子布朗运动所产生的撞击力。在对流层和平流层（飞机通常在这两层飞行），随着高度增高，大气密度逐渐减小，气温逐渐降低（平流层不变）。因此，大气压力随高度升高而逐渐减小，如图 3.1 – 2 所示。

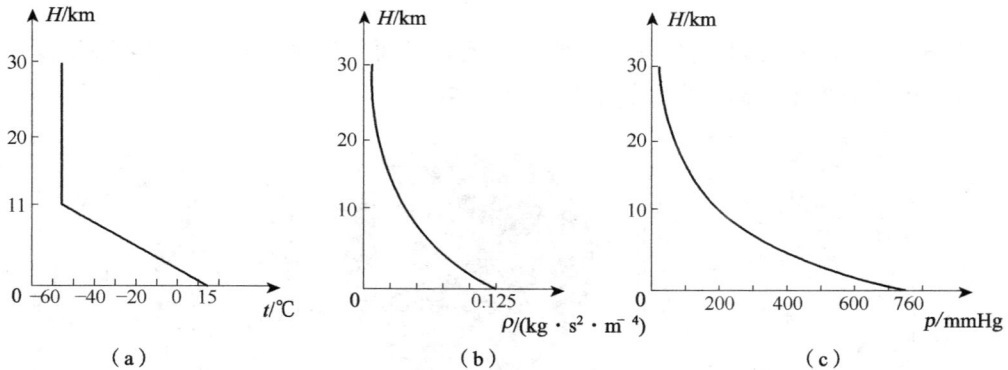

图 3.1 – 2 大气温度、密度、压力与高度的关系
(a) 大气温度与高度的关系；(b) 密度与高度的关系；(c) 压力与高度的关系

国际标准化组织规定了"国际标准大气"，它的主要条件是：以海平面为零高度；标准海平面的气压 p_0 为 760 mmHg（或 1 013 hPa 或 29.92 inHg）；气温 T_0 为 15 ℃（或 288 K）；空气密度 ρ_0 为 0.125 kg·s²/m⁴；对流层的顶界为 11 km；在对流层内，气温垂直递减率约为 – 0.006 5 ℃/m；在平流层内，高度低于 25 km 时，气温不随高度变化，等于 – 56.5 ℃（或 216.5 K），高于 25 km 时，气温略有升高；空气的气体常数 R 为 29.27 m/℃。

可以看出，高度与气压存在单值对应关系，气压越小，高度越高。知道某处的气压，利用标准气压高度公式，就可以计算出该处的标准气压高度。

2. 高度表的基本原理

气压式高度表的结构，如图3.1－3所示。气压式高度表的敏感元件是真空膜盒。从静压收集器来的静压（大气压力）作用在膜盒外，静压变化时，膜盒产生变形，膜盒的变形量经传送机构，使指针转动，指示出相应高度。

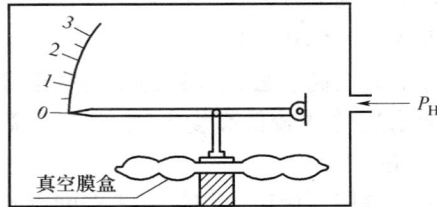

图3.1－3　气压式高度表的结构

例如，气压等于760 mmHg时，指针指零高度，这时膜盒的弹力与大气压力相平衡。飞机高度增加，大气压力减小，膜盒膨胀，带动指针顺时针转动，直到膜盒弹力与静压相等，指针停转，指示出较高高度。反之，飞机高度降低时，膜盒被压缩，指针反转，指示出较低高度。因此，只要刻度盘按标准气压高度公式刻度，就可以通过测量静压，指示出高度。

从以上分析看出，气压式高度表是根据标准大气条件下高度与静压的对应关系，利用真空膜盒测静压，从而指示飞行高度。

3.1.3　高度表的结构

如图3.1－4所示为几种常见的气压式高度表表面，按表面刻度上有无高度指标，可将气压式高度表分为不带高度指标和带高度指标两类。

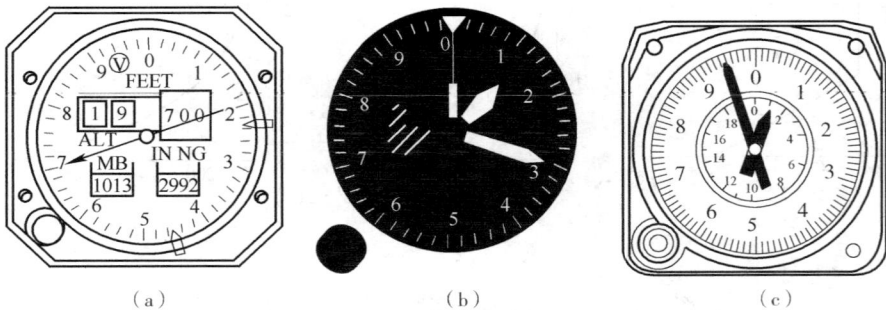

（a）　　　　　　　　　（b）　　　　　　　　　（c）

图3.1－4　几种常见的气压式高度表表面

（a），（b）不带高度指标的气压式高度表；（c）带高度指标的气压式高度表

1. 不带高度指标的气压式高度表

在图3.1－4中，（a）和（b）是不带高度指标的气压式高度表。图3.1－4（a）所示气压式高度表的内部结构如图3.1－5所示，它主要由感受、传送、指示和调整机构等部分组成。

感受部分由四只真空膜盒串联组成，可以增大膜盒形变量，提高仪表灵敏度。

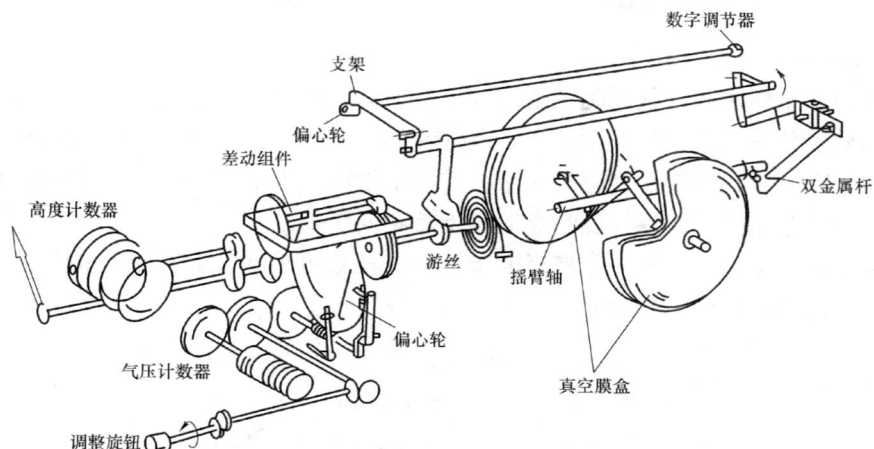

图 3.1 – 5　不带高度指标的气压式高度表内部结构

传送部分由连杆、齿轮等组成，它把膜盒的变形传给指示部分。

指示部分由指针、刻度盘和数字显示器组成。刻度盘每小格表示 20 ft[①]，每隔 100 ft 刻有数字。数字显示从左到右分别为万位、千位、百位，显示范围为 – 1 000 ~ 50 000 ft。读数时，先读显示器数字，然后再读指针指示值，图 3.1 – 4（a）中所示高度为 19 700 ft。

调整机构由气压调整旋钮、齿轮组、数字显示器等组成。显示器有毫巴（mbar）和英寸水银柱（inHg）两种不同单位的气压显示窗，前者显示范围为 779 ~ 1 049 mbar，后者为 23.00 ~ 30.99 inHg。

调整机构用来做什么？假设没有调整机构，仪表就不能选择不同的测量基准，也就是说，仪表只能测量一种高度（如标准气压高度），而不能测量其他种类的高度，这就使它受到了很大的限制。因此，调整机构可以用来选择高度基准面，测量不同种类的高度。同时，还能用来修正气压方法误差。

转动调整旋钮，可使气压显示窗显示选择的气压基准值。同时，传动机构还带动真空膜盒组和整个指示机构按标准气压高度关系转动相应数值，从而显示出相对所选基准面的高度。如果大气压力正好为基准值（例如在机场），高度显示零高度；飞机升空后，显示相对高度。

仪表后部还设有一个数字调节器。如在地面，气压显示为场压，高度指示不为零时，机务人员可以调节它，使高度指示为零。

这种高度表还装有一个电动振荡器。接通电源后，电动振荡器连续轻微振动膜盒，可以减小仪表的迟滞误差（膜盒在压力增加或减小时，在同一压力下变形量不同）。当振荡器不工作时，表面上方将出现"V"振荡警告旗，振荡作用失效，但仪表仍可使用。

图 3.1 – 4（b）气压式高度表指示部分由指针和刻度盘组成。长指针、短指针、细指针每走一个数字分别代表 100 ft、1 000 ft、10 000 ft。图 3.1 – 4（b）中所示高度为

---

① 英尺，1 ft = 0.304 8 m。

1 300 ft。

2. 带高度指标的气压式高度表

高度表由于结构关系，气压刻度范围较窄（常为 670 ~ 790 mmHg 或 950 ~ 1 050 mbar），在大气压力较低的高原机场使用时，无法调整到场面气压值（低于 670 mmHg），不能测量相对高度。因此，设计安装了代替气压刻度的高度指标。由于高度指标可以在全高度范围内用高度值选择测量基准面，这样测量相对高度就不受限制了。

如图 3.1 − 4（c）所示为一种带高度指标的气压式高度表，其内部结构如图 3.1 − 6 所示，它同样由感受、传送、指示和调整机构等组成。

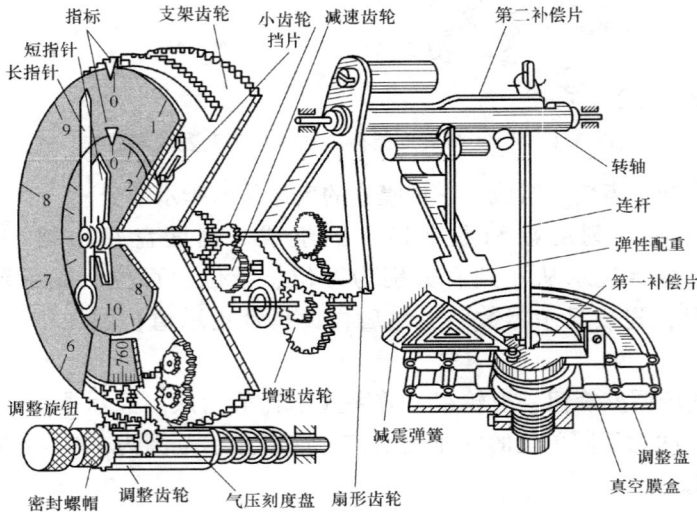

图 3.1 − 6　带高度指标的气压式高度表的内部结构

图 3.1 − 4（c）指示部分短指针在内圈刻度盘上每走一小格代表 1 000 m，每走一数字代表 2 000 m；长指针在外圈刻度盘上每走一小格代表 10 m，每走一数字代表 100 m。图中所示高度为 950 m。

调整机构由调整旋钮、密封螺帽、调整齿轮组、气压刻度盘、内外高度指标等组成。气压刻度范围为 670 ~ 790 mmHg，每小格表示 1 mmHg，每 10 mmHg 标一数字。高度指标读法与高度指针相同。气压刻度和内外高度指标指示数互相对应，并符合标准气压高度关系。转动调整旋钮，气压刻度盘和高度指标同时转动，前者指示基准面的气压，后者指示基准面的标准气压高度。当气压刻度盘转到超过 670 ~ 790 mmHg 范围时，气压窗出现一个挡片，遮住气压刻度盘，这时，内外指标所指示的基准面的标准气压高度，正好代替了气压刻度盘指示基准面气压的作用，仍然能够测量相对高度。

密封螺帽可以改变调整齿轮的啮合关系。旋紧密封螺帽，调整机构正常工作。松开密封螺帽，弹簧使调整齿轮与支架齿轮脱离啮合，这时，转动调整旋钮只能使气压刻度盘和高度指标转动，高度指针不动，这就可以单独调整气压刻度和高度指标，修正可能出现的机械误差。

3.1.4　高度表的使用

为了维护空中交通秩序和飞行安全,我国民航规定飞机起降过程中使用修正海压高度,航线飞行时使用标准气压高度。

1. 起飞前

起飞时,高度表应指示以修正海压平面为基准面的海压高度。

转动气压调整旋钮,使气压刻度(或显示数)为修正海压,高度指针应指机场标高。若是带高度指标的高度表,高度指标应指示修正海平面和标准气压平面之间的高度差。

飞机起飞后,高度指针指示飞机的海压高度。

当调高度表时,气压刻度(或显示数)为修正海压,高度指针不指机场标高。对于有密封螺帽的高度表,应首先将高度指针调到机场标高,然后松开密封螺帽,单独调气压刻度到修正海压,调完后旋紧螺帽。对于没有密封螺帽的高度表,只能请机务人员调整。

2. 飞行中

在起飞上升过程中,应当根据航行管制规定,在适当时候把指示调为标准气压高度。在航线飞行中,高度表应指示标准气压高度。

转动气压调整旋钮,使气压刻度为 1 013.2 mbar(或 760 mmHg),高度指针即指示飞机的标准气压高度。若带高度指标,应指示零。

3. 着陆前

在着陆过程中,高度表应指示以修正海压平面为基准面的海压高度(调整时间根据航行管制规定确定)。

着陆前,转动调整旋钮,使气压刻度为修正海压,高度指针便指示海压高度。若带高度指标,应指示修正海平面和标准气压平面之间的高度差。

4. 着陆后

着陆后,高度指针指示机场标高。

飞行各阶段高度表的调整方法如表 3.1 – 1 所示。

飞机转场过程中,高度表的使用方法和指示情况如图 3.1 – 7 所示。

表 3.1 – 1　飞行各阶段高度表的调整方法

飞行阶段	气压刻度	高度指标	高度指针
起飞前（调 H_{QNH}）	修正海压	修正海平面和标准气压平面的高度差	起飞机场标高
飞行中（调 H_{QNE}）	1 013.2 mbar（或 760 mmHg）	0	H_{QNE}
着陆前（调 H_{QNH}）	修正海压	修正海平面和标准气压平面的高度差	H_{QNH}
着陆后	修正海压	修正海平面和标准气压平面的高度差	着陆机场标高

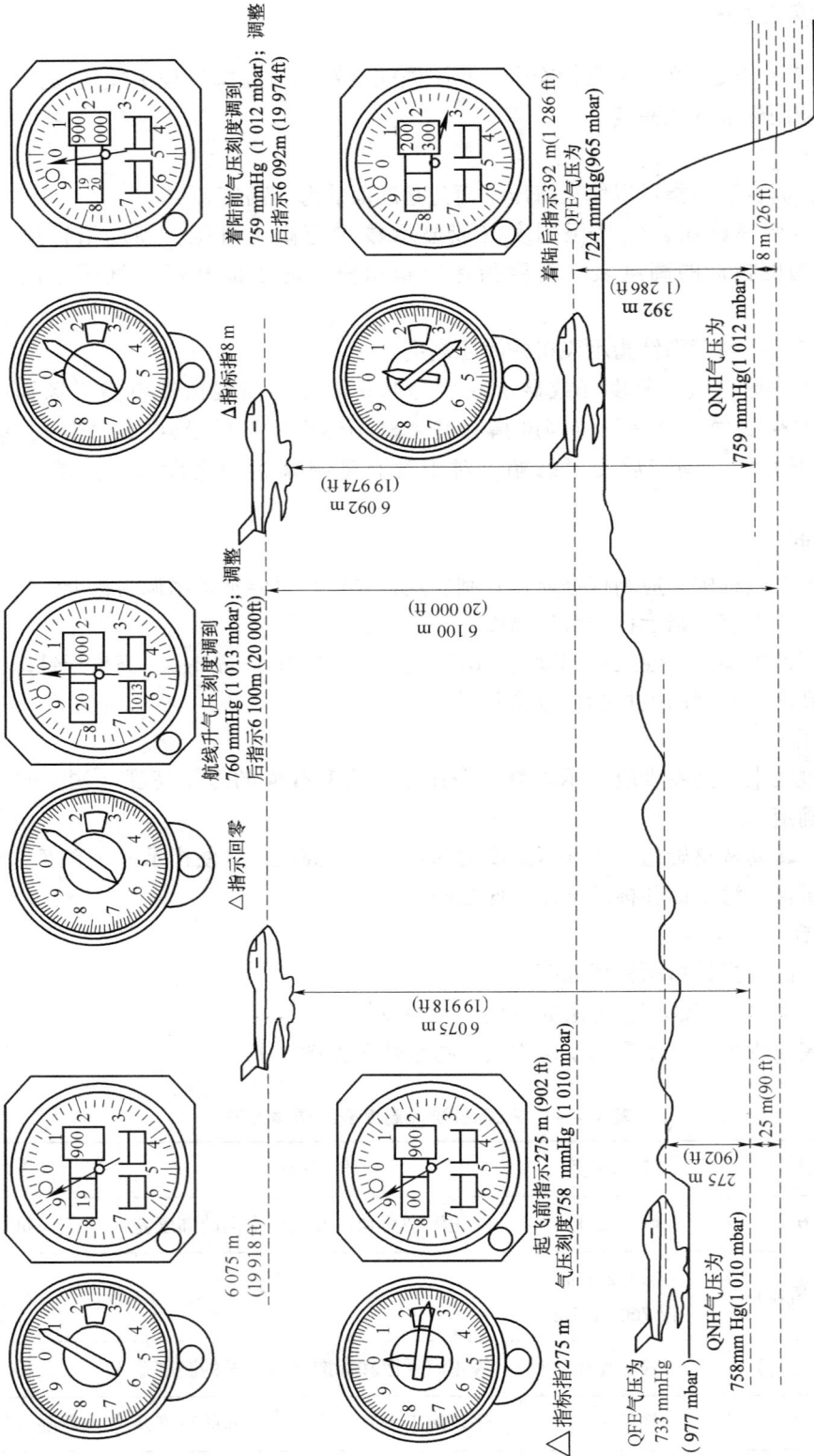

图3.1-7 飞机转场过程中，高度表的使用方法和指示情况

3.1.5　高度表的误差

高度表的误差分为机械误差和方法误差两类。

1. 机械误差

由于高度表在构造、材料、制造上的缺陷以及使用中的磨损、变形等引起的误差，叫作机械误差。例如，有时在起飞前校场压时，气压刻度指示机场场压，高度指针却不指零，原因就是存在机械误差。机械误差经定期测定后，绘制成修正量曲线表，放在飞机上，供需要时查用。如图 3.1-8 所示为高度表机械误差修正量曲线表。

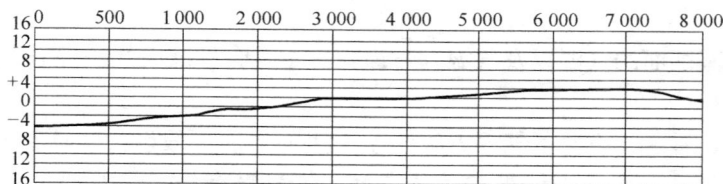

图 3.1-8　高度表机械误差修正量曲线表

2. 方法误差

气压式高度表是按照标准气压高度公式设计制造的。当实际大气条件不符合标准大气条件时，指示将出现误差，这种误差叫作高度表的方法误差。它又分为气压方法误差和气温方法误差两种。

1）气压方法误差

高度表测量基准面气压不符合标准大气条件而引起的误差，叫作气压方法误差。如图 3.1-9 所示，说明了气压方法误差产生的原因。设想从大气中取出一段大气柱，研究基准面气压变化后，该大气柱各层气压面相对于基准面的高度变化。

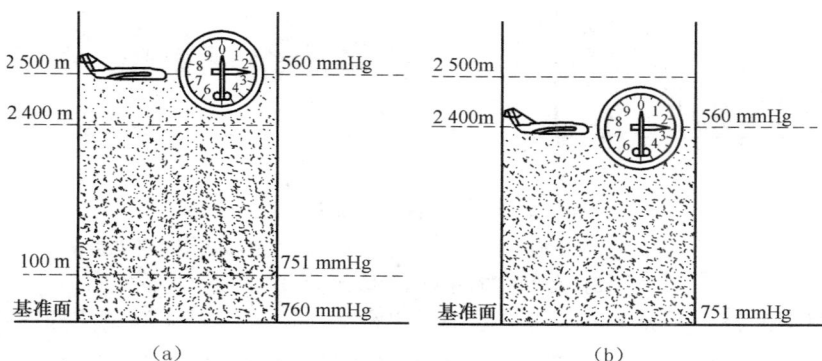

图 3.1-9　气压方法误差产生的原因

（a）气压式高度表的指示是准确的；（b）气压式高度表的指示有误差

如果大气柱符合标准大气条件，则大气柱中各层气压面之间距离保持一定，并符合标准数值，此时气压式高度表的指示是准确的。例如，飞机在 560 mmHg 的气压面上飞行，仪表指示的高度为 2 500 m，飞机相对于基准面的高度也就是 2 500 m，如图 3.1-9（a）所示。

如果基准面的气压减小，便相当于整个大气柱下降一段距离，于是，各层气压面相对于基准面的高度降低，气压式高度表出现多指的误差。例如，基准面气压由 760 mmHg 减小到

751 mmHg，相当于大气柱下降 100 m。如果飞机仍在 560 mmHg 的气压面上飞行，显然仪表的指示高度仍为 2 500 m，而飞机相对于基准面的实际高度则是 2 400 m，因而出现多指 100 m 的误差，如图 3.1 – 9（b）所示。相反，当基准面气压增大时，相当于整个大气柱上升，各层气压面相对于基准面的高度增大，仪表出现少指的误差。

仪表出现误差后，若不修正，飞机将不能安全着陆。如上例中，飞机已经落地，仪表指示还有 100 m 的高度。

修正的方法是：飞机着陆前，转动气压调整旋钮，使气压刻度指示实际场压值（上例中为 751 mmHg）。这样，飞机落地时，仪表指零。

2）气温方法误差

高度表测量基准面的气温以及气温垂直递减率不符合标准大气条件而引起的误差，叫作气温方法误差。

如图 3.1 – 10 所示，说明了气温方法误差产生的原因。假设大气柱符合标准大气条件，则飞机所在气压面的高度等于仪表指示的高度，仪表没有误差，如图 3.1 – 10（a）所示。当大气柱实际平均温度高于标准平均温度时，大气柱膨胀，其顶面 A 高度增高。要想保持高度表指示不变（即大气压力不变），飞机必须与顶面同时升高，如图 3.1 – 10（b）所示。此时，高度表指示小于实际飞行高度，产生少指误差。相反，当大气柱实际平均温度低于标准平均温度时，大气柱收缩，其顶面高度降低，如图 3.1 – 10（c）所示。高度表指示的高度大于飞机的实际高度，产生多指的误差。气温方法误差需要通过领航计算进行修正。

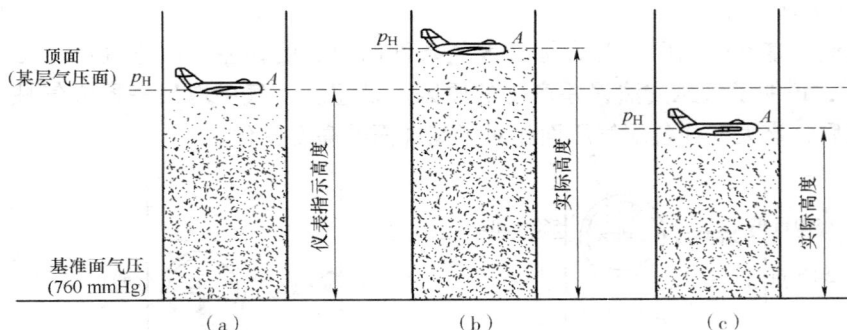

图 3.1 – 10　气温方法误差产生的原因

（a）大气柱符合标准大气条件；（b）大气柱实际平均温度高于标准平均温度；
（c）大气柱实际平均温度低于标准平均温度

特殊情况下的处置。为了保证飞行安全，飞行员应该记住"从热飞往冷或从高（压区）飞往低（压区），防止高度低"。此外，飞行中还应综合分析高度表、升降速度表、无线电高度表和地平仪的指示。如果其他几种表都表明高度有变化，而高度表没有相应的指示，可以判断高度表出了故障。这时，可由升降速度表和地平仪了解高度的变化，由无线电高度表或座舱高度表（非密封座舱）了解飞机的相应高度。

3.1.6　气压式高度表的维护实例

1. 101735 – 11933 高度表

101735 – 11933 高度表用来指示飞机相对海平面、机场或已知气压高度的任一地点的相对高度。运十二型飞机装两块高度表，分别装于左、右仪表板上。101735 - 11933 高度差的测量范围为 - 1 000 ~ 35 000 ft。

气压式高度表的敏感元件是真空膜盒，它是根据大气压力随高度变化而改变的原理，利用真空膜盒来感受大气压力的变化而工作的。在表壳的后部装有静压接管嘴，与静压管路相连。在表的前部装有气压高度旋钮，可随时调整所需要的气压高度，使指示器指示绝对高度（调到海平面的气压高度）和相对高度。如图 3.1 - 11 所示为高度表外形图。

图 3.1 - 11　高度表外形图

2. 高度表的维护实施

1）密封性及畅通性检查

按维护手册中的全/静压系统密封性检查内容，检查高度表的密封性及畅通性。

2）台架试验

（1）从飞机上拆下高度表。

（2）把仪表接入高度表测试设备上。

（3）常温时，仪表误差不应超过表 3.1 - 2 中的规定值。

表 3.1 - 2　仪表误差对照表

检查刻度值/ft	0	1 640	3 281	6 562	9 843	13 123	16 406	19 685	22 966 ~ 35 000
允许误差/ft	±49	±66	±82	±115	±148		±197		±295

（4）常温时，仪表在 0 ~ 1 312 ft 范围内，迟滞误差不应超过 98 ft。

（5）气密性，当表壳内真空度相当于 5 000 m 高度时，指针在 1 min 内下降不应超过 328 ft。

3）目视检查

（1）检查仪表玻璃有无裂纹，标记、字迹应清楚，固定应牢固。

（2）检查仪表后部胶管及接管嘴状况，胶管不应有老化现象，接管嘴不应锈蚀。

3.2　空速表

飞机相对于空气的运动速度叫作空速，空速表就是测量飞机空速的仪表。飞行员根据空速，可以判断作用在飞机上的空气动力情况，从而正确地操纵飞机。根据空速，还可以计算地速，从而确定已飞距离和待飞时间。

飞机的空速有真空速、指示空速和马赫数。真空速是指飞机相对于空气运动的真实速度；指示空速是在海平面标准大气条件下，动压与空速的关系得到的空速，又称为表速。

空速表测量空速的基本原理是感受气流的动压，因此，首先分析它们的关系。

3.2.1 气流的动压和静压

飞机飞行时，空气相对于飞机运动，在正对气流运动方向的飞机表面上，气流完全受阻滞，速度降低到零。这时，气流的动能全部转化成压力能和内能，使空气的温度升高、压力增大。在气流受到全阻滞时，速度降低到零处的压力，叫作全压或总压。全压包括两部分：一部分是由动能转变成的压力，称为动压；另一部分是气体未受扰动时本身实际具有的压力，称为静压，也就是大气压力。因此，全压等于动压和静压之和。

在飞机上有专门收集全压和静压的装置，叫作全/静压管（或空速管）。

3.2.2 测量空速的原理

1. 测量真空速的原理

测量真空速的方法一般有两种，一种是通过感受动压、静压、气温测量真空速；另一种是通过感受动压、静压测量真空速。

1) 通过感受动压、静压、气温测量真空速的原理

根据空速与动压、静压、气温的关系，如用三个感受部分，分别感受动压、静压和气温，共同控制仪表的指示，即能指示真空速。

如图 3.2 – 1 所示，就是这种真空速表的原理示意图。表中有两个开口膜盒和一个真空膜盒。其中，第一开口膜盒内部通全压，外部通静压，其变形大小由动压决定；第二开口膜盒与内装感温液体的感温器相连，其变形大小由气温决定（感温器装在飞机外面，感受大气温度，受热后液体汽化，压力增大）；真空膜盒感受静压，变形大小由静压决定。真空膜盒和第二开口膜盒共同控制支点位置，改变传送比。

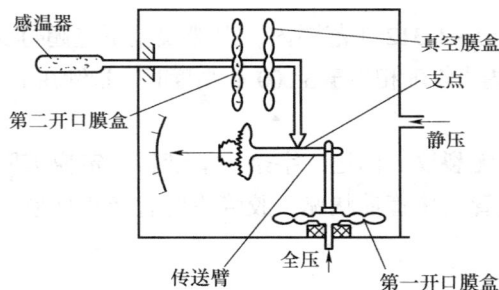

图 3.2 – 1　通过感受动压、静压、气温测量真空速的原理图

如果静压、气温不变而动压增大，则说明真空速增大。这时，第一开口膜盒膨胀，通过传送机构，使指针转角增大。

如果动压、气温不变而静压减小，也说明真空速增大。这时，真空膜盒膨胀使支点向右

移动，减小传送臂，增大传送比，在同样的动压作用下，指针转角增大。

如果动压、静压不变而气温降低，则说明真空速减小。这时，第二开口膜盒收缩使支点向左移动，减小传送比，指针转角减小。

由此可知，指针转角随动压增大而增大，随静压减小而增大，随气温降低而减小，它们的关系符合空速与动压、静压、气温的关系，可以测量真空速。

2）通过感受动压、静压测量真空速的原理

上述真空速表结构完善，准确度较高，但有三个敏感元件比较复杂，并且，空气气温不容易测得，因此较少应用。那么能不能把气温转变成其他量来简化测量呢？

在标准大气条件下，高度在 11 000 m 以上时，由于气温不随高度变化，故空速只决定于动压和静压。高度在 11 000 m 以下时，气温和静压具有一定的对应关系。

在标准大气条件下，由于温度和静压互相对应，因此可以通过感受动压、静压来测量真空速。这种真空速表的原理如图 3.2 – 2 所示。

动压增大时，开口膜盒膨胀，使指针转角增大；静压减小时，真空膜盒膨胀，支点向右移动，传动比增大，也使指针转角增大。因此，仪表的指示可以按照标准大气条件下，真空速与动压、静压的关系，随动压、静压变化，指示出飞机的真空速。

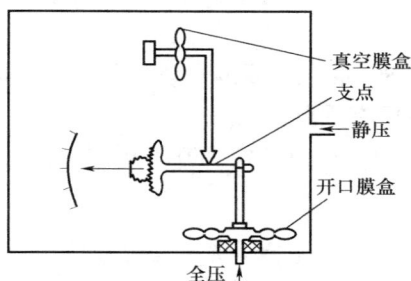

图 3.2 – 2　通过感受动压、静压测量真空速的原理图

这种真空速表没有感受气温的部分，真空膜盒不仅反映了静压，也反映了温度对真空速的影响，它的结构比较简单，使用较广泛。但是，当外界实际气温不等于标准气温时，将出现气温方法误差。

2. 测量指示空速的原理

1）测量指示空速的原理

根据指示空速的定义，把空速与动压、静压、气温关系中的静压和气温设为海平面标准大气参数，即 $T_H = T_0$，$p_H = p_0$，$\rho_H = \rho_0$。这样，空速就只与动压有关。于是，仅测量动压就可以表示指示空速。

指示空速表的原理，如图 3.2 – 3 所示。开口膜盒在动压的作用下产生变形，带动指针指示。指针的转角完全取决于动压的大小，即指示空速的大小。空速大，动压也大，仪表指示也越大；反之，指示小。可见，指示空速表是根据海平面标准大气条件下，空速与动压的关系，利用开口膜盒测动压，从而表示指示空速。

2）指示空速与真空速的关系

指示空速仅是动压的量度，而真空速不仅与动压有关，还和静压、气温有关，因此两者是不同的。

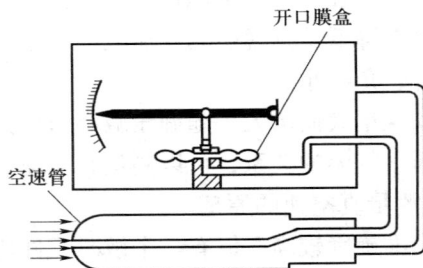

图 3.2 - 3　指示空速表的原理

如果飞机周围的大气参数符合海平面标准大气条件，也就是说，飞机在标准海平面上飞行，指示空速等于真空速。

如果保持真空速不变，而飞行高度升高，则一方面空气密度减小，要使动压减小；另一方面，气温降低，空气易于压缩，修正量增大，要使动量增大。但空气密度比空气压缩性修正量变化得快，因此实际动压变小，指示空速小于真空速。高度越高，它们的差别越大。

在同时装有指示空速和真空速指针的组合型空速表上，可以看到飞机飞行高度不高时，两针指示基本一致；随着飞行高度增加，真空速指示就越来越大于指示空速的指示。

3. 测量指示空速的作用

指示空速虽然不等于真空速，但是它反映了动压的大小，即反映了飞行时作用在飞机上的空气动力情况，这对操纵飞机有重要作用。

飞机平飞时，升力等于重力。重力一定，升力也应一定，才能保持平飞。根据飞行原理，升力公式为

$$Y = C_Y S \frac{1}{2} \rho_H V^2 = C_Y S P_T$$

式中，Y 为升力；S 为机翼面积；C_Y 为升力系数，它反映迎角的大小；P_T 为动压。在小于临界迎角范围内，迎角越大，升力系数也越大。

由上式可见，增大迎角时，升力系数变大，要想保持升力不变，必须减小动压；反之，减小迎角时，要想保持升力不变，必须增大动压。因此，大的迎角对应于小的动压，即对应于小的指示空速；小的迎角对应大的动压，即对应于大的指示空速。这就是说，飞行员根据指示空速，可以保持所需要的迎角飞行。

另外，飞机在不同的高度上平飞时，欲保持一定的迎角，所需的指示空速值一般是不变的。因此，不管飞行高度如何变化，飞行员只要记住一个指示空速值就可以了。但是各高度上指示空速相同时，真空速却不一样。由此可见，飞行员根据指示空速操纵飞机，比用真空速操纵飞机更为方便。

跨音速和超音速飞行时，升力系数不仅与迎角有关，而且与 M 数有关，指示空速不再能反映空气动力，因此必须利用 M 数表。

3.2.3　空速表的结构

1. 指示空速表

如图 3.2 - 4 所示为一种指示空速表，主要由开口膜盒、传送机构和指示部分组成。其

刻度范围为 50 ~ 350 km/h，每小格为 10 km/h，每 50 km/h 标有一个数字。

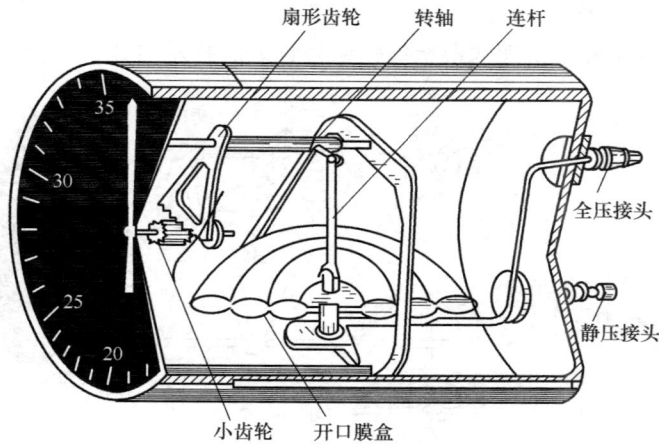

图 3.2 – 4　指示空速表

如图 3.2 – 5 所示为 Y7 – 100 飞机指示空速表表面，其刻度范围为 0 ~ 300 n mile/h[①]（海里/时）。它在 110 n mile/h 和 270 n mile/h 处有红色标线，分别表示最大失速速度和过速警告速度；在 168 n mile/h 处有蓝色标线，表示最小平飞速度。

如图 3.2 – 6 所示为 TB – 20 飞机空速表表面，它可直接显示指示空速，经修正后还可显示真空速。该表刻度盘涂有颜色标记：白色弧线区表速范围为 59 ~ 103 n mile/h；绿色弧线区为 70 ~ 150 n mile/h；黄色弧线区为 150 ~ 187 n mile/h；红色标线处为 187 n mile/h；白区表示提醒（此处提醒襟翼可操作范围）；绿区是正常工作范围；黄区为警戒速度；红色标线是极限速度，不能超过。在许多仪表表面都有类似的颜色提示，有利于安全飞行。

这种表还装有一套大气密度误差修正装置，它由仪表上方小窗中的气压高度刻度盘（单位：千英尺），左下方小窗中的真空速刻度盘和上方固定的气温刻度等组成。转动右下方的调整旋钮，两部分刻度盘随之转动，在气压高度刻度盘上当飞机的标准气压高度与大气温度对正后，指针在真空速刻度盘上的指示值即为飞机真空速。

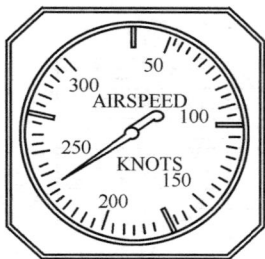

图 3.2 – 5　Y7 – 100 飞机指示空速表表面

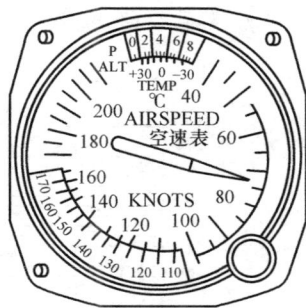

图 3.2 – 6　TB – 20 飞机空速表表面

---

① 　n mile 为海里，1 n mile = 1 852 m。

2. 组合型空速表

如图 3.2 – 7 所示为一种指示空速和真空速的组合型空速表,其工作范围为 100 ~ 1 200 km/h。这种空速表有粗细两根指针,粗指针表示指示空速,细指针表示真空速。

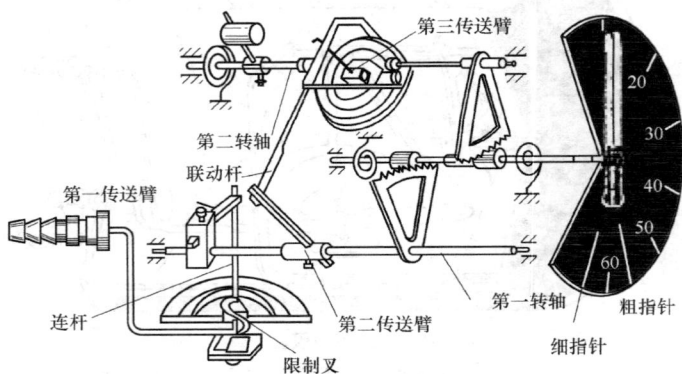

图 3.2 – 7 组合型空速表

开口膜盒感受动压产生位移,经第一传送臂、第一转轴、齿轮组使粗指针转动,表示指示空速。同时,还经第二传送臂、联动杆、第三传送臂、第二转轴等使细指针同步转动。用来感受静压的真空膜盒安装在第二转轴上。静压减小(或增大)时,真空膜盒膨胀(或收缩),使第三传送臂缩短(或伸长),这就使传送比增大(或减小),第二转轴转角增大(或减小),带动细指针指示出真空速。可见,这种仪表是感受动压、静压来测量真空速的。

3.2.4 空速表的误差

1. 机械误差

不管是指示空速表,还是真空速表都会因制造缺陷、使用磨损、变形等而出现机械误差。机械误差经定期测定后,绘制成修正量曲线表,放在飞机上,供需要时查用。如图 3.2 – 8 所示为空速表机械误差修正量曲线表,表中横坐标表示仪表指示空速 v_i,纵坐标表示修正值 Δv。修正空速 v_C 为

$$v_C = v_i + \Delta v$$

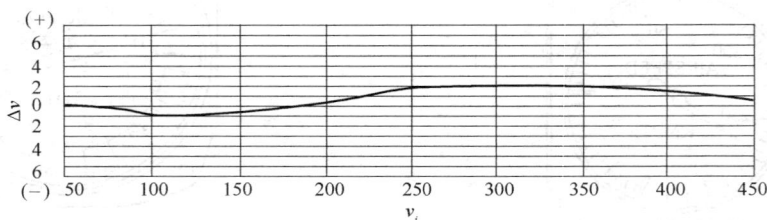

图 3.2 – 8 空速表机械误差修正量曲线表

2. 方法误差

通过感受动压、静压而指示的真空速表,当外界气温不符合标准大气条件时,将产生误差,这种误差叫作气温方法误差。因为这种真空速表是根据标准大气条件下气温和静压的对

应关系，通过测量静压来代替测量气温的。而当气温不符合标准大气条件时，上述关系就会出现误差。

当动、静压保持不变，而气温由标准温度升高时，说明飞机的真空速增大，但仪表没有测量温度，其指示不会改变，所以出现少指误差；反之，气温由标准温度降低时，仪表出现多指误差。误差可以通过领航计算修正。

特殊情况下的处置。除了机械误差和方法误差需要根据情况适当修正外，在飞行中还应综合分析空速表和发动机进气压力表、转速表、推力表以及地平仪、升降速度表、高度表、M 数表的指示。如果在一定高度上，俯仰角和升降率也一定时，空速和发动机功率不相对应；或者在一定高度上，M 数变化，空速没有相应变化，都说明空速表有故障。这时，还可以改变飞机俯仰角，进一步判断空速表是否出现故障。空速表出现故障后，可以根据空速和发动机功率的对应关系来控制飞机的速度。

3.2.5 空速表的维护实例

1. 20025 – 11324 空速表

20025 – 11324 空速表用来指示飞机相对于空气的飞行速度。运十二型飞机上装两块空速表，分别装于左、右仪表板上，其测量范围为 20 ~ 250 kn。

空速表是根据飞机的飞行速度与动压（即全压与静压之差）的关系来工作的。空速表的后部有两个接管嘴，其一接静压，另一接全压。空速表有一开口膜盒，其内腔与全压管相连，膜盒的外部与静压管相连。飞机飞行时，膜盒内外压差即动压，随飞机飞行速度的变化而改变，膜盒变形通过传动机构带动指针指示出飞机的空速。如图 3.2 – 9 所示为空速表外形图。

图 3.2 – 9 空速表外形图

2. 空速表的维护实施

1）密封性及畅通性检查

按维护手册中全/静压系统密封性检查内容，检查空速表的密封性及畅通性。

2）台架试验

（1）从飞机上拆下空速表。

（2）把仪表接入空速表试验器上。

（3）常温下，刻度盘上所有被检查点的示数不允许超过 ±3.24 kn。

（4）仪表密封性。

静压：当抽真空至相当于 250 kn 的空速时，1 min 内仪表指针的下降值不超过 6 kn。

全压：当压力相当于 250 kn 时，仪表的全压系统是气密的。

3）目视检查

（1）检查仪表玻璃有无裂纹，标记、字迹应清楚，固定应牢固。

（2）检查仪表后部胶管及接管嘴状况，胶管不应有老化现象，接管嘴不应锈蚀。

3.3 马赫数表

3.3.1 马赫数表的功用

马赫数（Ma）简称 M 数，即飞机所在高度的真空速（v）和当地音速（a）之比。

$$Ma = \frac{v}{a}$$

当飞机接近音速飞行时，某些部位可能产生局部激波，阻力急剧增加，将会导致飞机的稳定性和操纵性变坏。例如，飞机可能自动倾斜；高空飞行时，飞机可能有明显的俯仰摆动现象；增大飞机的载荷时，操纵驾驶杆的力量需要大大增加等。甚至产生激波失速，为了防止激波失速，必须测量马赫数。

3.3.2 测量马赫数的原理

气动式马赫数表的测量原理和基本结构与真空速表基本相同。

马赫数表的两个测量部件为空速膜盒和高度膜盒。空速膜盒通过测量全压、静压的压差获得空速；高度膜盒使用静压测量出高度。马赫数的测量则采用这两套测量部件测量参数的比值得出。

$$Ma = \frac{v}{a}$$

音速是不能直接测量的，音速在一定范围内是随高度增加而线性减少的。因此，可以通过使用高度膜盒测量出静压的大小来反映空速的变化。所以，马赫数的测量就从飞机所在高度的真空速与本地音速的比值变为用全压和静压之差与静压的比值来表示了。

如图 3.3 – 1 所示为一种 M 数表的结构。它主要由开口膜盒、真空膜盒、拨杆式传送机

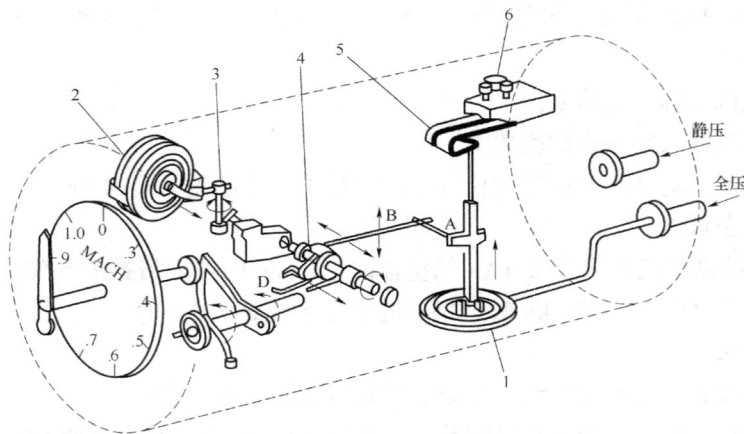

图 3.3 – 1 M 数表的结构

1，2—膜盒；3，4—轴；5，6—补偿机构

构和指示部分等组成。图中 A、B 和 C、D 均是主从式拨杆传送机构，通过游丝的作用使两拨杆始终接触。

如果空速增大，动压增大，膜盒 1 膨胀，通过拨杆 A、B 使轴 4 逆时针转动，拨杆 C、D 使扇形齿轮逆时针转动，指针指示增大；若高度增高，静压减小，膜盒 2 膨胀，通过支架使轴 3 顺时针转动，轴 4 向右移动，拨杆 D 缩短，传动比增大，指示增大；反之，若空速减小或高度降低，则指示减小。只要系统的传动比和刻度数按 M 数与动压、静压的关系设计，仪表将指示 M 数。

有的 M 数表还在临界 M 数处装有临界 M 数指针或信号装置，用来提醒飞行人员。如图 3.3 - 2 所示为 M 数表的表面，刻度盘刻度范围为 0.5 ~ 1.0。当空速较低时，M 数指针被一个挡板遮住，不能看见。空速增大时，指针转出。红色固定指针表示临界 M 数。

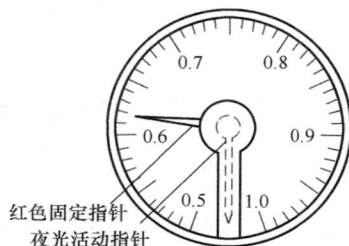

红色固定指针
夜光活动指针

图 3.3 - 2 M 数表的表面

3.3.3 马赫—空速表的指示

传统飞机的指示空速和超速指示器是组合式仪表，即马赫—空速表。马赫—空速表上的白色指针代表指示空速（IAS），红、白相间指针指示超速状况最大操作速度、最大操作马赫数（VMO/MMO）。

电动式马赫—空速表如图 3.3 - 3 所示，对飞机的超速状况可发出警告。马赫空速警告系统在飞机出现超速状况时，系统提供视频和音频警告。白色的指针指示出计算空速（CAS），红/白指针指示由马赫—空速警告计算机计算出的速度极限值。马赫—空速表上的窗口还用数字形式指示出计算空速和马赫数，当马赫空速警告计算机出现故障时，窗口内显示 VMO 和 MACH 故障旗。

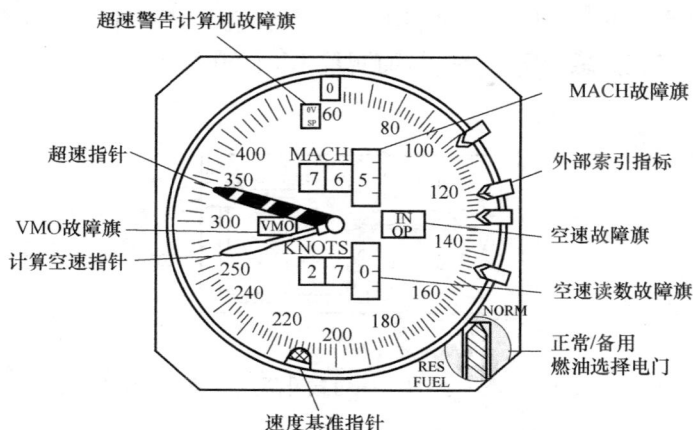

图 3.3 - 3 电动马赫—空速表

电子飞行仪表显示的空速位于主飞行显示器空速带上，马赫数则位于空速带的底部。如图 3.3 - 4 所示为电子飞行仪表显示的计算空速和马赫数。

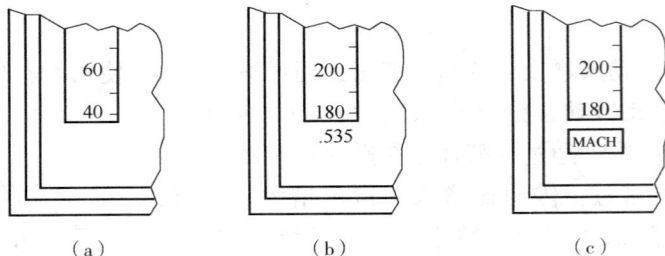

图 3.3 - 4　电子飞行仪表显示的计算空速和马赫数
（a）无计算数据或 $M < 0.4$ 显示；（b）$M > 0.4$ 显示；（c）M 故障旗显示

3.4　升降速度表

在单位时间内，飞机高度的变化量叫作升降速度或垂直速度。根据升降速度可以计算出飞机在一定时间内上升（或下降）的高度，以及爬升（或下降）一定高度所需的时间。

升降速度表主要用来测量飞机的升降速度，同时，还可以辅助地平仪反映飞机是否平飞。

3.4.1　升降速度表的原理

如图 3.4 - 1 所示为压力式升降速度表，它由开口膜盒、毛细管、指示部分等组成。膜盒内部通过一根内径较大的导管与外界大气连通，膜盒外部即表壳内部，通过一根内径很小的毛细管与外界大气相通。飞机高度变化时，外界气压（静压）也要变化。飞机升降速度越快，变化率也越大。升降速度表就是利用毛细管对气流的阻滞作用，把气压变化率转变成为压力差，利用开口膜盒感受压力差，从而测量飞机的升降速度。

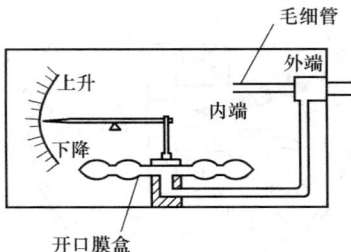

图 3.4 - 1　压力式升降速度表

当飞机平飞时，表壳内外的气压相等，膜盒内外没有压力差，仪表指示为零。

当飞机上升时，外界气压不断减小，膜盒内与表壳中的空气同时向外流动。膜盒内的空气通过粗导管能够迅速与外界保持平衡。表壳中的空气通过毛细管，气流受阻滞，流动较慢，气压减小较慢，高于外界气压，产生压力差。飞机上升越快，压力差越大。受此压力差作用，膜盒收缩，通过传动机构，使指针上指，表示飞机上升。

若飞机由上升改为平飞时，外界气压不再变化，膜盒内的气压也不再变化。而表壳中的空气在剩余压力差作用下，逐渐向外流动，经过一定时间后，表壳中气压与外界气压相等，膜盒内外压力差等于零，指针回零，表示飞机平飞。

当飞机下降时，与上升情况相反，膜盒膨胀、指针下指，表示飞机下降。

为了进一步阐明膜盒内外压力差与飞机升降速度的关系，下面对压力差产生的过程进行分析。当飞机高度刚开始变化时，毛细管两端的压力差很小，空气流过毛细管的速度也很慢。由于表壳中的气压变化率小于外界气压变化率，于是压力差逐渐增大。随着压力差的增大，空气流过毛细管的速度逐渐加快，使表壳中的气压变化率也逐渐增大。当表壳内外气压变化率相等时，压力差保持一定，达到一个动平衡状态。在这种状态下，膜盒变形量一定，指针指示一定的升降率。飞机高度变化越快，外界气压变化率越大，压力差越大，指针指示就越大。所以，在动平衡状态下，毛细管两端压力差与飞机升降速度成正比，测量压力差的大小，就可以表示升降速度。

3.4.2　升降速度表的结构

如图 3.4-2 所示为一种升降速度表的结构，开口膜盒膜片较薄，很灵敏。调整螺钉用于调整仪表的零位，由机务人员调整，刻度单位为 m/s。

如图 3.4-3 所示为一种升降速度表表面，刻度单位为 kft/min。

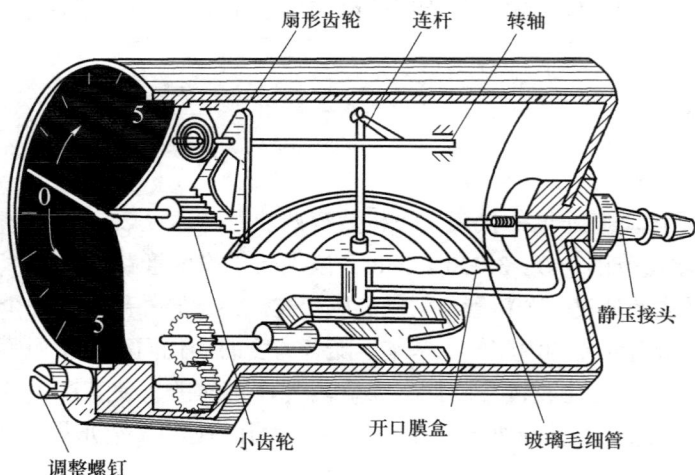

图 3.4-2　升降速度表的结构

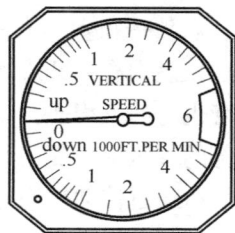

图 3.4-3　升降速度表表面

3.4.3　升降速度表的误差

升降速度表的误差主要有气温误差和延迟误差。

1. 气温误差

飞机外部、表壳内部气温和毛细管中平均气温不相等时，毛细管两端会产生压力差，使仪表指示出现误差，这就是气温误差。其误差相对值最大可达 30%。气温误差的大小，与升降速度有关，升降速度越大，误差越大；升降速度越小，误差越小。仪表在零刻度附近基本上没有气温误差。因此，用升降速度表检查飞机平飞时，即使忽略气温误差，也有较高的准确度。

2. 延迟误差

飞机升降速度跃变时，升降速度表需要经过一段时间才能指出相应数值，在这一段时间内，仪表指示值与飞机升降速度实际值之差，叫作延迟误差。自升降速度开始跃变到指示接近相应的稳定值所经过的时间，叫作延迟时间。

为什么升降速度表具有延迟误差呢？这是因为仪表要指示实际的升降率，膜盒内外必须有一个稳定的压力差，而这个稳定的压力差只有在毛细管两端气压变化率达到动平衡状态时才能形成。当飞机升降率跃变时，毛细管两端开始出现压力差，而要达到动平衡状态，就需要一个变化过程。在这段时间中，仪表指示只能逐渐变化，不能立刻指示实际值，这样就出现了延迟误差。

飞机升降率越大，膜盒内外的压力差也越大，因此，延迟误差越大，延迟时间越长。飞机在高空飞行时，由于空气密度小，达到动平衡的时间稍长。因此，高空飞行时延迟时间稍长，低空飞行时延迟时间稍短。

一般来说，升降速度表的延迟时间只有几秒，如有的升降速度表延迟时间为 2 ~ 7 s。

为了减小升降速度表的延迟误差，飞机升降速度的跃变量不应太大。这就要求飞行员操纵飞机时，移动驾驶杆应柔和，动作不能太猛，动作量不能太大。同时，还应注意地平仪的指示，以便及时保持飞机状态。在改为平飞时，俯仰操纵还要留有提前量。

需要说明的是，虽然升降速度表存在延迟误差，但在零刻度附近误差很小，仪表很灵敏。飞机刚一出现上升或下降，仪表立刻会偏离零位。所以升降速度表是了解飞机上升、下降或平飞状态的重要仪表。

3.4.4　升降速度表的维护实例

1. 升降速度表

升降速度表是指示飞机上升或下降垂直速度的仪表。飞机装有两块升降速度表，分别装在左、右仪表板上。升降速度表的测量范围为 0 ~ 3 000 ft/min，该表接于静压管路上。

在仪表内有一开口膜盒，膜盒的内腔通过一个粗管与大气静压相连，膜盒的外部通过一个毛细管也与静压相连，飞机上升或下降时膜盒的内腔气压基本上随着高度的变化而改变，但膜盒外部的气压由于受毛细管的阻滞作用，变化较慢，因此，膜盒内外产生压差，使其产生变形。然后通过传动机构，使指针指示出飞机的升降速度。如图 3.4 – 4 为升降速度表外形图。

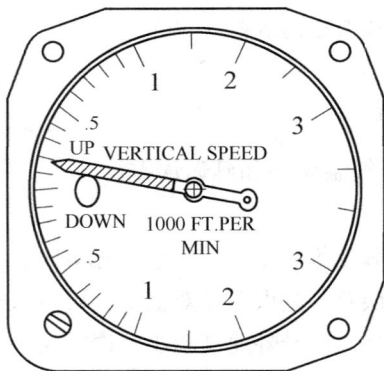

图 3.4 – 4　升降速度表外形图

2. 升降速度表的维护实施

1）密封性及畅通性检查

按维护手册中的全、静压系统密封性检查内容，检查升降速度表的密封性及畅通性。

2）台架试验

（1）从飞机上拆下升降速度表。

（2）把仪表接入升降速度测试设备上。

（3）常温时，仪表误差不应超过表 3.4 – 1 中的规定值。

表 3.4 – 1　仪表误差对照表

被检查刻度值/（ft·min^{-1}）	199 ~ 591	894 ~ 1 393	1 791 ~ 1 990
允许误差/（ft·min^{-1}）	±199	±199	±199

（4）常温时，指针对刻度零点的偏移不应大于 ±59 ft/min。

（5）气密性检查：当把仪表抽真空到 700 mm 水柱时，一分钟内下降值不超过 3 mm 水柱。

（6）将性能满足要求的仪表装到飞机上，固定好，接上胶管（静压）。

3）目视检查

（1）检查仪表玻璃有无裂纹，标记、字迹应清楚，固定应牢固。

（2）检查仪表后部胶管及接管嘴状况，胶管不应有老化现象，接管嘴不应锈蚀。

【思考与练习】

（1）飞行高度分哪几种？其含义是什么？

（2）气压式高度表可以测量哪些高度？

（3）可以使用气压式高度表测量机场的标准气压高度和标高吗？怎样测量？

（4）空速、真空速、指示空速的含义是什么？

（5）测量真空速、指示空速有什么作用？

（6）简述马赫数表的功用及原理。

（7）升降速度表有哪些用途？

（8）升降速度表指零时，飞机一定平飞吗？飞机平飞时，升降速度表一定指零吗？为什么？

第4章　全/静压系统

全/静压系统用来收集气流的全压和静压，并把它们输送给需要全压、静压的仪表及有关设备。全/静压系统是否准确和迅速地收集和输送全压、静压，直接影响全/静压系统仪表指示的准确性。高度表、空速表、马赫数表、升降速度表等都是基于测量全压/静压而工作的仪表。

全/静压系统由全静压管、全压管、静压孔、转换开关和全、静压导管等组成。

4.1　静压系统

气压式高度表、空速表和升降速度表都需要获得静压，才能输出正确数值。这些仪表通过管路连接到静压孔。静压孔穿过机身蒙皮使飞机外部的静压进入到机内静压管路。静压孔位于机身前侧面无气流干扰的平滑处，此处便于测量静压。它安装在机身蒙皮上稍稍向内凹进，因此称为平齐式静压孔。在孔周围喷有一圈红漆，其下面标有注意事项。要求保持圈内的清洁和光滑，且静压孔上的小孔不能变形或堵塞。如图 4.1 – 1 所示为平齐式静压孔。

静压孔区域必须保持清洁和光滑的目的是防止出现干扰气流，得到正确的指示。

必须注意：在清洗飞机或退漆时，应该用专用盖子堵住静压孔。该堵盖应使用鲜艳的颜色，例如

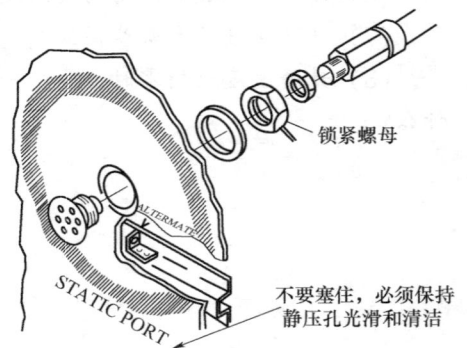

锁紧螺母

不要塞住，必须保持
静压孔光滑和清洁

图 4.1 – 1　平齐式静压孔

红色。这样容易辨认，便于在下一次航班前将堵盖摘下。

在飞机飞行期间，即使静压孔区域保持清洁、光滑，测量到的静压也不会完全等于飞机外的静压，这种测量静压与真实静压之差称为静压源误差（SSE）。它取决于机身的外形、飞机的空速、迎角、襟翼和起落架的位置。静压源误差的校正由大气数据计算机来完成。

另外，还有一种飞行姿态也会影响静压的测量，这就是飞机侧滑。在侧滑期间，由于冲压气流的影响，机身左侧静压高于正常静压，右侧的静压低于正常静压。为了补偿这一影响，在机身两侧各开了一个静压孔，并使它们连通。这样就补偿了由于飞机侧滑带来的影响。两端的静压孔通过一个三通连在一起，将静压提供给仪表。如图 4.1 - 2 所示为静压系统与静压孔的开口位置。

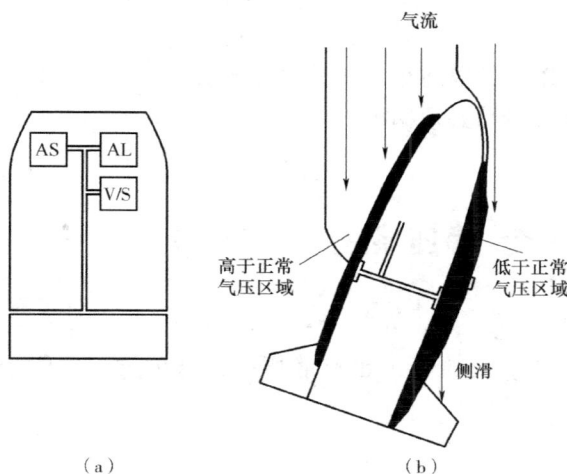

图 4.1 - 2　静压系统与静压孔的开口位置
（a）静压系统；（b）静压孔的开口位置

4.2　全压系统

全压系统应用于空速表中。全压等于动压与静压之和，它通过全压管测得。全压管将测得的全压加到空速表上。

在大型飞机上，全压管通常位于机身的前部。所有的全压管在前端都有一个开孔用来收集气流的全压。

注意：全压管的前端应保持良好的条件，不能影响气流的流动。

在管子内有一个挡板，它的作用是防止水或外来物进入全压管路。在管子的最低点有一个排泄孔，它可以将水和灰尘颗粒排到外面。全压孔必须保持畅通，只有这样才能保证仪表给出正确的指示。如图 4.2 - 1 所示为全压系统与全压管。

电加温探头可以防止飞机在飞行期间结冰引起全压管堵塞。如果飞机在地面上接通加热开关，会对管子加温，并且温度很高，触摸时可导致严重烫伤。如果飞机长时间停在地面，

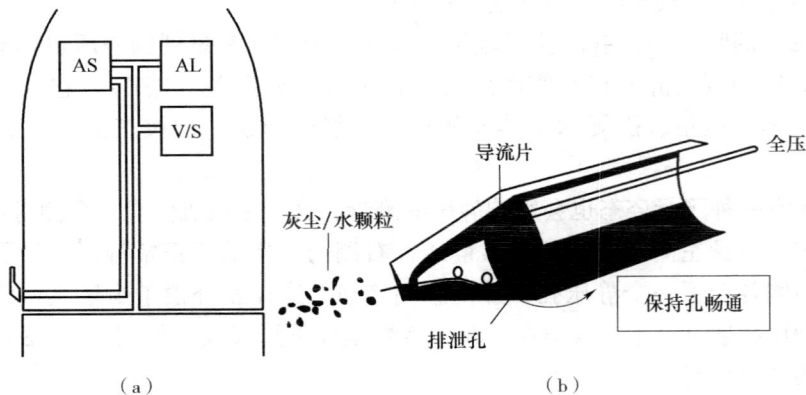

图 4.2 - 1 全压系统与全压管

（a）全压系统；（b）全压管

全压管必须用专用护盖罩上，以防止水和其他外来物进入。护盖上带有明显标志，以此警告机械员或驾驶员在下次飞行前必须摘掉护盖。

4.3 全/静压系统

在某些类型的飞机上，全压管上也有静压孔，这种类型的管子称为全/静压管，如图4.3 - 1 所示。

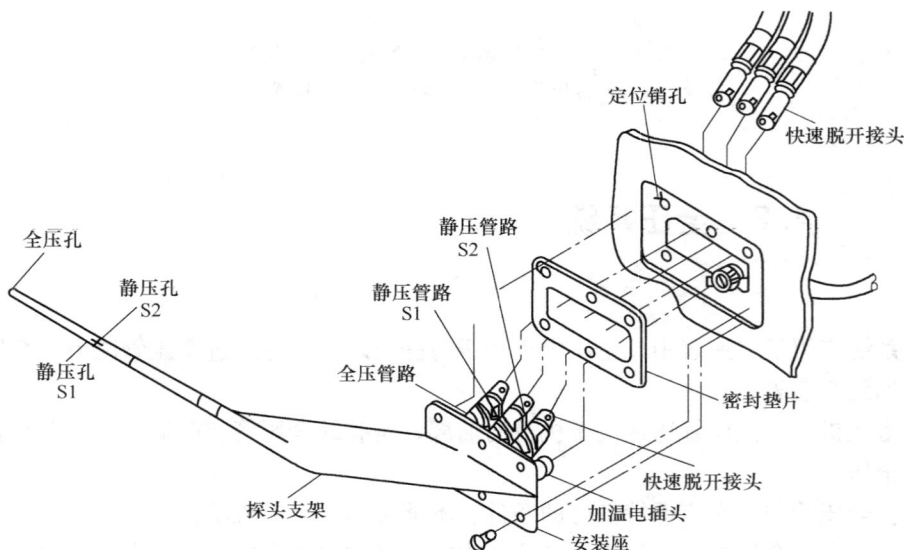

图 4.3 - 1 全/静压管

全/静压管一般包括全压、静压和加温等部分。有一支架保持探头离机身蒙皮几英寸，来减小气流的干扰。每个探头上有三类孔：一个孔朝前感受全压，两组孔在侧面感受静压，全压部分用来收集气流的全压。全压孔位于全/静压管的头部正对气流方向。全压经全压室、全压接头和全压导管进入大气数据仪表或系统。全压室下部有排水孔，全压室中凝结的水，可由排水孔或排水系统排出。

静压部分用来收集气流的静压。静压孔位于全/静压管周围没有紊流的地方。静压经静压室、静压接头和静压导管进入仪表。全/静压管是流线形的管子，表面十分光滑，其目的是减弱它对气流的扰动，以便准确地收集静压。

一个底座包括电气接头和气压接头，加温器连接到底座上的两个绝缘的插钉上。在底座上的双定位销帮助探头安装时定位。密封垫用于座舱压力密封，它安装在探头凸缘与飞机机体之间。

为了准确地收集静压，避免全/静压管前端及后部支架对静压孔处压力的影响，静压孔至全/静压管前端的距离，大致应等于全/静压管直径的三倍，至后部支架也应有一定的距离。

4.4　系统结构

全/静压系统的结构随飞机的发展而发展，其管路系统从简单到复杂。然而，随着电子技术的发展，复杂的全/静压管路系统又被电缆取代，从这一意义上说，该系统又从复杂逐渐变为简单。

下面从老式小型飞机的简单系统开始讨论全/静压系统的结构。通常，小飞机只有一套气压式高度表、升降速度表和空速表。气压式高度表和升降速度表需要静压；空速表既需要静压，也需要全压。如图 4.4 - 1 （a）的左侧部分所示。

对于老式大型的飞机来说，飞机操纵需要正、副两位驾驶员，因此必须为副驾驶员也提供一套仪表系统。并且，该仪表系统应该由完全独立的全压和静压系统提供。如图 4.4 - 1 （a）的右侧部分所示。

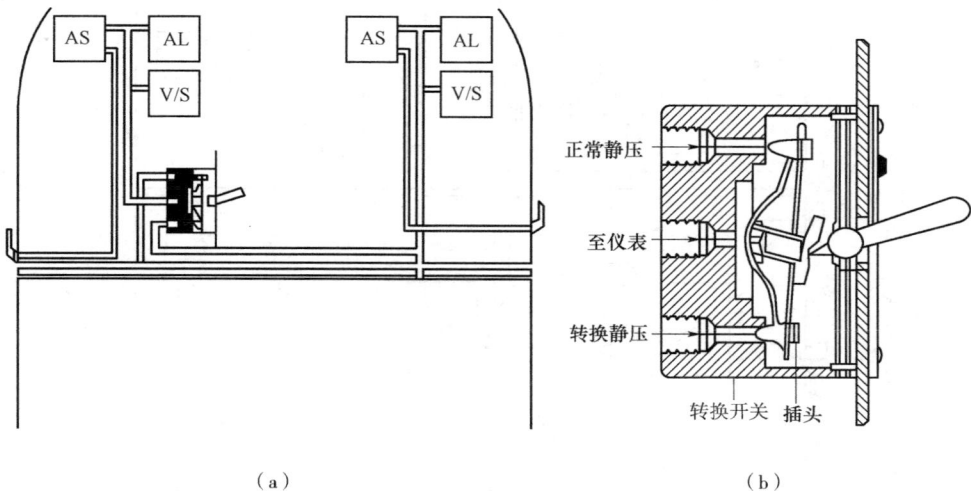

（a）　　　　　　　　　　　　　　（b）

图 4.4 - 1　老式飞机全/静压系统及转换开关结构

（a）全/静压系统；（b）转换开关

为了遵守仪表飞行规则（IFR），使正驾驶员在其仪表系统出现故障时能方便、快捷地使用副驾驶的静压系统，于是在两套系统之间安装了转换开关，转换开关结构如图4.4－1（b）所示。

现代飞机的飞行高度高、飞行速度快，因此，需要在飞机上加装马赫表、真空速表和温度指示器。在典型的飞机上，利用大气数据计算机（ADC）计算上述数据，随着电子技术的发展，使大气数据计算机的可靠性不断提高，并且，现在电子屏幕显示仪表也已经替代了所有气动式仪表。全静压信号、温度传感器感受的大气全温、迎角探测器探测到的角度都可以直接输入到 ADC，经过 ADC 的处理和计算，将输出数据以电信号的形式经电缆输出到相应的电子屏幕显示仪表和系统中。这样用电缆取代了许多全、静压管路，从而使飞机的重量减轻、维护方便、造价降低。

然而，可以想象，一旦飞机上的电源失效，那么，这种类型飞机的仪表显示将全部消失。为了解决这一问题，在飞机上必须加装备用仪表，它必须有独立的全/静压孔，独立的全/静压管路。这就是为什么所有现代飞机都保留着备用仪表的原因。如图4.4－2 所示为现代飞机的全/静压系统结构，该结构中只有一套全/静压管路。其他全/静压传感器均为先进的传感器，它可以将压力、温度等非电量信号直接转换成电信号提供到大气数据计算机。

现代典型飞机上安装有三套 ADC。机长可以选择不同的数据源为左 PFD 和 ND 提供显示数据。通常机长使用 1 号 ADC 作为正常的数据源，3 号 ADC 作为备用数据源。

副驾驶员同样也可以选择不同的数据源为右 PFD 和 ND 提供显示数据。通常副驾驶员使用 2 号 ADC 作为正常的数据源，3 号 ADC 作为备用数据源。

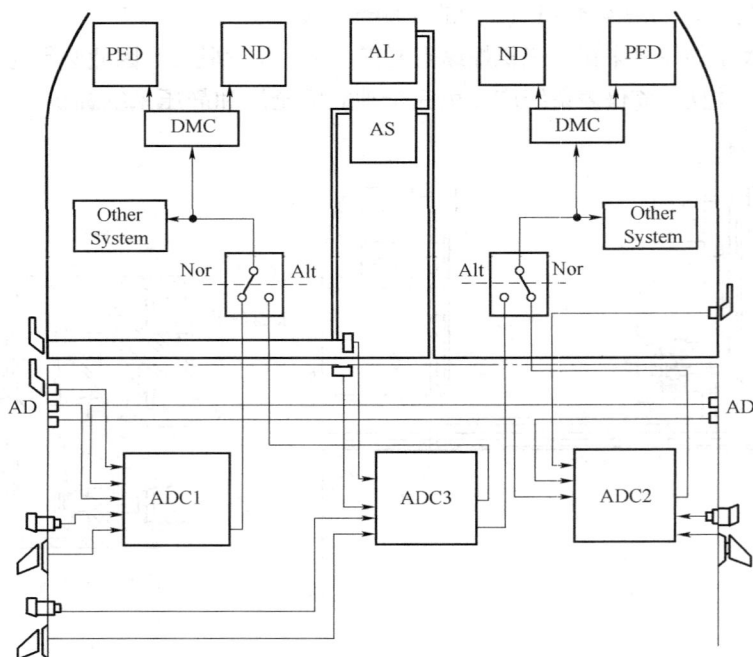

图 4.4 － 2　现代飞机的全/静压系统结构

4.5　全/静压系统常见故障分析

对全/静压系统的常见故障进行分析,既帮助读者进一步了解全/静压系统,也可以对维护人员的维护工作提供一个基本思路。全/静压系统的常见故障主要包括管路的泄漏和堵塞。首先,分析管路的泄漏对仪表显示的影响。

4.5.1　管路泄漏对仪表显示的影响

在飞机上,增压舱和非增压舱内都可能有全压管和静压管穿过,因此,管路泄漏造成什么样的后果取决于泄漏部位的位置和尺寸。以下讨论以管路裂洞较大为前提条件。

1. 静压管在非增压舱泄漏

如图 4.5-1 中的①所示,在飞行期间,静压管在非增压舱泄漏,此时,在破口处文氏管静效应气流流速稍快。由于静压管内的静压比正常压力稍小一些,因此,高度表的高度指示将略有增加;由于全压不受影响,则动压稍有增加,所以,空速表指示也比正常的值稍高一些;升降速度表在管路泄漏的瞬间,指针跳动一下之后,指示正确数值。

2. 静压管在增压舱泄漏

如图 4.5-1 中的①所示。在飞行期间,静压管在增压舱泄漏,此时,增压舱的压力从破口处压入,从而使静压管内的静压比正常压力高,因此,高度表的高度指示减小;由于全压不受影响,则动压减小,所以,空速表指示比正常值小;升降速度表的指示取决于增压舱的压力变化率。

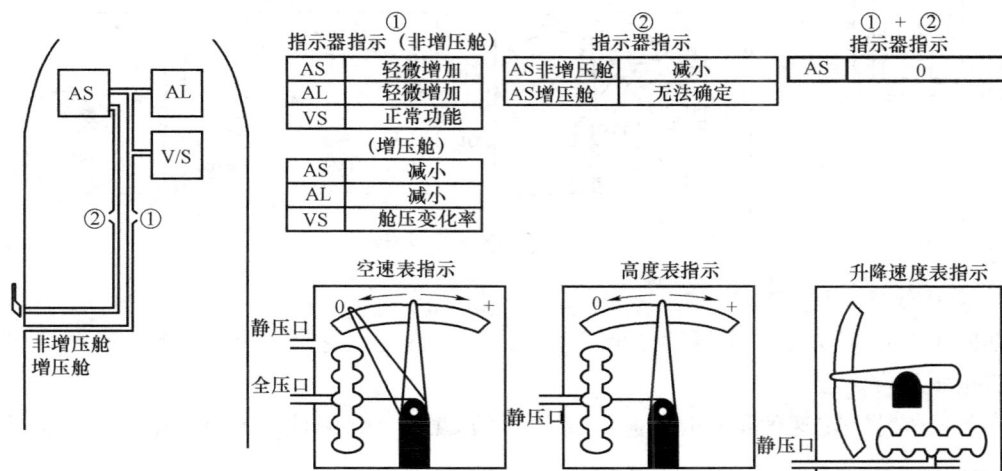

① 指示器指示（非增压舱）	
AS	轻微增加
AL	轻微增加
VS	正常功能

（增压舱）	
AS	减小
AL	减小
VS	舱压变化率

② 指示器指示	
AS 非增压舱	减小
AS 增压舱	无法确定

① + ② 指示器指示	
AS	0

图 4.5-1　全/静压管泄漏对仪表显示的影响

3. 全压管在非增压舱或增压舱泄漏

全压管泄漏仅影响空速表的指示,高度表和升降速度表不受影响。

如图 4.5-1 中的②所示,当全压管在非增压舱发生泄漏时,此时,全压与静压几乎相等空速表上的空速指示减小；而在增压舱泄漏时，很难确定空速表如何指示，因为无法确定全压管破裂时，全压管内的压力与增压舱内的压力哪个大。

4. 全压管和静压管同时泄漏

如图 4.5-1 中的①+②所示，当静压和全压管路同时发生泄漏时，由于全压和静压趋于相同，因此空速表指示为零。高度表和升降速度表的显示与前面的分析结果相同，此处不再详述。

4.5.2　管路堵塞对仪表显示的影响

在飞机飞行期间，由于高空有水汽，并且温度低，因此在全压孔和静压孔处容易结冰，或由于外来物的进入，可能会造成在全静压孔处有堵塞。下面进行详细讨论。

1. 静压管堵塞

如图 4.5-2 所示，当静压孔被冰或外来物堵塞时，静压保持恒定，仪表指示将发生如下现象：

当飞机以一定速度爬升时，全压逐渐减小，使动压减小，空速表指示减小；高度表指示不变；升降速度表指示为零。

当飞机以一定速度下降时，全压逐渐增大，使动压增加，空速表指示增大；高度表指示不变；升降速度表指示为零。

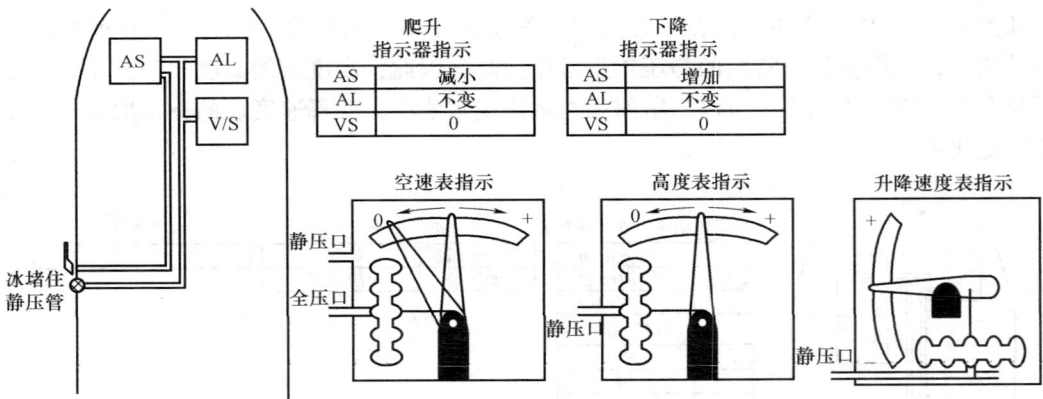

图 4.5-2　静压管堵塞对仪表指示的影响

2. 全压管完全堵塞

如图 4.5-3 所示，当全压管完全堵塞时，全压不变，空速表受到影响。高度表和升降速度表指示正常。

当飞机保持一定速度爬升时，静压减小、动压增大，结果使空速指示增大，可能指到超速区。

当飞机巡航或保持一定高度飞行时，静压不变，此时，空速表指针冻结不动。即使发动机改变推力使飞机加速或减速飞行时，空速表的指针仍然不动。

当飞机以一定速度下降时，静压增加、动压减小，空速表指示减小，可能指到失速区。

爬升 指示器指示			巡航 指示器指示			下降 指示器指示	
AS	增加		AS	指示冻结		AS	减小
AL	正常功能		AL	正常功能		AL	正常功能
VS	正常功能		VS	正常功能		VS	正常功能

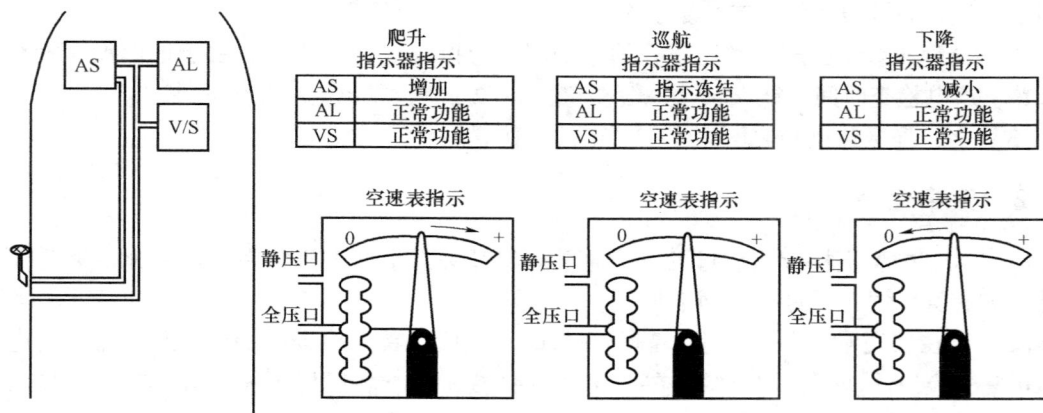

图 4.5 - 3　全压管完全堵塞对仪表指示的影响

3. 全压孔堵塞、排泄孔畅通

如图 4.5 - 4 所示，当全压孔堵塞，但全压管上的排泄孔畅通时，全压管内的压力减小到静压值，从而使动压为零，因此，空速表指示为零。

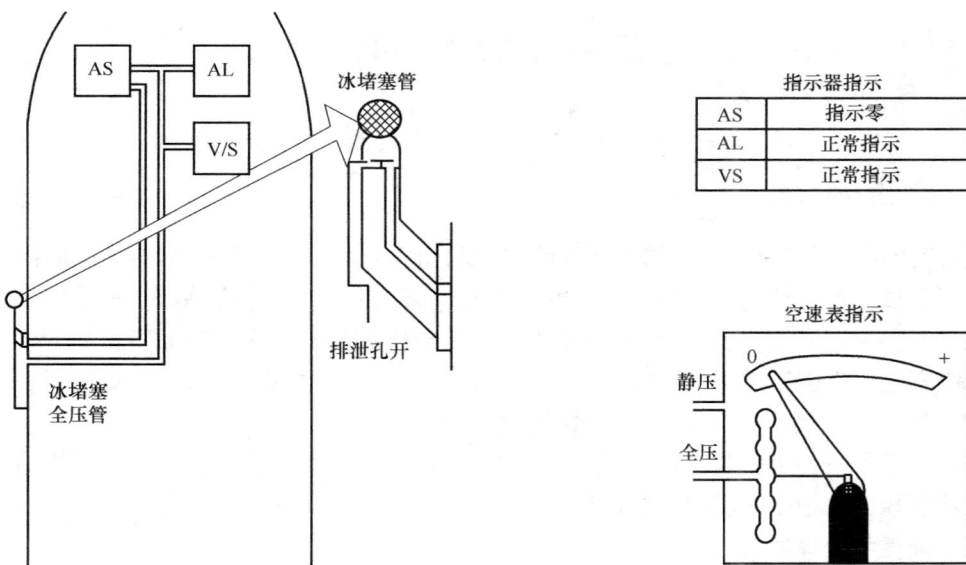

指示器指示	
AS	指示零
AL	正常指示
VS	正常指示

图 4.5 - 4　全压孔堵塞、排泄孔畅通对仪表指示的影响

4.6　全/静压系统使用注意事项

4.6.1　飞行前检查

（1）全静压管、全压管和静压孔的布套和堵塞应取下并检查是否有脏物堵塞。这些布

套和堵塞都有醒目的红色标志，易于检查。

（2）全静压管、全压管和静压孔的电加温，应按规定进行检查。由于地面没有相对气流散热，通电检查时间不能太长，一般不超过 1~2 min，以免烧坏加热元件。

（3）全、静压转换开关均应放在"正常"位置。

4.6.2　空中使用

（1）大、中型飞机应在临起飞前接通电加温开关；小型飞机则在可能结冰的条件下飞行时（如有雾、雨、雪等）接通电加温。

（2）当在"正常"位置，全、静压失效时，一般应首先检查电加温是否正常。若电加温不正常，应设法恢复正常；如果在"正常"位置，全、静压仍不能有效工作，则应将全压或静压转换开关放到"备用"位置。

（3）如果全/静压系统被堵塞而又没有"备用"系统时，应根据全/静压系统仪表的工作原理正确判断受影响的仪表，然后综合应用其他仪表，保证飞行安全。

4.7　全/静压系统的维护实例

4.7.1　全/静压系统

全/静压系统通过感受空气的全压和静压，利用膜盒仪表来分别指示出飞机的高度、空速和升降速度。该系统包括：两个带有电加温的 GKY–5 空气压力受感部（一个安装在左机翼翼尖处，另一个安装在右机翼翼尖处），感受全压和静压；两块 20025–11324 空速表（正、副驾驶员使用）、两块 101735–11933 高度表、两块 30230–11101 升降速度表、两个 QSF–1A 冷气手动阀，以及导管、接管嘴和水分沉淀槽等。

在正常工作时，由安装在左机翼翼尖处的 GKY–5 空气压力受感部，感受飞机周围空气的全压和静压，并把全压和静压提供给正驾驶员的空速表、高度表、升降速度表，指示飞机的速度、高度和升降速度。

由安装在右机翼翼尖处的 GKY–5 空气压力受感部，感受全压和静压，并把全压和静压提供给副驾驶员的空速表、高度表、升降速度表，指示飞机的速度、高度和升降速度。

全/静压系统在正常工作时，安装在左仪表板下部的两个冷气手动阀处在"正常"位置。当正驾驶员的全/静压系统出现故障，而副驾驶员的系统正常时，可将两个冷气手动阀转换到"备用"位置，此时，正副驾驶员的全/静压系统由右机翼翼尖处的 GKY–5 空气压力受感部提供全、静压，这样就保证了正驾驶员处的膜盒仪表仍能维持正常工作。当副驾驶中的全/静压系统出现故障时，副驾驶员处的膜盒仪表则不能正常工作，此时，正驾驶员处的仪表正常工作。这样的系统，重点保证了正驾驶员的仪表始终处于正常状态。

两个冷气手动阀的下面安装了一个标牌用以说明。使用时，两个手动阀必须同时转换。手柄上涂红色漆。如图 4.7–1 所示为全/静系统原理图。

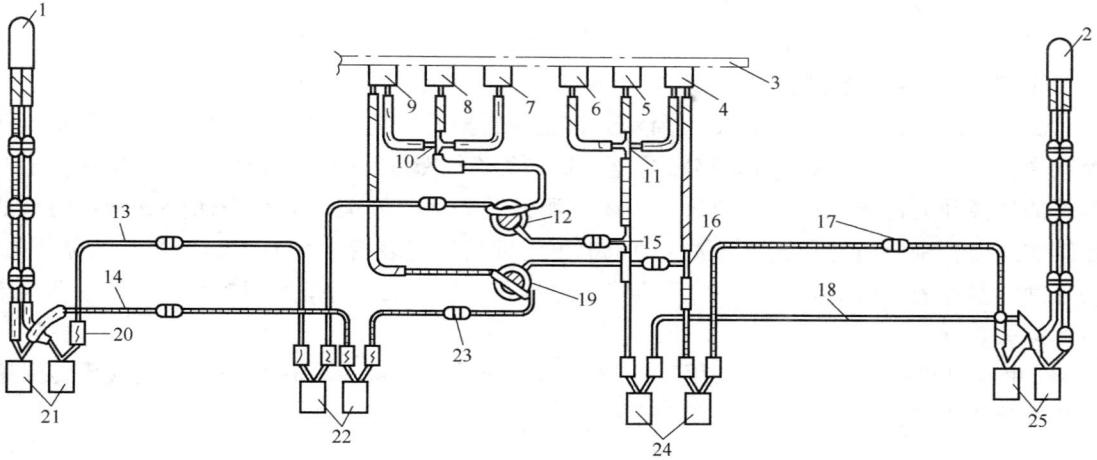

图 4.7 – 1　全/静压系统原理图

1，2—GKY – 5 空气压力受感部；3—仪表板；4，9—空速表；5，8—高度表；6—升降速度表；7—升降速度槽；

10，11—四通管；12，19—冷气手动阀；13，18—静压导管；14—全压导管；15，16—三通管；

17—全压导管阀；20—软管；21—水分沉淀箱；22，24，25—水分沉淀槽；23—直通接头

4.7.2　全/静压系统的故障分析

如表 4.7 – 1 所示为全/静压系统的故障分析。

表 4.7 – 1　全/静压系统的故障分析

故障现象	故障原因	排除方法
空速表、高度表和升降速度表均不指示	GKY – 5 空气压力受感部布套没有取下	取下布套
空速表、高度表和升降速度表指示不正常	管路积水或有杂物	用压缩空气吹洗全、静压管路
仅空速表工作不正常	全压管路积水或有杂物	用压缩空气吹洗全压管路
仪表指示下降	静压管路有裂纹或静压管路接头处不密封	检查静压管路密封性或更换有裂纹的导管
仅空速表指示下降	全压管路有裂纹或全压管路接头处不密封	检查全压管路密封性或更换有裂纹的导管

4.7.3　全/静压系统的维护实施

1. 全/静压系统密封性检查

1）需用的工具

一台 YZS – 4 型全/静压系统密封性检查综合试验器，一只 BK450 型空速表。

2）需用的材料

5T4 – 10 胶管、蜡线。

3）工作程序

（1）全压系统气密性检查。

①按图4.7-1连接好全压系统。

②全、静压转换板如图4.7-2所示，将全压转换开关置于"正常"位置，用胶管及转换接头将左GKY-5空气压力受感部的全压口与综合试验器相连，如图4.7-3所示，把试验器的选择开关置于"全压"位置，关闭气源开关和大气开关，摇动手柄使试验器内造成足够的压力，慢慢地打开气源开关，使机上正驾驶员空速表指示为162 kn，关闭气源开关，一分钟内空速表指示不应下降。然后再慢慢地打开大气开关，待空速表指针回零后拔下全压口的接头。

③将全压转换开关置于"备用"位置，用胶管及转换接头将右GKY-5空气压力受感部与试验器相连，按方法和步骤进行检查。

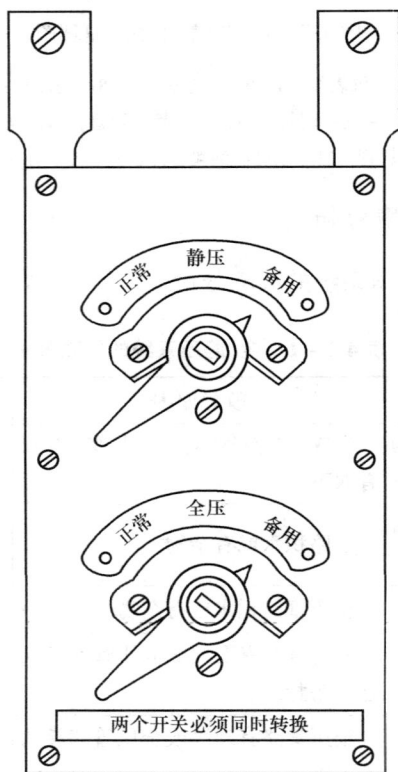

图4.7-2　全、静压转换板

（2）静压系统气密性检查。

注意：应确实判明试验器选择开关所处位置，胶管连接的密封性。试验时，准确及时地读出空速表（升降速度表）指示值，适时地关闭气源开关，防止损坏仪表。

①将静压转换开关置于"正常"位置，用胶管和转换接头将左GKY-5空气压力受感部的静压口与综合试验器相连，把试验器的选择开关置于"真空"位置，关闭气源开关和大气开关。摇动手柄使试验器内产生足够的真空度，慢慢地打开气源开关，使升降速度表的指示保持在2 000 ft/min以内（不得超过3 000 ft/min），使机上副驾驶员空速表指示为162

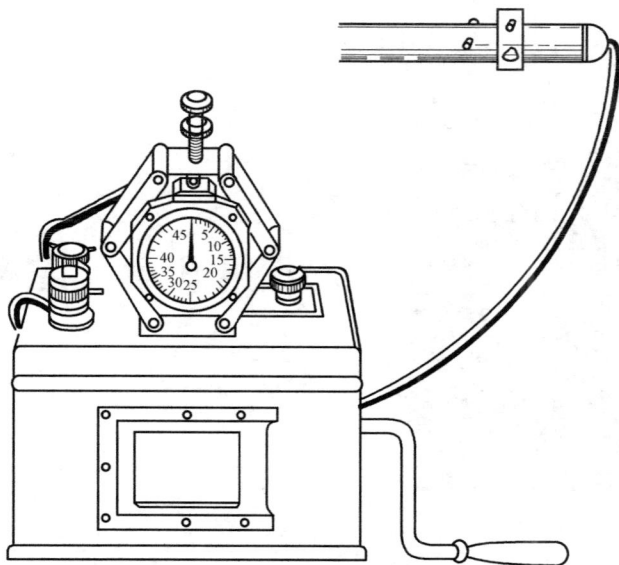

图 4.7 – 3　YZS – 4 型全/静压系统密封性检查综合试验器

kn，关闭气源开关。一分钟内空速表指示下降不应超过 16 kn。然后打开大气开关，使升降速度表的指示值不超过 2 000 ft/min。在做该项试验时，静压系统产生真空现象，高度表、空速表和升降速度表都应指示。当打开大气开关吸气时，高度表、空速表和升降速度表指针均回到零位，以验证静压管路的畅通性。

②将静压转换开关置于"备用"位置，用橡胶软管和转换接头，将右 GKY – 5 空气压力受感部的静压孔与试验器相连，按①方法和步骤进行检查。

2. 全/静压系统检查工作程序

注意：拆除全/静压系统的任何器件都应做密封性检查，检查后应将转换接头取下。

全/静压系统检查工作程序有以下几条。

（1）检查仪表板后面的胶管，应无磨损及老化现象。

（2）清除全、静压转换开关板上的尘土。

（3）排除全、静压水分沉淀槽的积水。

（4）拔下所有膜盒仪表及全压/静压管路上的其他机件，用压缩空气吹洗管。

（5）恢复全、静压系统应保证密封性、畅通性。

【思考与练习】

（1）全静压系统的功用是什么？

（2）全静压系统的组成及各部分的作用分别是什么？

（3）试分析管路泄漏对仪表显示有何影响。

（4）试分析管路堵塞对仪表显示有何影响。

（5）使用全静压系统时，应注意哪些问题？

第 5 章　陀螺仪表

5.1　陀螺的基本知识

能够绕一定点做高速旋转的物体称为陀螺。例如"地转子"，当它不转动时和普通物体一样，如图 5.1 – 1（a）所示。当它高速旋转起来以后，就有一个明显的特征，地转子能稳定地直立在地面不会倒下，如图 5.1 – 1（b）所示。这说明高速旋转的物体具有保持其自转轴方向不变的特性，根据这种特性所研制出的一种能感测旋转的装置，叫作陀螺仪。

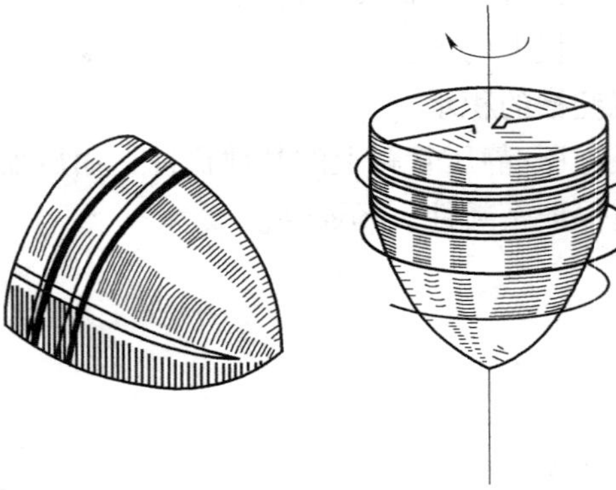

（a）　　　　　　　　　（b）

图 5.1 – 1　地转子

（a）不转动时；（b）高速旋转时

因为陀螺仪可以感测物体相对于空间的旋转，所以，可以利用它来测量角位移或角速度。利用这种原理研制出了各种陀螺仪表，并在航空领域得到了广泛的应用。

陀螺仪的种类很多：有高速旋转的转子或振动构件的陀螺仪，如刚体转子陀螺仪（飞机地平仪、垂直陀螺仪等）、流体转子陀螺仪、振动陀螺仪和半球谐振子陀螺仪等；无高速旋转的转子或振动构件的陀螺仪，如激光陀螺（捷联式惯性导航系统的敏感元件）、光纤陀螺等。按转子的支撑方式可分为框架陀螺、静电陀螺、挠性陀螺和液浮陀螺等。

5.1.1　陀螺的种类

随着科学技术的发展，陀螺仪表种类日趋繁多，性能不断提高。一般按结构来分，有三自由度陀螺和二自由度陀螺两种，由这两种基本陀螺可以组成具有不同功能的航空仪表。

1. 三自由度陀螺

由转子、内框、外框组成，且转子能够绕三个互相垂直的轴自由旋转的陀螺，称为三自由度陀螺，如图 5.1－2 所示。转子是一个对称的飞轮，可以高速旋转，其旋转轴称为自转轴，旋转角速度称为自转角速度，内框（内环或陀螺房）可以绕内框轴相对外框（外环）自由旋转，外框又可以绕外框轴相对支架自由转动。这两种转动角速度都称为牵连角速度。

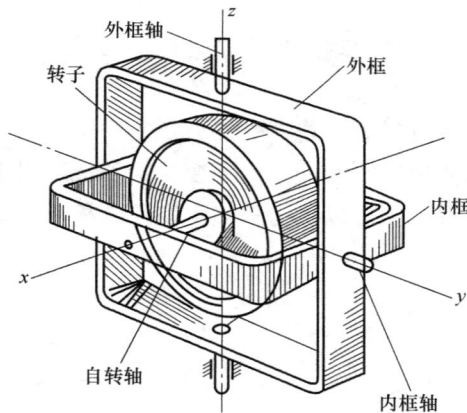

图 5.1－2　三自由度陀螺

自转轴、内框轴和外框轴的轴线相交于一点，称为陀螺的支点，整个陀螺可以绕支点做任意的转动。

三自由度陀螺的内框和外框能保证自转轴在空间指向任意方向，内框与外框组成的支架又称为万向支架。

在三自由度陀螺中，重心与支点重合，轴承没有摩擦的陀螺，叫作自由陀螺。它是一种理想的陀螺。

2. 二自由度陀螺

只有转子和内框，且转子只能绕两个互相垂直的轴自由旋转的陀螺，称为二自由度陀螺，如图 5.1－3 所示。

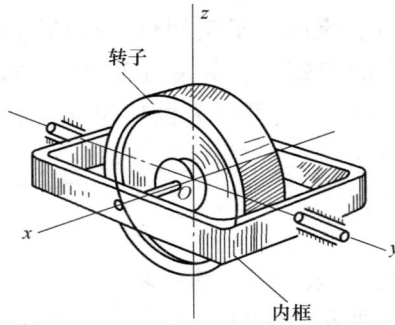

图 5.1 - 3　二自由度陀螺

5.1.2　陀螺的基本特性

1. 三自由度陀螺的基本特性

三自由度陀螺主要有两个基本特性：稳定性、进动性。

1）稳定性

三自由度陀螺保持其自转轴（或动量矩矢量）在空间的方向不发生变化的特性，称为陀螺的稳定性。

三自由度陀螺的稳定性有两种表现形式：定轴性和章动。

（1）定轴性。

当三自由度陀螺转子高速旋转后，若不受外力矩的作用，不管基座如何转动，支撑在万向支架上的陀螺仪自转轴指向惯性空间的方位不变，这种特性叫定轴性，如图 5.1 - 4 所示。上述现象，如果以地球为基准，则可以认为三自由度陀螺相对于地球运动，这种运动称为陀螺的假视运动或视在运动。

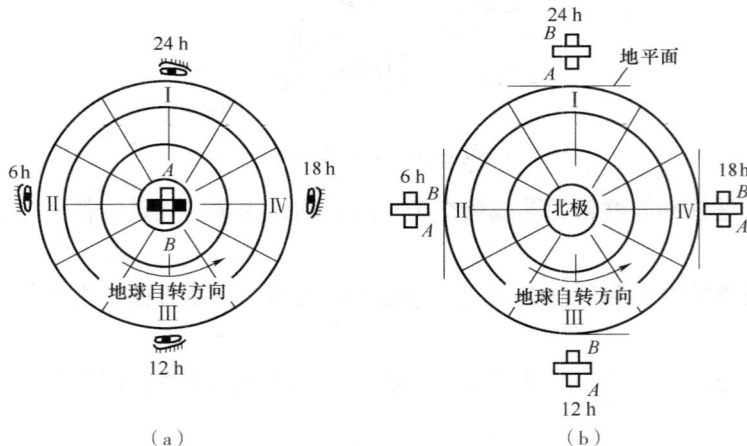

图 5.1 - 4　三自由度陀螺的定轴性

（a）在地球北极处陀螺仪的表观进动；（b）在地球赤道处陀螺仪的表观进动

（2）章动。

陀螺的稳定性还表现为当陀螺受到瞬时冲击力矩后，自转轴在原位附近做微小的圆锥运动，其转子轴的大方向基本不变，这种现象叫作陀螺的章动。如图 5.1-5 所示，当三自由度陀螺内框轴上受到瞬时冲击力矩时，陀螺仪转子做圆锥运动的情形。只要陀螺具有较大的动量矩，这种圆锥运动的频率就比较高，但振幅很小，自转轴在惯性空间中的方位改变是极其微小的，且很容易衰减。当章动的圆锥角为零时，就是定轴。所以章动是陀螺稳定的一般形式，定轴是陀螺稳定性的特殊形式。

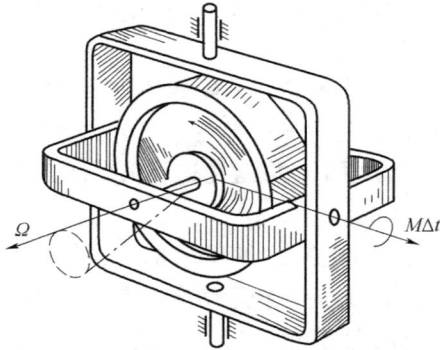

图 5.1-5　三自由度陀螺的章动

2）进动性

（1）进动方向和进动角速度。

当三自由度陀螺的转子绕自转轴高速旋转时，若外力矩 M 绕内框轴作用在陀螺仪上，则转子还绕外框轴相对惯性空间转动，如图 5.1-6（a）所示；若外力矩 M 绕外框轴作用在陀螺仪上，则转子还绕内框轴相对惯性空间转动，如图 5.1-6（b）所示。在陀螺仪上施加力矩 M，会引起陀螺转子相对惯性空间转动的特性，称为陀螺仪的进动性。进动性是三自由度陀螺仪的一个基本特性。陀螺仪绕着与外力矩矢量相垂直的方向的转动，叫作进动，其转动角速度叫作进动角速度。

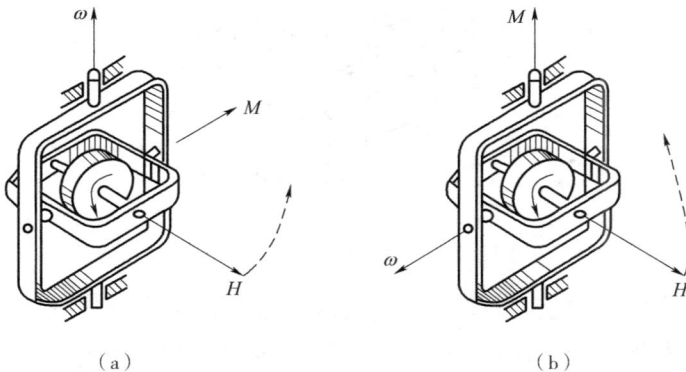

（a）　　　　　　　　　　　（b）

图 5.1-6　外力矩作用下陀螺仪的进动

（a）外力矩 M 绕内框轴作用在陀螺仪上；（b）外力矩 M 绕外框轴作用在陀螺仪上

进动角速度 ω 的方向取决于转子动量矩 H 和外力矩 M 的方向。外加力矩沿陀螺自转方向转动 90°，即为进动角速度（ω）的矢量方向。或者用右手定则记忆，从动量矩 H 沿最短路径握向外力矩 M 的右手旋进方向，即为进动角速度方向。

进动角速度 ω 的大小取决于转子动量矩 H 的大小和外力矩 M 的大小。其计算公式为：

$$\omega = M/H$$

（2）进动的特点。

①运动不是发生在力矩作用的方向，而是发生在和它垂直的方向；非陀螺体发生在力矩作用的方向。

②进动角速度在动量矩一定时，对应一个外力矩只有一个进动角速度；非陀螺体角速度则不断变化。

③外力矩停止作用时，进动立即停止；非陀螺体则要做惯性运动，继续运动下去。

当自转轴与外框架方向一致，陀螺失去稳定性，会发生整个陀螺绕外框轴转动现象，这种现象叫陀螺的"飞转"。实际应用中，应避免这一情况的发生。

2. 陀螺力矩

陀螺的运动是一种机械运动，即绕三个互相垂直的轴自由旋转运动。这种旋转运动也是由于陀螺内部的矛盾性引起的。具体说，就是自转运动与牵连运动的矛盾性引起的，这两种角运动互相作用的结果产生陀螺力矩。在陀螺力矩的参与下，陀螺的运动具有自己的特殊规律。

1）陀螺力矩的方向

物体同时绕两个互不平行的轴旋转时，会产生陀螺力矩。

陀螺力矩矢量垂直于两个转轴所组成的平面。陀螺力矩的方向与自转角速度的方向和牵连角速度的方向有关，并可用以下的规则来确定：牵连角速度矢量沿转子自转的方向转 90° 就是陀螺力矩矢量的方向，如图 5.1–7 所示。

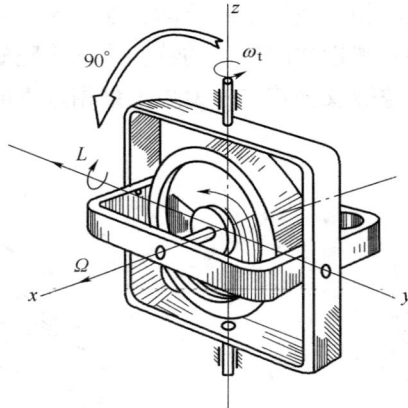

图 5.1–7　陀螺力矩的方向判断

牵连角速度矢量朝 z 轴的正方向，自转角速度矢量朝 x 轴的正方向，则牵连角速度矢量沿转子旋转方向转动 90°，将指向 y 轴的负方向，这就是陀螺力矩矢量的方向。故转子的动量矩和牵连角速度的方向决定了陀螺力矩的方向。

2）陀螺力矩的大小

陀螺力矩大小与动量矩和牵连角速度的乘积成正比。

3. 二自由度陀螺的基本特性

二自由度陀螺仪可以用来测量飞机的角运动，如速度陀螺仪、转弯仪、陀螺继电器等。

1）二自由度陀螺的运动特点

二自由度陀螺的运动规律和三自由度陀螺的运动规律有共同点。例如，只要它们同时存在自转角速度和牵连角速度，都会产生陀螺力矩。但是由于二自由度陀螺比三自由度陀螺少了一个自由度，其运动规律又有许多不同于三自由度陀螺的特点。

二自由度陀螺的进动，如图 5.1 - 8 所示。设二自由度陀螺以角速度 Ω 自转，自转角速度矢量朝左，牵连角速度矢量朝上。在自转角速度和牵连角速度的共同作用下，二自由度陀螺会产生绕内框轴的陀螺力矩 L，其方向朝前。在此力矩作用下，陀螺以角速度 ω 绕内框轴转动，称为二自由度陀螺的进动。

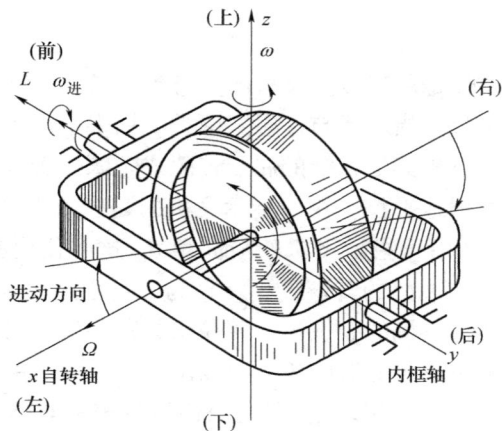

图 5.1 - 8　二自由度陀螺的进动

二自由度陀螺的进动与三自由度陀螺的进动有所不同，主要表现如下：

（1）三自由度陀螺在常值外力矩作用下进动，二自由度陀螺在牵连角速度作用下加速进动。

（2）三自由度陀螺在外力矩消失后立即停止进动，二自由度陀螺在牵连角速度消失后维持等速进动。

2）二自由度陀螺的受迫运动

当二自由度陀螺沿内框轴有外力矩作用时，由于陀螺不能绕 z 轴转动，因而也就不能绕内框轴产生陀螺力矩来同外力矩平衡。因此，在外力矩作用下，陀螺将像普通物体一样加速转动；外力矩消失后，陀螺并不停止转动，而是像普通物体一样维持等速旋转，如图5.1 - 9所示。二自由度陀螺的这种运动称为受迫运动。

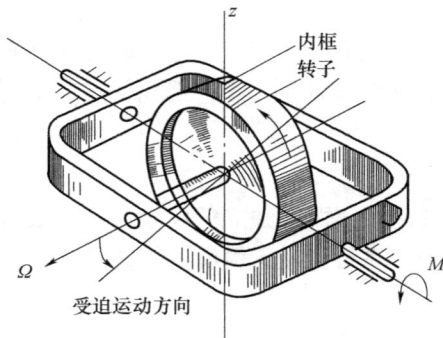

图 5.1 - 9　二自由度陀螺的受迫运动

可以看出，由于二自由度陀螺只有两个自由度，当它受到绕内框轴的冲量矩作用时，不能像三自由度陀螺那样绕外框轴旋转，因而也就不能借助于陀螺力矩使陀螺绕内、外框轴的转动互相影响，形成章动，保持转子轴大方向。当基座绕 z 轴转动时，由于陀螺力矩使陀螺绕内框轴进动，转子轴方位就要改变，不能保持原来方位。

5.2 陀螺仪表的应用

在飞机上，陀螺仪表主要是用来测量飞机的姿态角、航向角和角速度。按其所测参数的用途不同，飞机陀螺仪表可分为指示式与传感式两类。用来给出判读指示的属于指示式陀螺仪表；而用于输出电信号给飞机其他系统的属于传感式陀螺仪表（亦称为陀螺传感器）。

指示式陀螺仪表有：陀螺地平仪（用于指示飞机的姿态角）、陀螺半罗盘（用于指示飞机的航向角）、陀螺磁罗盘（用于指示飞机的航向角），这些仪表都是三自由度陀螺的具体应用；陀螺转弯仪（用于指示飞机的转弯或盘旋）为二自由度陀螺的具体应用。

传感式陀螺仪表有：测量飞机的姿态角，并输出与这些被测量角成一定关系的电信号的陀螺仪称为垂直陀螺仪；测量飞机的航向角，并输出与之成一定关系的电信号的陀螺仪称为方位陀螺仪（或航向陀螺仪），这些仪表都是三自由度陀螺的具体应用。测量飞机的转弯角速度，并输出与之成一定关系的电信号的陀螺仪称为速率陀螺仪，为二自由度陀螺的具体应用。这些仪表主要是给飞行自动控制系统或其他机载设备提供电信号。

5.3 姿态仪表

测量飞机姿态的仪表，主要是指测量飞机姿态角和姿态角速度的一些仪表。这些仪表能为飞行员提供俯仰角、倾斜角和转弯角速度等重要参数的目视信号，或为其他设备提供这些参数的电信号。

小型飞机上使用的姿态仪表主要是转弯侧滑仪和航空地平仪，大中型飞机上则采用姿态指引仪。

从陀螺仪的应用中知道，飞机上使用的基于陀螺原理的姿态仪表主要是陀螺转弯仪和航空地平仪。由于转弯仪和侧滑仪常组装在一起，因此，本节将侧滑仪一并介绍。

5.3.1 转弯侧滑仪

转弯侧滑仪是由转弯仪和侧滑仪两个独立的仪表组合而成的。由于转弯仪和侧滑仪的综合指示，对驾驶员保持飞机平直飞行和做无侧滑的协调转弯具有重要作用，因此常把它们组装在一起。

1. 转弯仪

转弯仪是用来指示飞机转弯（或盘旋）方向，并粗略反映转弯的快慢程度，有的转弯仪还能用来指示飞机在某一真空速时无侧滑转弯的倾斜角（坡度）。

　　1）转弯仪的工作原理

　　转弯仪的基本组成如图 5.3 – 1 所示，它由二自由度陀螺、平衡弹簧、空气阻尼器和指示机构等组成。陀螺的自转轴与飞机横轴平行，自转角速度矢量指向左机翼，内框轴与飞机的纵轴平行，测量轴与飞机立轴平行。

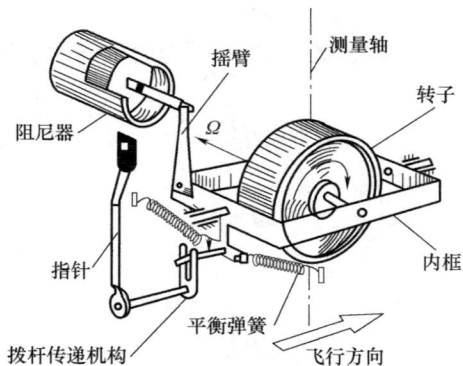

图 5.3 – 1　转弯仪的基本组成

　　（1）指示转弯方向。

　　转弯仪是利用二自由度陀螺进动性工作的。

　　当飞机直线飞行时，内框在平衡弹簧作用下，稳定在初始位置，指针指在刻度盘中央，表示飞机没有转弯。

　　当飞机以一定的角速度向左转弯时，转弯角速度矢量向上。由于自转角速度矢量指向左机翼，所以内框顺时针进动，直到引起进动的力矩（这个力矩称为陀螺力矩）与平衡弹簧的反作用力矩相等为止。内框的转角通过拨杆传送机构传给指针，使指针偏向左方，表示飞机正在向左转弯，如图 5.3 – 2 所示。转弯停止后，陀螺力矩消失，内框在平衡弹簧作用下回到初始位置，指针指在刻度盘中央。

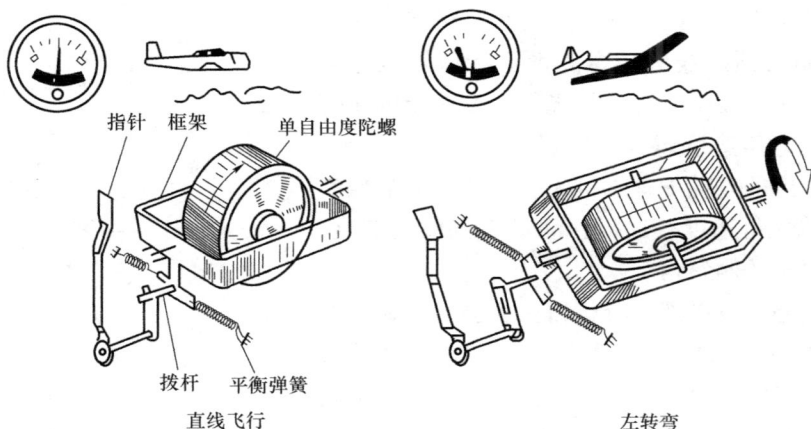

图 5.3 – 2　转弯仪的原理

　　当飞机向右转弯时，内框逆时针进动，带动指针向右偏离刻度盘中央，表示飞机正在向右转弯。

（2）指示转弯快慢。

如果飞机以恒定的角速度转弯，引起陀螺进动的力矩是恒定的，内框转角和指针偏转角也一定。飞机转弯角速度越大，引起陀螺进动的力矩也越大，因此内框转角和指针的偏转角也越大。这样，转弯仪也就可以反映飞机转弯的快慢程度。

理论分析表明，飞机转弯时引起陀螺进动的力矩可以表示为

$$L = J\Omega\omega\cos(\gamma - \alpha)$$

式中，ω 为飞机转弯角速度；γ 为飞机倾斜角；α 为内框转角。陀螺内框转角不大时，上式可以近似为

$$L = J\Omega\omega\cos\gamma$$

平衡弹簧的力矩可以表示为

$$M = K\alpha$$

式中，K 为弹性力矩系数。

指针稳定时，$M = L$，所以

$$\alpha = \frac{J\Omega}{K}\omega\cos\gamma$$

上式说明，转弯仪的内框转角不仅与飞机转弯角速度有关，而且还和飞机倾斜角有关。一般情况，飞机的倾斜角不是固定不变的，因此转弯仪只能粗略反映飞机转弯的快慢程度。

还有一种转弯仪，它的陀螺自转轴与飞机纵轴平行，内框轴与飞机横轴平行。由于这种转弯仪受飞机倾斜角影响更大，所以用得不多。

（3）指示飞机无侧滑转弯时的倾斜角。

有些转弯仪，除了能指示飞机的转弯方向以外，还能在一定条件下指示飞机的倾斜角。因此，这样的转弯仪还可以辅助地平仪指示飞机倾斜角。

转弯仪为什么能指示飞机倾斜角呢？在跑步（或骑自行车）转弯时，都有这样的体会，跑步（或骑自行车）的速度一定时，转弯越快，即转弯角速度越大，身体（或自行车）的倾斜程度也就越大。否则人（或自行车）的转弯半径将增大，不能按预定线路转弯。飞机转弯时也是如此，为了不使飞机发生侧滑，在飞行速度一定的条件下，飞机的转弯角速度越大，倾斜角也越大。可见，在飞机速度一定的条件下，飞机无侧滑转弯时的倾斜角，取决于转弯角速度。这样，测量飞机的角速度，就可以表示飞机的倾斜角。

这个结论还可以由理论分析得出，当飞机做无侧滑转弯时，作用在飞机上的重力和惯性离心力的合力，正好与飞机的升力大小相等，方向相反，重力与合力的夹角，恰好等于飞机倾斜角。如图 5.3-3 所示为飞机无侧滑转弯时的受力分析。

因此飞机的倾斜角与惯性离心力 F_i、重力 G 的相

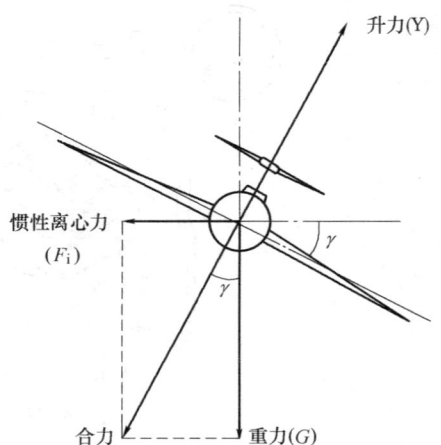

图 5.3-3　飞机无侧滑转弯时的受力分析

互关系为

$$\tan \gamma = \frac{F_i}{G}$$

$$F_i = mv\omega$$

$$G = mg$$

式中，m 为飞机的质量，v 为飞机的飞行速度，g 为重力加速度。
因此

$$\tan \gamma = \frac{mv\omega}{mg} = \frac{v\omega}{g}$$

即

$$\varpi = \frac{g}{v}\tan \gamma$$

便可得出内框转角与飞机倾斜角的近似关系式为

$$\alpha = \frac{J\Omega g}{Kv}\sin \gamma$$

这就说明，当飞机的飞行速度（真空速）一定时，陀螺内框转角只取决于飞机无侧滑转弯时的倾斜角。飞机做无侧滑转弯时的倾斜角越大，内框和指针转角也越大；反之，倾斜角越小，内框和指针转角也越小。

2）转弯仪的结构和指示

一种电动转弯仪的结构和表面，如图 5.3 – 4 所示，表面下部是侧滑指示器。陀螺是一个永磁式直流电动机，转速为 6 000 r/min。气体阻尼器用来减小指针的摆动，使指示稳定，刻度盘上的刻度数表示飞机倾斜角度。当飞机真空速为 500 km/h 时，每小格是 15°，左、右各 45°。若飞行速度增大，则指示偏小；反之，指示偏大。

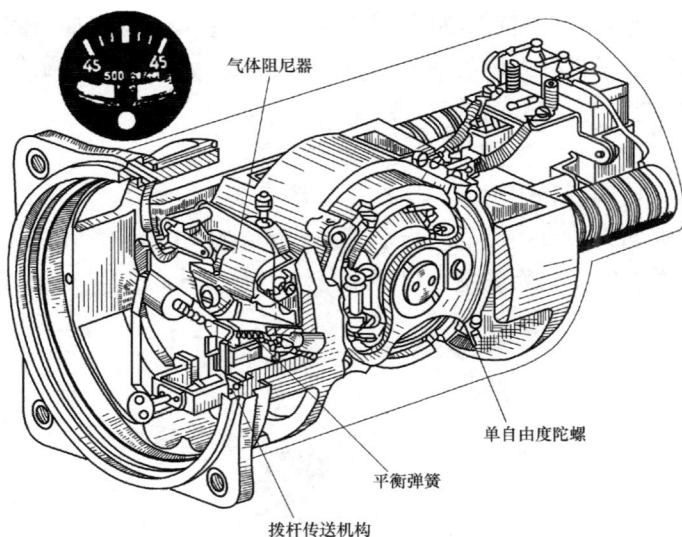

图 5.3 – 4　电动转弯仪的结构

如图 5.3 – 5 所示为 TB – 20 等飞机安装的转弯侧滑仪。它用可以左右转动的飞机形指针来指示飞机转弯方向。若小飞机处于水平位置，表示飞机直线飞行；小飞机左倾斜，表示飞机左转弯；小飞机右倾斜，表示飞机右转弯。小飞机的倾斜角越大，表示飞机的转弯角速度越大。当小飞机翼尖指示左或右刻度线时，表示飞机以标准角速度 3°/s 转弯，这时飞机转 360°需要 2 min，对于仪表飞行，这个参考速度是很有用的。表面右上部有一个红色警告标志，只有陀螺转速达到正常值，红色标志才会消失，转弯仪才能正常工作。

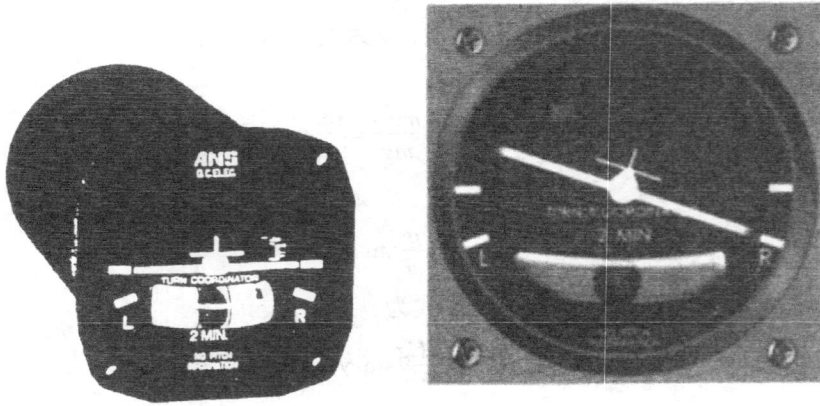

图 5.3 - 5　转弯侧滑仪

如果将转弯仪的指针换成电刷，刻度盘换成开关接触点，便成了一个转弯角速度传感器。它可以用来感受飞机转弯角速度，当角速度大到一定值时（一般为 0.1°/s ~ 0.3°/s），输出信号控制某些设备的通断，以便减小误差。例如，断开地平仪的横向修正电路和陀螺半罗盘的水平修正电路等，从而消除转弯时修正机构的错误修正。

2. 侧滑仪

飞行中，空速矢量与飞机对称面不平行的飞行状态，称为侧滑。空速矢量与飞机对称面之间的夹角称为侧滑角。飞机转弯时，空速矢量偏向转弯内侧叫作内侧滑；偏向转弯外侧叫作外侧滑。直线飞行时，空速矢量偏向对称面左侧叫作左侧滑；偏向对称面右侧叫作右侧滑。

侧滑仪是用来指示飞机有无侧滑和侧滑方向的仪表，常与转弯仪配合，供驾驶员操纵飞机协调转弯。

1）基本结构

侧滑仪由小球、玻璃管和阻尼液等组成，如图 5.3 - 6 所示。小球是敏感元件，相当于单摆的摆锤，能在玻璃管中自由滚动。玻璃管的曲率半径相当于摆长。阻尼液对小球起阻尼作用。玻璃管的一端有很小的膨胀室，以便阻尼液因温度升高，容积增大时占用。

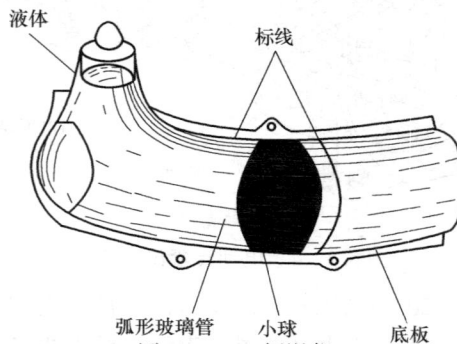

图 5.3 - 6　侧滑仪

2) 工作原理

飞机在原来没有横向运动的情况下，只要在转弯时保持沿横轴方向的合力为零，就不会发生横向运动，即不会发生侧滑。

飞机做无侧滑转弯时，沿横轴方向的作用力有惯性离心力在横轴方向的分力 F_{1x} 和重力在横轴方向上的分力 G_{1x}，这两个分力的方向是相反的，如图 5.3-7 所示。因此，只要这两个分力大小相等，其合力便基本上等于零（忽略方向舵偏转后产生的空气动力、螺旋桨扭转气流作用力等），飞机不会侧滑；反之，若这两个分力大小不等，其横向合力便不等于零，飞机就会发生侧滑。因此，测量飞机转弯时的横向合力，便可知道飞机的侧滑情况。

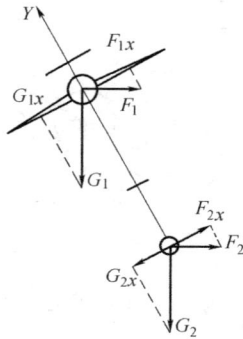

图 5.3-7　测量飞机侧滑原理

直接测量飞机飞行时的受力状况是比较困难的。如果在飞机上悬挂一个单摆，在飞行时，摆锤可以模拟飞机的受力状况，摆锤的位移就反映了飞机的侧滑。侧滑仪就是利用单摆模拟飞机承受的横向合力，根据摆锤在横向合力作用下的运动状态指示飞机的侧滑。下面具体分析飞机飞行时，侧滑仪的工作情况。

（1）直线飞行。

当飞机平直飞行时，侧滑仪的小球受重力 G 作用，停在玻璃管中央的两条标线中间。飞机带坡度产生侧滑时，重力 G 使小球偏离中央，飞机左侧滑，小球偏向左边；飞机右侧滑，小球偏向右边。侧滑仪指示如图 5.3-8 所示。

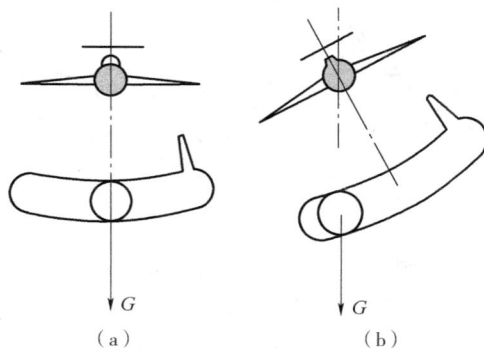

图 5.3-8　侧滑仪指示

(a) 无侧滑；(b) 左侧滑

（2）转弯飞行。

当飞机以角速度 ω 做无侧滑转弯时，飞机的立轴相对于地垂线倾斜了 γ 角，此时，作用在飞机上的横向合力为零，飞机没有侧滑。由于侧滑仪的玻璃管也跟着飞机倾斜了 γ 角，作用在小球上的横向合力（沿玻璃管的切线方向）也等于零，即 $F_X - G_X = 0$ 或 $F_X = G_X$，故小球处在玻璃管中央，如图 5.3 - 9 所示为飞机无侧滑转弯。

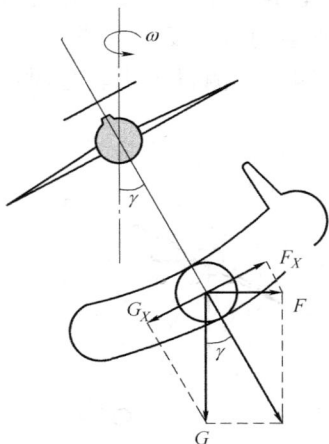

图 5.3 - 9　飞机无侧滑转弯

若飞机转弯时的倾斜角过小或转弯角速度过大，则在横向合力作用下，飞机要发生外侧滑。此时，作用在小球上的横向合力大于零，即 $F_X > G_X$ 或 $F\cos\gamma > G\sin\gamma$，小球在横向合力作用下偏离玻璃管中央向右（外）侧运动。由于玻璃管是弯曲的，因此随着小球向右（外）运动，作用在小球上的力 F_X 和 G_X 都要改变，F_X 不断减小，G_X 不断增大。当这两个分力相等时，小球停止运动，如图 5.3 - 10 所示。

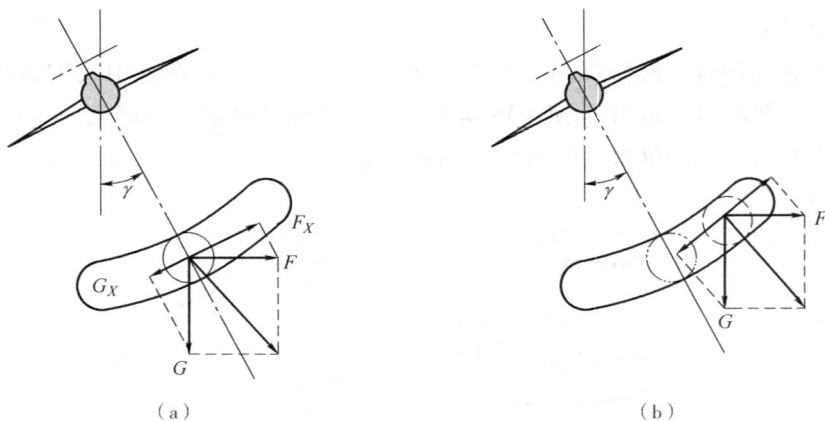

（a）　　　　　　　　　　　（b）

图 5.3 - 10　外侧滑时侧滑仪指示

（a）$F_X > G_X$，小球向右（外）运动；（b）小球停在右（外）侧

反之，若飞机发生内侧滑，作用在小球上的横向合力小于零，即 $F_X < G_X$，使小球偏离玻璃管中央而向左（内）侧运动。若飞机横向合力越大，侧滑越严重；小球横向合力越大，则偏离中央位置越远。因此，小球偏离中央位置的方向和距离，可以表示飞机侧滑的方向和

严重程度。

综上所述，如果飞机转弯时，横向合力等于零，小球便停在玻璃管中央，表示无侧滑；横向合力大于零，小球便偏向玻璃管外侧，表示外侧滑；横向合力小于零，小球便偏向玻璃管内侧，表示内侧滑。横向合力越大，小球偏离中央位置越远，表示侧滑越严重。

5.3.2　航空地平仪

1. 地平仪的功用

地平仪又称为陀螺地平仪，是用来测量飞机俯仰角和倾斜角的仪表。飞机的俯仰角和倾斜角表示飞机的飞行姿态。精确地测量出飞机的俯仰角和倾斜角，无论是对于飞机驾驶，还是对于飞机自动控制系统，都是极为重要的。

由于地平仪对于完成飞行任务，保证飞行安全具有十分重大的作用，因此飞机装有两只地平仪（正、副驾驶各一只），而航线运输机还要加装一只备用地平仪，在主地平仪出现故障时使用。

2. 地平仪的测量原理

1）地平仪的基本原理

飞机的俯仰角是飞机纵轴与地平面的夹角，即飞机绕横向水平轴转动的角度。俯仰角一般用 θ 表示，上仰为正，如图 5.3 – 11 所示。飞机的倾斜角是飞机对称面与通过飞机纵轴所作的铅垂面之间的夹角，即飞机绕纵轴转动的角度。在飞机无俯仰时，也等于飞机横轴与地平面的夹角。倾斜角一般用 γ 表示，右倾斜为正，如图 5.3 – 12 所示。由此可知，测量飞机的俯仰角和倾斜角的关键是要在飞机上建立水平面或地垂线基准，并且还要使这个基准在飞机机动飞行时保持稳定。

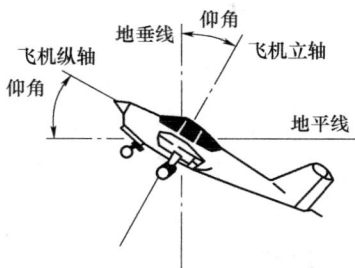

图 5.3 – 11　飞机的俯仰角　　　　　　　图 5.3 – 12　飞机的倾斜角

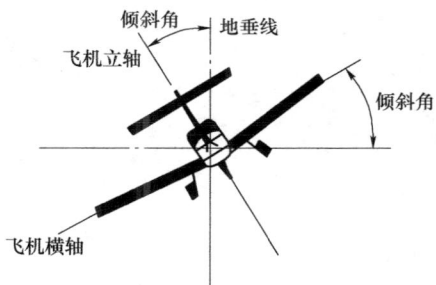

一般来说，悬挂的摆锤，即单摆对重力的方向很敏感，其摆线所指示的就是地垂线，也就是说单摆具有地垂性。由于地垂线和水平面是相互垂直的，因此找到地垂线也就等于找到了水平面。建筑工人利用重锤检查墙壁是否垂直，利用气泡水准仪（相当于液体摆）检查地基是否水平就是应用单摆地垂性的最好例证。

然而，建筑物是静止的，飞机却是运动的物体。当飞机加速、减速或转弯飞行时，由于摆除了受到重力作用外，还受到惯性力作用，将使摆线偏离地垂线，因此，摆不具有抵抗干扰的方向稳定性，不能单独用来测量飞机的姿态角。

从陀螺的基本特性可知，三自由度陀螺的自转轴具有很高的方向稳定性。如果在飞机上安装一个三自由度陀螺，并将其自转轴调整到地垂线方向，那么当飞机飞行时，自转轴不会像摆那样受干扰，仍然能相当精确地指示出地垂线。

另一方面，三自由度陀螺的自转轴是相对惯性空间保持方向稳定。由于地球自转，地垂线相对惯性空间的方向不断改变，而陀螺自转轴相对惯性空间的方向却仍然不变，这就使原来与地垂线相重合的自转轴逐渐偏离地垂线，如图 5.3 – 13 所示。飞机又总是相对地球运动，从一个地点飞到另一个地点，地球上不同地点的地垂线相对惯性空间的方向是不同的，而陀螺自转轴相对惯性空间的方向却仍然保持与原来的相同，这也将引起自转轴逐渐偏离地垂线，如图 5.3 – 14 所示。此外，实际的陀螺仪总是不可避免地存在着干扰力矩引起的漂移，也会使自转轴偏离地垂线。上述原因使陀螺对地垂线没有方向选择性。因此，如果单独使用陀螺仪来测量飞机的姿态角，也将产生很大的误差。

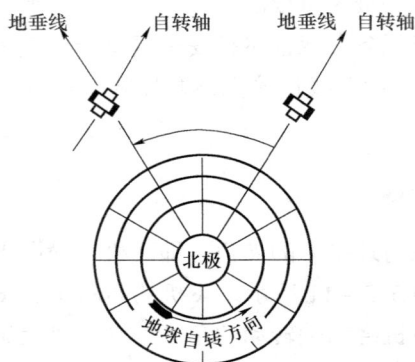

图 5.3 – 13   地球自转引起陀螺自转轴偏离垂线

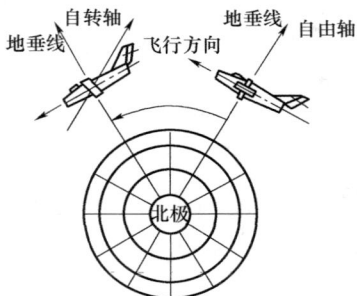

图 5.3 – 14   飞机运动引起陀螺自转轴偏离垂线

综上所述，摆具有对地垂线的方向选择性，但没有抵抗干扰的方向稳定性；陀螺具有抵抗干扰的方向稳定性，却没有对地垂线的方向选择性。它们都不能单独作为飞机的姿态测量基准，可把两者有机地结合起来，从而建立稳定的地垂线测量基准。

地平仪的基本原理就是利用摆的地垂性修正陀螺，利用陀螺的稳定性建立稳定的人工地垂线，从而根据飞机和陀螺的关系测量飞机的俯仰角和倾斜角。

2）地平仪的安装及测量方法

由于三自由度陀螺内、外框轴与飞机纵、横轴关系不同，地平仪在飞机上有两种安装方法：一种是外框轴平行于飞机纵轴安装，称为纵向安装；另一种为外框轴平行于飞机横轴安装，称为横向安装。两种安装方法如图 5.3 – 15 所示。

纵向安装地平仪的测量原理如图 5.3 – 16 所示。当飞机俯仰时，表壳和外框跟随机体一

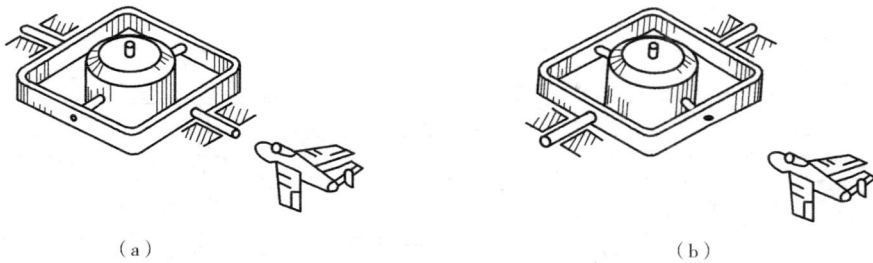

图 5.3 - 15　地平仪的安装方式

（a）纵向安装；（b）横向安装

起转动，而内框绕内框轴保持稳定，外框绕内框轴转过的角度就等于飞机绕横向水平轴转动的角度，即飞机的俯仰角，因而内框轴成为仪表俯仰角的测量轴。当飞机倾斜时，表壳跟随机体一起转动，外框绕外框轴保持稳定，表壳绕外框轴转过的角度就等于飞机绕纵轴转动的角度，即飞机的倾斜角，因而外框轴成为仪表倾斜角的测量轴。

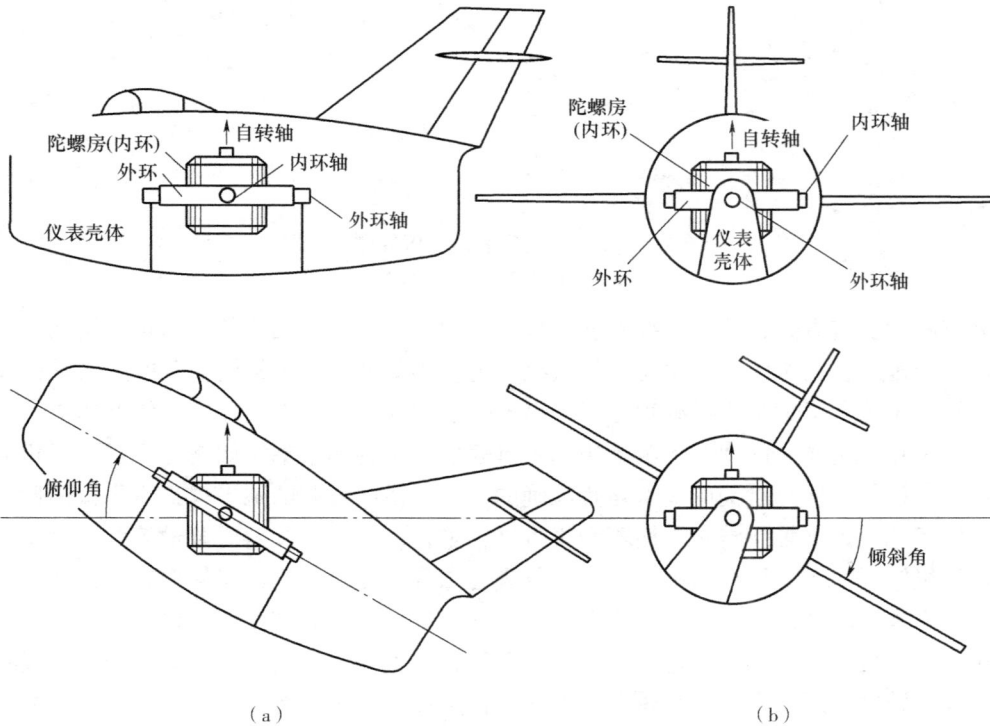

图 5.3 - 16　纵向安装地平仪的测量原理

（a）飞机俯仰；（b）飞机倾斜

横向安装地平仪的测量原理如图 5.3 - 17 所示，当飞机俯仰时，表壳跟随机体一起转动，而外框绕外框轴保持稳定，表壳绕外框轴转过的角度就等于飞机绕横向水平轴转动的角度，即飞机的俯仰角，因而外框轴成为仪表俯仰角的测量轴。当飞机倾斜时，表壳和外框轴跟随机体一起转动，而内框绕内框轴保持稳定，外框绕内框轴转过的角度就等于飞机绕纵轴转动的角度，即飞机的倾斜角，因而内框轴成为仪表倾斜角的测量轴。

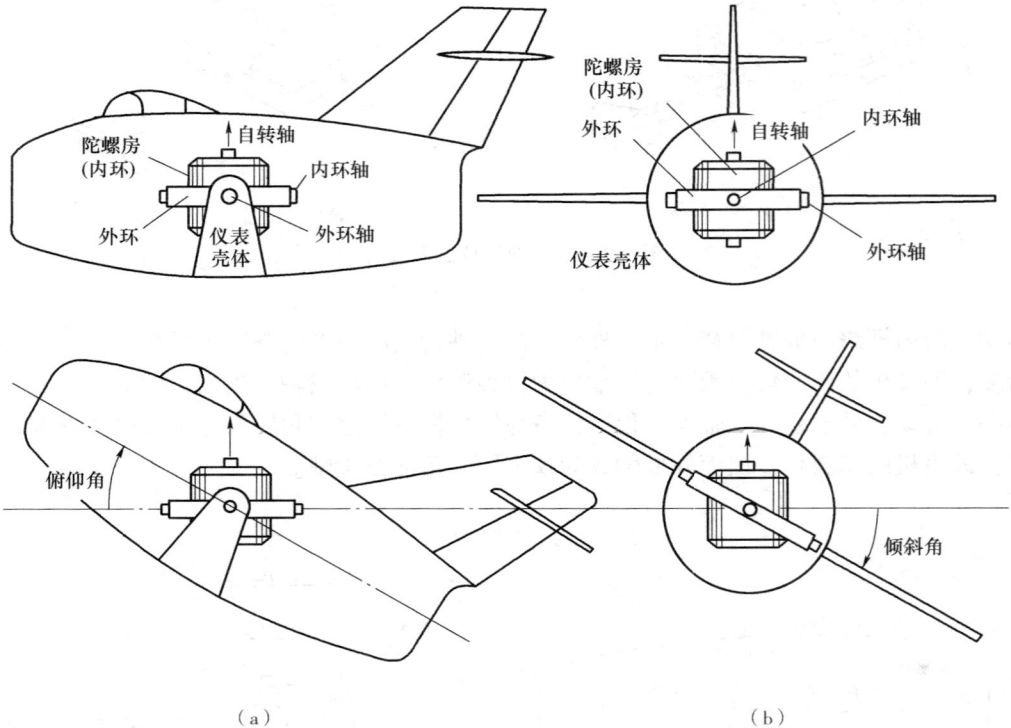

图 5.3 - 17　横向安装地平仪的测量原理

(a) 飞机俯仰；(b) 飞机倾斜

　　比较两种安装方式，从测量准确度来看，它们是不同的。飞机的俯仰角是绕飞机横向水平轴转动的角度，飞机的倾斜角是绕飞机纵轴转动的角度，即飞机俯仰角的定义轴是横向水平轴，倾斜角的定义轴是飞机纵轴。对于纵向安装的地平仪，无论在飞机俯仰的情况下测量倾斜，还是在飞机倾斜的情况下测量俯仰，仪表姿态角的测量轴均始终与飞机姿态角的定义轴重合，这样仪表所测量到的姿态角是准确的。对于横向安装的地平仪，当飞机俯仰时测量倾斜，由于陀螺内框轴保持水平而不和飞机纵轴重合；当飞机倾斜时测量俯仰，由于陀螺外框轴随飞机倾斜而不能保持水平。因此，仪表姿态角的测量轴均与飞机姿态角的定义轴不重合，仪表出现了测量误差。可见，纵向安装的地平仪比横向安装的地平仪更准确。

　　从两种安装方式陀螺的稳定性来看，当飞机有较大的俯仰角时，纵向安装地平仪陀螺的外框轴与自转轴接近重合，将严重影响陀螺的稳定性；当飞机有较大的倾斜角时，横向安装地平仪陀螺的外框轴与自转轴接近重合，也将严重影响陀螺的稳定性。对于运输机来说，因为俯仰角和倾斜角都不大，所以对陀螺的稳定性不会造成太大影响。

　　综上所述，由于纵向安装地平仪的准确度更高，飞机大多采用这种安装方式。

　　3. 地平仪的组成及分类

　　地平仪的种类很多，结构也各有不同。但是，它们的组成基本为四个部分：三自由度陀螺、地垂修正器、指示机构和控制机构，如图 5.3 - 18 所示。

　　三自由度陀螺是地平仪的基础部分。当仪表正常工作时，自转轴处于地垂线方向，框架轴则作为飞机姿态角的测量轴。常用的陀螺有电动和气动两种，转子的转速高达 22 000 ~ 23 000 r/min，稳定性很好。目前，大中型飞机都采用电动地平仪；小型飞机，例如 TB - 20 和 CheyenneⅢA 则选用了一只电动地平仪和一只气动地平仪。

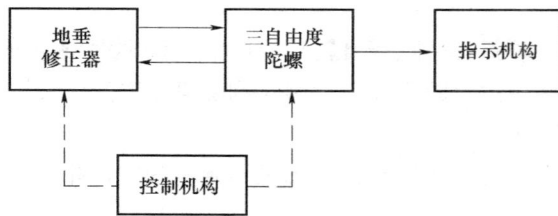

图 5.3 - 18　地平仪的基本组成

地垂修正器是地平仪的修正部分，用来测量地垂线并对陀螺进行地垂修正。目前，电动地平仪采用的修正器主要有固体摆式修正器和液体摆式修正器两种。

指示机构用来向驾驶员提供飞机姿态角的目视信号。有的地平仪还安装了信号传感器，用来向姿态指示器、自动驾驶仪及其他机载设备提供飞机姿态角的电信号。

控制机构分为陀螺控制机构和摆的控制机构。陀螺控制机构可以在地平仪启动时或飞机机动飞行后使自转轴迅速恢复到地垂线方向，从而缩短启动时间或消除机动飞行过程中产生的指示误差，通常采用机械式锁定装置。摆的控制机构可以在飞机具有一定加速度或角速度时，自动断开摆对陀螺的修正作用，避免地平仪产生误差，通常采用活动臂或加速度传感器、角速度传感器等。

在地平仪的四个组成部分中，陀螺和地垂修正器是组成地平仪的核心。因为地垂修正器的敏感元件实质上是一个摆，所以从原理上说，陀螺和摆是组成地平仪的核心。

航空地平仪根据摆和陀螺是否直接带动指示机构，可以分为直读式和远读式两种。由摆和陀螺直接带动指示机构的地平仪，称为直读地平仪；由摆和陀螺通过远距离传送装置间接带动指示器的地平仪，称为远读地平仪。

直读地平仪体积小，结构较简单，可靠性高，且精度较低。小型飞机都安装这种地平仪（如 TB - 20、CheyenneⅢA、Y5 等）；在大、中型飞机上则把它作为备用地平仪使用。远读地平仪精度高，但结构较复杂，体积较大，它是大、中型机的主用地平仪。

4. 地平仪的指示

地平仪指示机构的结构形式多种多样，但它们的指示原理则是大同小异。

1）指示原理

如图 5.3 - 19 所示为指示机构的原理示意图。它由安装在陀螺上的人工地平线、倾斜指标和安装在表壳上的小飞机形指针（简称小飞机）、倾斜刻度盘等组成。

（1）指示俯仰。

当飞机平飞时，地平仪上的小飞机与人工地平线重合，表示飞机平飞，如图 5.3 - 19（a）所示。

当飞机由平飞转为上仰时，陀螺自转轴保持垂直，内框保持水平，表壳和外框绕内框轴向下转动，安装在外框上的人工地平线摇臂则由固定在内框上的销子拨动，再向下转动一个上仰角，人工地平线下降。这时，小飞机形象地上升到人工地平线上面，表示飞机上仰，如

图 5.3 – 19 （b） 所示。

同理，当飞机由平飞转为下俯时，人工地平线上升，小飞机下降到人工地平线下面，表示飞机下俯。

（2）指示倾斜。

当飞机由平飞转向左倾斜时，陀螺自转轴、内框、外框保持稳定，表壳绕外框轴左转一个倾斜角。这时，安装在表面上的小飞机和倾斜刻度盘相对安装在陀螺上的人工地平线和倾斜指标左转，表示飞机左倾斜，如图 5.3 – 19 （c） 所示。

同理，当飞机由平飞转向右倾斜时，小飞机和倾斜刻度盘相对人工地平线和倾斜指标右倾斜，表示飞机右倾斜。

（a）

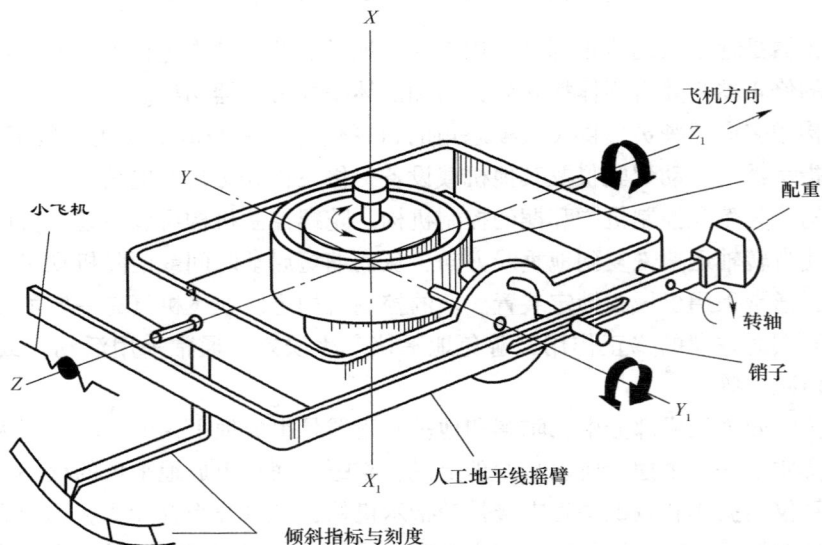

上仰

（b）

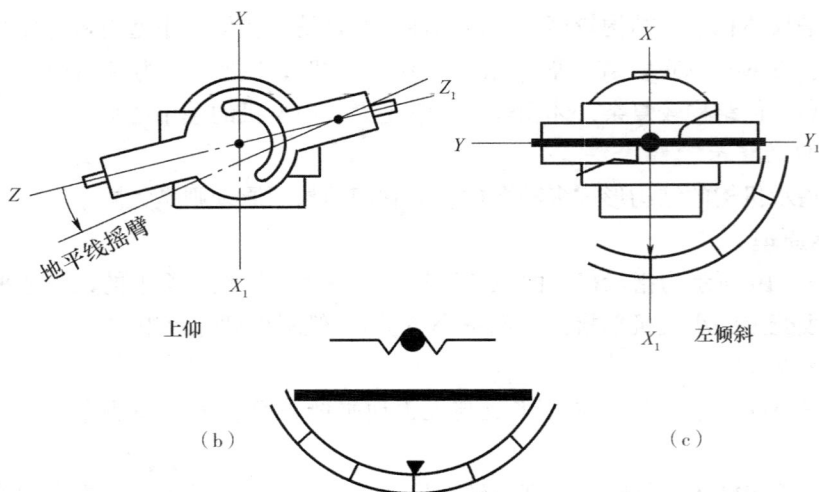

左倾斜

（c）

图 5.3 – 19　指示机构的原理示意图

（a）飞机平飞；（b）飞机上仰；（c）飞机左倾斜

2）指示认读及分类

地平仪的指示形式比较多，对它们的要求是形象、直观、认读方便。如图 5.3 – 20 所示为两种直读地平仪的表面。

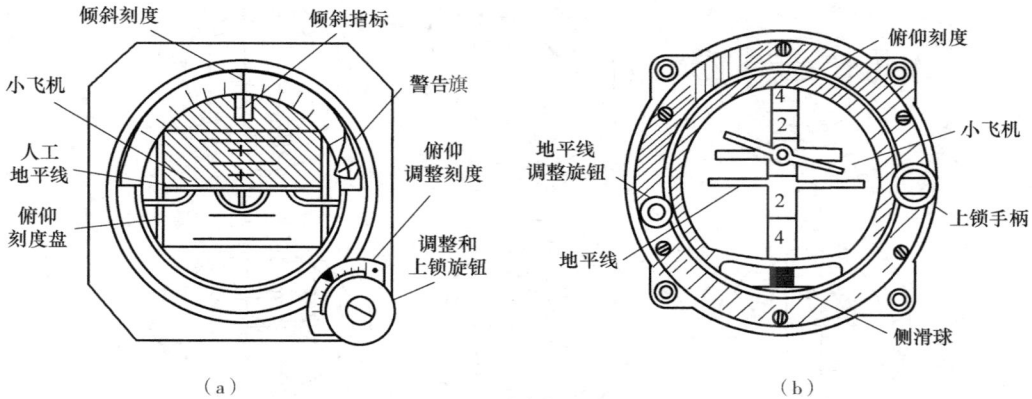

图 5.3 – 20　两种直读地平仪的表面

如图 5.3 – 20（a）、图 5.3 – 21 所示为一种地平仪的指示情况，它的指示原理与图 5.3 – 19 相同。俯仰刻度盘安装在陀螺上，它的中线即是人工地平线，每 10 度有一条刻线，每 20 度刻有角度数；上部涂成天蓝色，下部涂成褐色，形象地代表天空和大地。倾斜刻度盘安装在表面上部，每小格代表 10 度，每大格代表 30 度。

飞机平飞时，小飞机和人工地平线重合。飞机上升（或下降）时，人工地平线下降（或上升），小飞机在俯仰刻度盘上指示的度数代表飞机的俯仰角。飞机向左（或右）倾斜时，人工地平线向右（或左）倾斜，倾斜指标在倾斜刻度盘上的读数代表飞机的倾斜角。

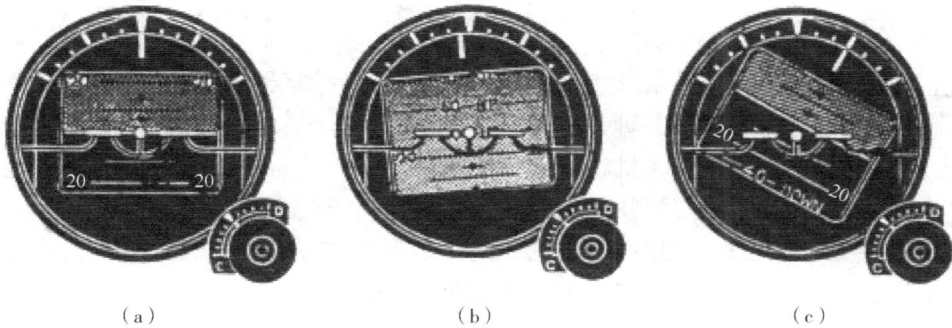

图 5.3 – 21　地平仪指示之一
（a）平飞；（b）上仰 40°、右倾 5°；（c）下俯 5°、左倾 30°

表面右下方有一个调整旋钮，转动旋钮，可以使小飞机上下移动 ±5°。这个旋钮还具有上锁功能，拉出旋钮，陀螺三轴互相垂直并锁定；松开旋钮，陀螺开锁。

当陀螺未通电或转速较低时，表面右上方会出现一个警告旗，如图 5.3 – 20（a）所示。在这种情况下，驾驶员不能利用这只地平仪判读飞机姿态。

如图 5.3 – 20（b）、图 5.3 – 22 所示为一种小型飞机地平仪的指示情况。它的特点是小飞机和刻度盘安装在陀螺上，人工地平线安装在表壳上。飞机上升、下降时，小飞机相对人工地平线上升或下降，人工地平线在俯仰刻度盘上指示的度数代表飞机俯仰角。飞机左、右倾斜时，小飞机对人工地平线左右转动小飞机翼尖在倾斜刻度盘上的读数代表飞机的倾斜角。

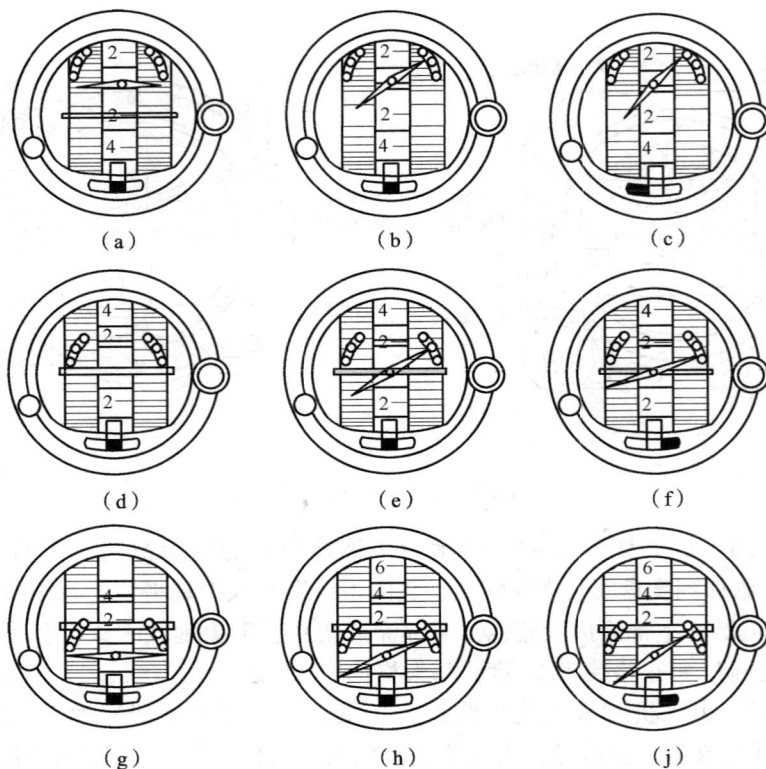

图 5.3 – 22　小型飞机地平仪的指示情况

(a) 上升；(b) 上升左转弯；(c) 上升左转弯内侧滑；(d) 直线飞行；(e) 平飞左转弯；
(f) 平飞左转弯外侧滑；(g) 下滑；(h) 下滑左转弯；(i) 下滑左转弯外侧滑

从上面讲述的仪表典型指示形式可以看出，地平仪的指示分为两种类型：一种是"从飞机看地面"的指示形式，另一种是"从地面看飞机"的指示形式。

如图 5.3 – 21 所示为"从飞机看地面"的指示形式。飞行中，驾驶员看到的是人工地平线运动，小飞机不动，这与驾驶员从飞机上看到地面的情况是一样的。

如图 5.3 – 22 所示为"从地面看飞机"的指示形式。飞行中，驾驶员看到的是小飞机运动，人工地平线不动，这与站在地面看飞机的情况是一样的。

上述两种指示形式，前者真实性较好，应用广泛。

5. 地平仪的使用特点

1）地平仪地面启动

地平仪地面启动，就是要使地平仪通电后陀螺自转轴处于地垂线方向，并使转子转速达到额定转速。怎样判断地平仪已经启动好了呢？对于转速来说，应该按照飞机维修手册的要求保证启动时间。许多地平仪警告旗收起就表示转速已经符合工作要求，因此可以根据警告旗是否收起作为转速是否达到额定转速的依据。对于陀螺是否直立，可以根据地平仪是否已经指示飞机停机角来判断。

陀螺电动机达到额定转速的时间是一定的，因此，为了加快启动速度、缩短启动时间，应该设法使自转轴尽快转到地垂线方向，使地平仪指示停机角。

地平仪通电以前，陀螺处于自由状态，自转轴一般不在地垂线方向。通电以后，地垂修正器逐渐使自转轴转向地垂线方向，但由于修正速度较低，启动的时间可能比较长。例如，通电前若自转轴偏离地垂线 60°，通电后的修正时间就需要 20 min 左右。因此，启动地平仪时，都要利用陀螺控制机构或上锁装置使陀螺快速直立，陀螺三轴互相垂直（自转轴接近地垂线方向），加快启动速度。

例如，H321 型地平仪，通电 3 min 左右，警告旗收起后，应将锁定旋钮拉出，待小飞机和人工地平线重合后，轻轻松开锁定钮，直到地平仪指示停机角后，启动完毕。

对于 BDP - 1 型地平仪，通电前应先上锁，通电 1 ~ 2 min 后再开锁，约 3 min 陀螺可达额定转速，待指示停机角后，启动完毕。

地平仪的启动时间还和飞机在地面的停机角有关，例如前三点式起落架飞机与地面几乎平行；后三点式起落架飞机的停机仰角则比较大。因此，前者启动时间较短，后者启动时间较长。

在启动过程中，如果启动时间不够或启动程序不对，可能使地平仪稳定性不好或增加启动时间。

2）地平仪在空中使用

不同的飞行状态，使用地平仪的要求是不同的。下面根据地平仪的结构特点，各种飞行状态下的误差规律，来说明正确使用地平仪的基本方法和注意事项。

（1）平飞过程中使用地平仪。

飞机保持一定的迎角平飞，地平仪的小飞机将与人工地平线不重合。这时应根据升降速度表的指示，判定飞机确实是平飞后，再用调整旋钮把小飞机和地平线调整重合，以便保持平飞。但在做倾斜和俯仰之前，应将小飞机（或地平线）调回原位，否则会出现指示误差。

（2）加、减速飞行过程中使用地平仪。

飞机加速或减速时，由于惯性力的作用，摆将偏离地垂线，并对陀螺施加修正力矩，使自转轴偏离地垂线。因此，地平仪会产生误差，称为纵向加速度误差。加速飞行时，陀螺自转轴上端向前移动，地平仪产生上仰误差；减速飞行时，陀螺自转轴上端向后移动，地平仪产生下俯误差。例如，飞机由起飞到加速上升的最初 1 min 内，地平仪产生 2.5° ~ 13.5° 的上仰误差。飞机做 90° 转弯后，由于陀螺自转轴在空间的方向不变，故这一误差又可变为倾斜误差。

为了减小纵向度误差，有的地平仪安装了误差控制装置，它可以把误差减小到一定值，但仍然存在误差。因此，在飞机加速飞行时使用地平仪，应该及时利用升降速度表和转弯侧滑仪来检查地平仪的指示。

（3）盘旋和转弯过程中使用地平仪。

飞机盘旋或转弯时，由于惯性离心力的作用，摆将偏离地垂线，并对陀螺施加修正力矩，使自转轴偏离地垂线方向。因此，地平仪会产生误差，称为盘旋误差或向心加速度误差。这时，俯仰和倾斜指示都有误差。

对于安装了误差控制装置的地平仪，可以减小误差，但仍有误差。因此，在飞机改平飞后，应该利用升降速度表和转弯侧滑仪检查地平仪的指示。

（4）出现误差后的修正方法。

地平仪出现误差，待飞机匀速平飞时可以自行消除，但需要的时间较长。为了加速消除误差，飞行员应利用陀螺上锁机构，在飞机改平、匀速飞行时上锁，然后开锁，误差就会消除。

（5）使用后的处置。

使用完毕，断开电门。有上锁机构的，应立即上锁。有的地平仪（如 H321 型），断电后，由于转速降低、稳定性降低，允许指示器打转，这时不能拉锁，以免损坏机件。

（6）特殊情况下的处置。

飞行中，升降速度表、空速表和高度表的指示，可以间接反映出飞机的俯仰角及其变化；转弯侧滑仪和陀螺磁罗盘的指示，可以间接反映出飞机的坡度及其变化，因此，应综合分析地平仪和这些仪表的指示。如果发现地平仪发生故障后，应根据升降速度表和空速表的指示了解飞机的俯仰情况；根据转弯侧滑仪和陀螺磁罗盘的指示了解飞机的倾斜情况。

5.3.3　姿态指引仪

姿态系统使用的指示器是和飞行指引仪系统的指引指示器组装在一起的，形成一个综合指示仪表，称为姿态指引仪。

典型的姿态指引仪（ADI）如图 5.3 – 23（a）所示。姿态指引仪可为驾驶员提供姿态显示，包括飞机的实际飞行姿态和姿态指引信息，还有许多其他的指示。姿态指引仪有俯仰、倾斜刻度，中间是飞机标识和飞行指引指令杆，还有跑道标识和仪表着陆系统的航向道（LOC）、下滑道（G/S）指示，最下面有一个侧滑指示器，左侧是自动油门快、慢（FAST/SLOW）指示，右上角是决断高度（DH）指示灯。不同型号的仪表显示的内容也各有不同，其中，飞行指引杆的指令来自自动飞行控制系统。

现代飞机基本都已采用电子仪表系统，姿态指引仪改为电子式姿态指引仪。电子式姿态指引仪（EADI）如图 5.3 – 23（b）所示。电子式姿态指引仪是一种 CRT 显示器，仪表上的各种刻度、指针和标识都使用电子符号表示。最新型飞机已使用液晶显示器（LCD）。

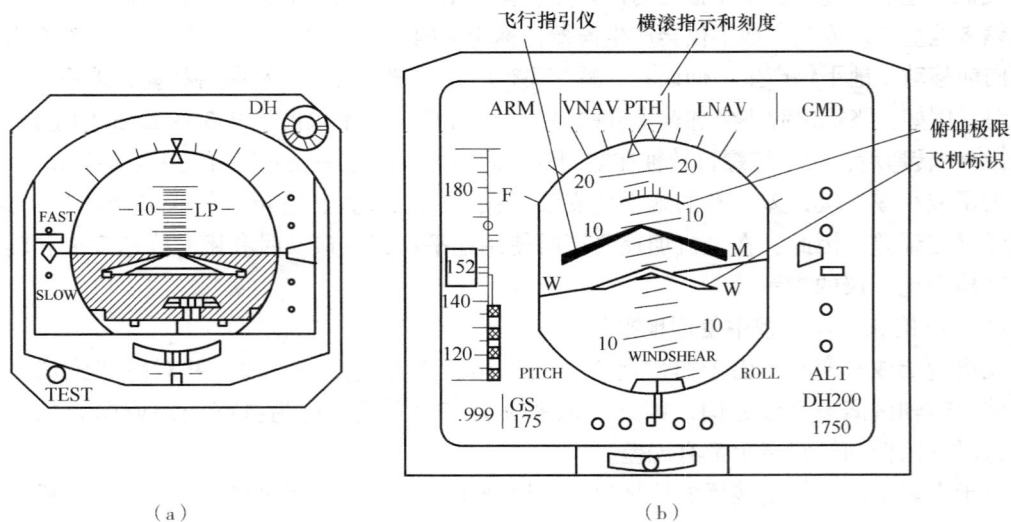

（a）　　　　　　　　　　　　　　　（b）

图 5.3 – 23　姿态指引仪

（a）典型的姿态指引仪（ADI）；（b）电子式姿态指引仪（EADI）

5.3.4　姿态仪表的维护实例

1. 转弯侧滑仪的维护实例

1）转弯侧滑仪

转弯侧滑仪是由转弯仪和侧滑仪两个独立的仪表组合在一起的。转弯仪和侧滑仪的功用是当飞机转弯时，为驾驶员指示飞机转弯和侧滑方向。Y12 飞机上装有两块 9551B 型转弯侧滑仪，分别安装在左、右仪表板上。

转弯仪是利用一个二自由度陀螺的进动性来完成其测量工作的。陀螺自转和飞机横轴平行，内框轴与飞机纵轴平行。当飞机转弯时，在陀螺力矩的作用下，内框的转角通过传动机构使指标偏移，指示转弯的方向及转弯速率。

侧滑仪是根据单摆原理设计的，它用装在弧形玻璃管内的小黑球指示飞机有无侧滑及侧滑方向。

如图 5.3 – 24 为转弯侧滑仪的外形图。

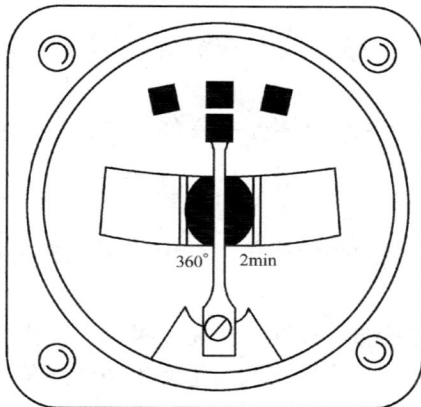

图 5.3 – 24　转弯侧滑仪的外形图

2）转弯侧滑仪的维护实施

（1）分解/安装。

①分解。

在分解转弯仪前，要首先将仪表后面的插头断开，在进行螺钉分解操作时，用一只手（或由另一人）托住仪表，分解时注意不要把螺钉槽口弄坏。

②安装。

安装前，要注意从转弯仪正面看，不应出现气泡，如果出现气泡应把仪表逆时针方向偏转，以便将气泡移到侧滑指示器的支管内。

安装时，要正确地将转弯侧滑仪放入仪表板上的相应孔中，每块表用 4 个 M4 的螺钉、垫圈、螺母进行固定。要特别注意侧滑指示器的小球应在标记线中心位置。

把 4 个螺钉拧紧，然后把仪表后面的插头连接好。

（2）调整/试验。

①需用的工具与设备。

转弯侧滑仪试验用转台、28 V 直流电源。

②工作程序。

a. 从仪表板上分解下转弯仪，放在试验台上检查。

用水平仪调好转台上转弯仪试验支架的水平位置，将转弯仪安装到支架上。将转弯仪调至水平位置（侧滑指示器小球应在两标线的中间位置），必须轻轻敲打试验安装架，使小球能达到最小停滞误差。

给转弯仪提供 28 V 直流电源。

转弯仪的性能需在转台上测定，此转台能使仪表均匀地绕垂直轴旋转来测定转弯仪的指示偏斜。

b. 转弯仪装机前的检查。

转弯仪装机前必须进行检查。将转弯仪拿在手中，面对仪表刻度盘，大致放成水平位置。然后接通电源，将仪表慢慢地绕垂直轴向右、向左转动，此时，转弯仪的指针应向转动的一侧偏斜。

当表停止转动时，指针应停在中间位置。

（3）目视检查。

①检查仪表玻璃有无裂纹，字迹、标记应清楚，固定应牢固，侧滑指示器有无气泡、卡滞现象。

②检查插头接触端是否有锈蚀，接触是否良好，导线是否清洁，有无磨损。

2. 航空地平仪的维护实例

1）地平仪

地平仪用来指示飞机的倾斜角和俯仰角。运十二型飞机装有两块地平仪，分别装于左、右仪表板上。

地平仪是利用三自由度陀螺的定轴性工作的。根据小飞机与俯仰刻度盘，倾斜刻度盘以及与水平固定指标的相对位置可以读出飞机的俯仰角和倾斜角。

地平仪中间有水平固定指标调整机构。在地面时，可以用螺丝刀调整小飞机，而起飞后不能调整。右边有快速调整机构，它使陀螺自转轴处在准备启动的位置上，以缩短到达正常工作的启动时间。

如图 5.3 –25 为地平仪外形图。如图 5.3 –26 为地平仪电气原理图。

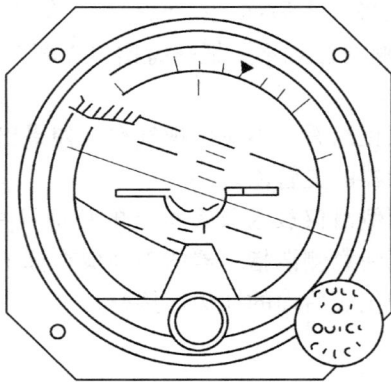

图 5.3 –25　地平仪外形图

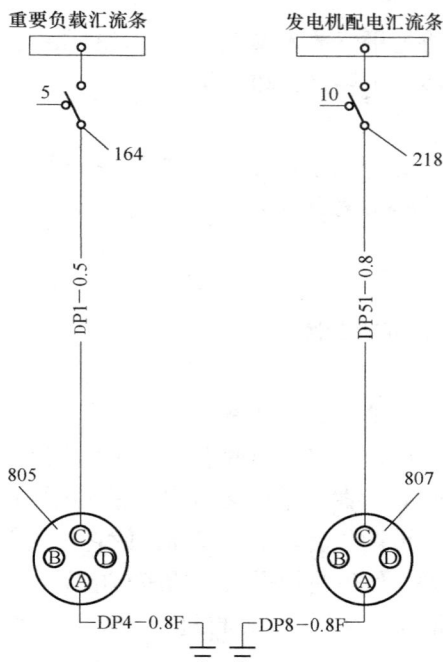

图 5.3 - 26　地平仪电气原理图

2）地平仪的故障分析

地平仪的故障分析如表 5.3 - 1 所示。

表 5.3 - 1　地平仪的故障分析

故障分析	故障原因	排除方法
地平表不工作	电源有故障； 电源到仪表线路断路或短路； 地平表内部线路短路或断路	检查电源； 进行电源到地平表线路的导通检查； 更换地平表
启动时间过长	液体摆导电液变质； 内、外框轴承和导杆轴承摩擦大； 内、外框不平衡	更换地平表
陀螺电动机声、间不好	转子轴承脏、润滑脂干涸、轴承间隙不当、影响平衡	更换地平表

3）地平仪的维护实施

（1）分解/安装。

①分解。

分解地平仪时，注意不要用螺刀将安装螺钉的槽口弄坏，并在操作时，用一只手（或由另一人）托住仪表。

②安装。

安装地平仪，要正确地将地平仪放入仪表板上相应的孔中，用4个螺钉和垫圈固定，并且注意处理好照明灯具的导线，不要挤压和损伤。

安装地平仪应符合下述要求：

a. 飞机水平直线飞行时，地平仪上的小飞机和活动指标相重合。

b. 地平仪的水平指标应与飞机横轴平行。

（2）调整/试验。

①需用工具与设备。

地平仪试验用转台、28 V直流电源。

②工作程序。

a. 从仪表板上分解地平仪，在试验台上检查。

用水平仪调好转台上地平仪试验安装架的水平位置，将地平仪装到试验安装架上，并将地平仪调整到水平位置（侧滑指示器的小球必须在两标线的中间位置），轻轻敲打试验支架以使小球有一最小停滞误差。再调节活动水平指标，使它与仪表前盖上的三角形水平固定指标重合。将地平仪适当地锁紧，然后将地平仪的插座与电源连接好。

通电5 min后，松开锁紧装置（开锁），再过5 min后，测定小飞机与活动水平指标的相对位置，不重合度不超过1°。

要使仪表产生左、右倾斜，可先锁紧仪表，然后将仪表向左或向右转动16°~18°，此时松开锁紧装置，将仪表转至起始的水平位置，待仪表的小飞机修正到15°位置时，开启秒表来测定还原时间，还原时间应为3~7.5 min，且左、右还原时间之差不应超过2.5 min。

要使仪表产生向上或向下指示，先锁紧仪表，然后将仪表绕试验安装架的横轴向上或向下旋转16°~18°，此时，松开锁紧装置，把仪表转至起始的水平位置，待仪表的小飞机修正到15°位置时，开启秒表测定还原时间，还原时间应为3~7.5 min，上、下还原时间之差不应超过2.5 min。

b. 地平仪装机后的检查。

先锁紧仪表，接通电源5 min后，松开仪表，直至小飞机稳定为止，尽可能使水平指标接近小飞机，并记下小飞机与水平指标的相对位置。重新锁紧仪表，再开锁，等小飞机稳定后，重新测定它与水平指标的相对位置。如果仪表良好，两次测定数值之差不得超过2°。

（3）检查/试验。

①性能试验。

按维护手册中的内容进行检查与试验。

②台架试验。

按维护手册中的内容进行检查与试验。

③目视检查。

a. 检查仪表玻璃有无裂纹，标记、字迹应清楚，固定应牢固，地平仪有卡滞现象。

b. 检查插头座是否锈蚀，接触是否良好，地平仪后部导线是否清洁、有无磨损。

5.4　航向仪表

5.4.1　航向及航线

1. 航向

简单来说，飞机的航向是指飞机的机头方向。航向角的大小用飞机纵轴的水平投影线（定位线）与地平面上某一基准线之间的夹角来度量，同时规定从基准线的正方向按顺时针至定位线的角度为正航向角。如图 5.4 – 1 所示为飞机航向表示法。

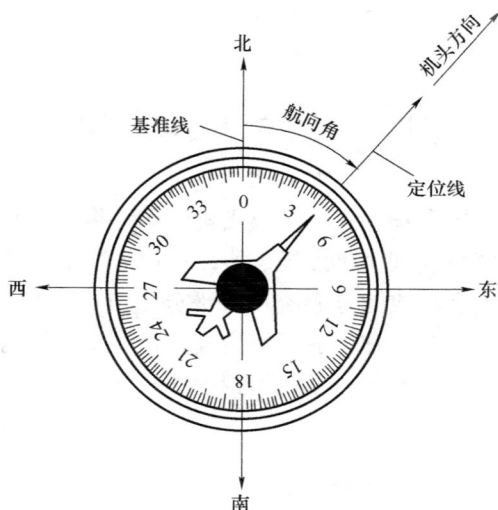

图 5.4 – 1　飞机航向表示法

根据基准线不同，航向分为真航向、磁航向、罗航向、陀螺航向和大圆航向。

测量航向的仪表种类很多，如指南针、磁罗盘、陀螺半罗盘和陀螺磁罗盘等。

1）真航向

真子午线（即地理经线）与飞机纵轴在水平面上的投影线的夹角称为真航向角。

2）磁航向

磁子午线（即地球磁经线）与飞机纵轴在水平面上的投影线的夹角称为磁航向角。

因为磁子午线与真子午线方向不一致而形成的偏差角称为磁差。磁航向与真航向的关系为

$$真航向 = 磁航向 + （ \pm 磁差）$$

规定磁子午线北端在真子午线北端东侧，磁差为正，在西侧为负。地球磁差随时间、地点不同而异，通常各地的磁差值在一年之内变化不超过 10′。由于所有导航设备和跑道方向以及航图上的信息都是以磁航向为基准的，因此，磁北基准必须每隔几年

更新一次。

当磁差为负值时，真航向与磁航向的关系如图 5.4-2 所示。

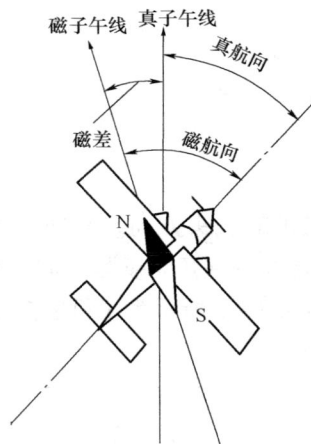

图 5.4-2　真航向与磁航向的关系

3）罗航向

飞机上存在钢铁磁场和电磁场，它们形成飞机磁场。将磁罗盘装上飞机后，其传感器不仅能感受到地球磁场，也能感受到飞机磁场。所以，用磁罗盘传感器测得的航向基准线实际上是地球磁场与飞机磁场两者形成的合成磁场水平分量方向，如图 5.4-3 所示。磁罗盘测得的这一合成磁场水平分量方向，称为罗子午线或罗经线。该线与飞机纵轴在水平面上的投影线的夹角称为罗航向角，如图 5.4-4 所示为罗航向。

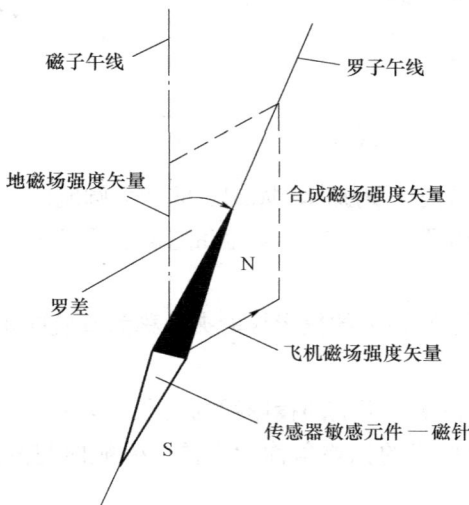

图 5.4-3　飞机磁场对罗航向的影响

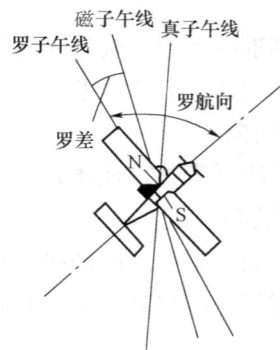

图 5.4-4　罗航向

罗子午线与磁子午线之间形成的夹角称为罗差，规定罗子午线北端在磁子午线北端东侧时的罗差为正，在西侧为负。罗航向与磁航向的换算关系为

$$磁航向 = 罗航向 + （±罗差）$$

4）陀螺航向

利用三自由度陀螺在惯性空间具有的定轴性，可制成陀螺罗盘，将陀螺自转轴置于水平位置，作为航向基准线。它所指示的航向称为陀螺航向。把它的刻度盘 0°线置于磁子午线上，所指航向称为陀螺磁航向；若把 0°线置于真子午线上，所指航向称为陀螺真航向。

5）大圆航向

由于地球是一个球体，它的任何截面与球面的交线都是一个圆圈。其中以通过地心的截面与地球表面相交的圆圈为最大，叫作大圆圈。飞机沿大圆圈线飞行的航向称为大圆航向，如图 5.4 - 5 所示。

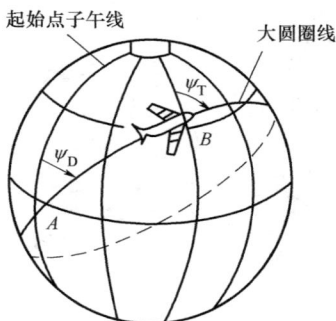

图 5.4 - 5　大圆航向

2. 航线

飞机在空中飞行时所用的飞行路线称为航线。飞机从一个地方飞往另一个地方，通常选择下列两种航线。

1）大圆航线

一个球体上的大圆圈与其他圆圈相比，大圆圈半径最大，而曲率最小，所以，地球表面上任意两点之间的距离，以大圆圈线为最短，即航程最近。飞机沿大圆圈线飞行的航线称为大圆航线。

2）等角航线

在地球表面上，与各子午线相交的角度都相等的曲线叫作等角线。飞机在无风条件下飞行，如保持真航向始终不变，则该飞机的飞行路线是一条等角航线。

5.4.2　磁罗盘

磁罗盘用来测量飞机的罗航向。由于经过罗差修正后，剩余罗差并不大，因此有的文献称为测量磁航向。

1. 地球磁场

地球本身相当于一个大磁铁，它的两个磁极分别位于地理南、北极附近。地球北磁极（实为磁铁的南极）约位于北纬 72°、西经 94°处；地球南磁极（实为磁铁的北极）约位于南纬 74°、东经 156°处。

将一根磁针悬挂起来，使悬挂点通过磁铁重心，则可以发现磁针不能保持水平。在北半球，磁针 N 极下倾，在南半球，磁针 S 极下倾，磁针倾斜的原因是地磁强度的方向不与水平面平行。地磁强度（H_T）与水平面的夹角叫作磁倾角 θ，越靠近地磁极，磁倾角越大。地磁强度在水平面内的分量为地磁水平分量（H_N），它所在的线称为磁子午线，磁针在地磁水平分量的作用下指出磁子午线的方向。如图 5.4 – 6 所示为地球磁场与磁倾角。

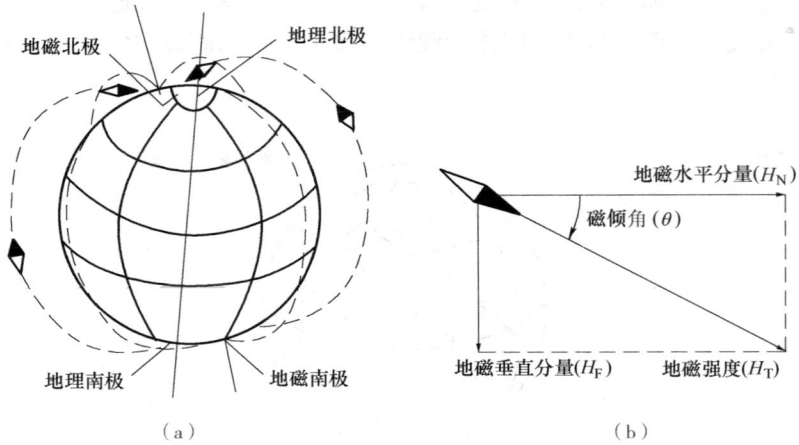

图 5.4 – 6　地球磁场与磁倾角
（a）地球磁场；（b）磁倾角

2. 基本原理

磁罗盘的基本原理是利用自由旋转的磁条跟踪罗经线的特性来指示飞机的罗航向，如图 5.4 – 7 所示。磁罗盘的敏感元件是在水平面内可以自由旋转的磁条。在磁条上固定着刻度环，0°～180°刻度线与磁条方向一致。航向标线固定在表壳上，代表飞机纵轴。

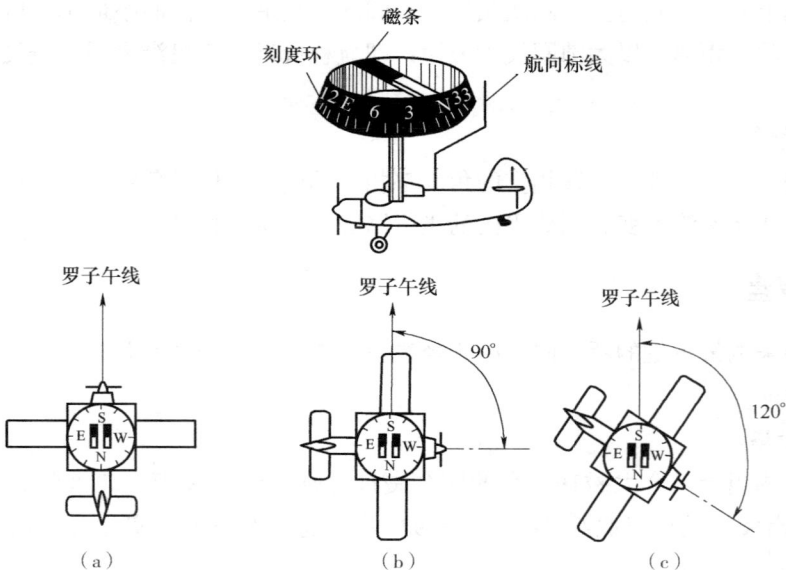

图 5.4 – 7　磁罗盘的基本原理
（a）罗航向 = 0°；（b）罗航向 = 90°；（c）罗航向 = 120°

飞机航向改变后，磁条始终稳定在罗经线方向，表壳随飞机一起转动。因此，航向标线在刻度盘上所指的角度，就是飞机纵轴与罗经线在水平面上的夹角，即罗航向。

3. 基本结构

磁罗盘主要由罗牌、罗盘油、外壳、航向标线和罗差修正器等组成，如图 5.4 - 8 所示为磁罗盘的结构和表面。

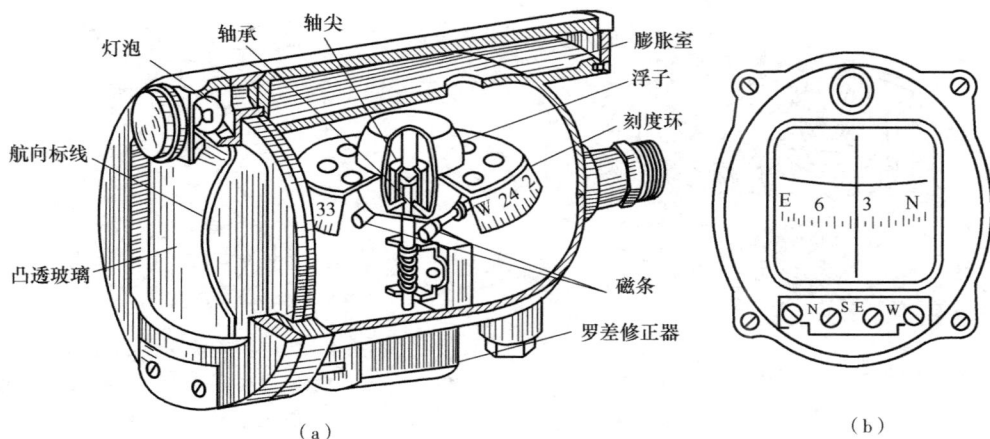

图 5.4 - 8　磁罗盘的结构和表面
(a) 磁罗盘的结构；(b) 磁罗盘的表面

罗牌是罗盘的敏感部分，它由磁条、轴尖、浮子、刻度环等组成。整个罗牌可在支柱的轴承上自由转动，保证 0° ~ 180° 刻度线始终与罗经线方向一致。为了减小磁倾的影响，使敏感部分保持水平，罗牌的重心通常偏在支点的南面（在北半球飞行时，可以抵消磁倾的作用），并且还偏在支点的下面。

罗盘油可以增加罗牌的运动阻尼和减小罗牌对轴承的压力，从而减小罗牌的摆动和摩擦。

罗差修正器用来抵消飞机磁场的影响，从而减小罗差。它有两对小磁铁，如图 5.4 - 9 所示，一对可沿飞机纵轴方向产生附加磁场，抵消沿纵轴方向的飞机磁场对罗牌的影响，它们的相对位置可由 E - W 旋柄来改变；另一对可沿飞机的横轴方向产生附加磁场，抵消沿横轴方向的飞机磁场对罗牌的影响，它们的相对位置可由 N - S 旋柄来改变。

当两个小磁铁平行时，如图 5.4 - 10 (a)，磁力线作用的空间范围最小，消除罗差的能力也最小；当两个小磁铁成一直线时，如图 5.4 - 10 (b)，磁力线作用的空间范围最大，消除罗差的能力也最大；两个小磁铁处于其他相对位置时，如图 5.4 - 10 (c)，消除罗差的能力介于上述两者之间。因此，只要适当转动旋柄，改变两个磁铁的方向和相对位置，就可以在一定范围内消除不同符号、不同大小的罗差。

罗差校正由机务人员按规定的时间进行，其他人员不能随意转动罗差修正旋柄。

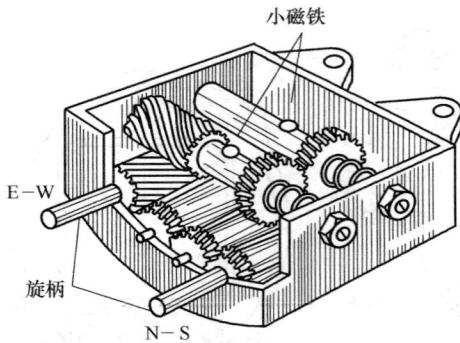

图 5.4 - 9　罗差修正器的结构

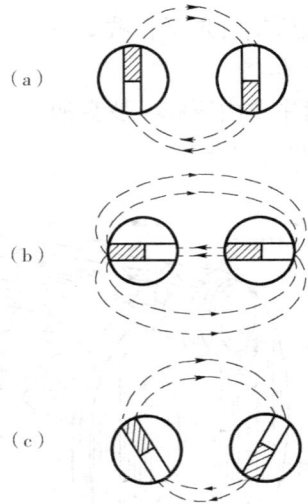

图 5.4 - 10　罗差修正器的磁场

（a）两个小磁铁平行；（b）两个小磁铁成一直线；
（c）两个小磁铁处于其他相对位置

4. 磁罗盘的误差

磁罗盘具有罗差和飞行误差。

1）罗差

磁罗盘为了便于使用，一般安装在驾驶舱风挡玻璃的上部，而驾驶舱则是飞机用电设备高度集中的地方。由于电流磁场和飞机其他钢铁物质磁场的影响，罗差较大，因此磁罗盘需要定期校正。校准罗盘后制成剩余罗差修正量曲线，放在驾驶舱，供计算磁航向用，如图 5.4 - 11 所示，图中横坐标为罗航向，纵坐标为剩余罗差。磁航向与罗航向、剩余罗差的关系为

$$磁航向 = 罗航向 + 剩余罗差$$

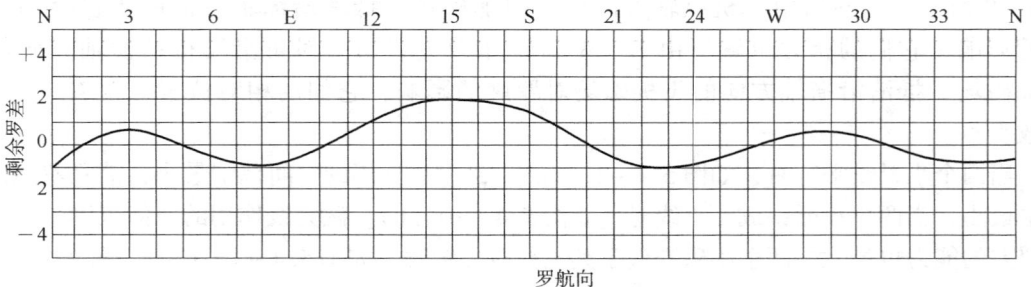

图 5.4 - 11　剩余罗差修正量曲线表

2）飞行误差

飞机在俯仰、倾斜、盘旋、加速或减速时，飞机磁场和地球磁场的垂直分量将对磁罗盘产生影响，使指示出现误差，这些误差统称为飞行误差。在飞机平飞后，这些误差会自行消除。

（1）俯仰、倾斜误差。

俯仰、倾斜误差是飞机俯仰、倾斜时，飞机磁场垂直分量引起的误差。

飞机俯仰或倾斜时，磁罗盘敏感部分仍保持水平，而飞机钢铁磁场的垂直分量 R 则随飞机一起俯仰或倾斜，这时，R 在敏感部分的平面上产生一个分量 R_1，如果该分量的方向与地磁水平分量的方向不一致，二者的合成磁场将偏离磁经线，使罗盘产生误差，这就是俯仰、倾斜误差。当飞机改平后，误差自行消失。如图 5.4 – 12 所示为磁罗盘的俯仰、倾斜误差。

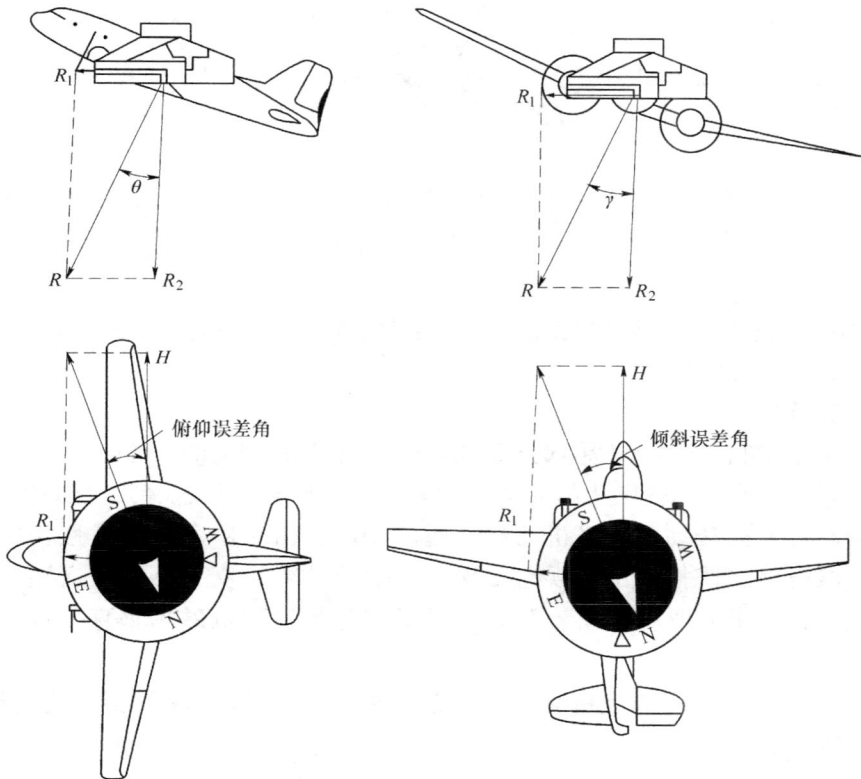

图 5.4 – 12　磁罗盘的俯仰、倾斜误差

（a）俯仰误差；（b）倾斜误差

为了减小飞机磁场对罗盘的影响，通常在可能的情况下，将罗盘或磁传感器放在飞机钢铁磁场较弱的地方，如机翼尖等。

（2）加速度误差。

加速度误差是当飞机沿纵轴方向有加速度时，由惯性力、地磁垂直分量和飞机磁场垂直分量引起的一种误差，如图 5.4 – 13 所示。

由于磁罗盘罗牌的重心通常偏在支点的南面和下面，飞机有纵向加速度时，就有惯性力作用于罗牌的重心，产生惯性力矩。它使罗牌在水平面内转动，同时又使罗牌偏离水平面。前者直接产生指示误差，后者又由于地磁和飞机磁场垂直分量作用于罗牌平面而产生误差。

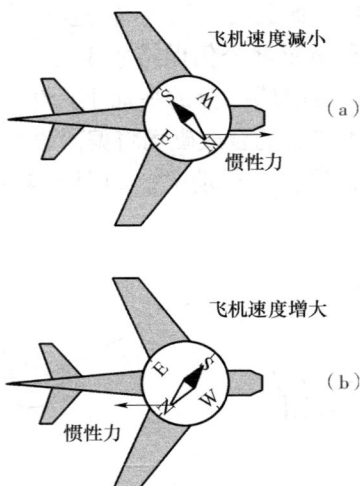

图 5.4 – 13　加速度误差的产生

(a) 飞机速度减小；(b) 飞机速度增大

飞机在东西磁航向上加速度误差最大，在南北磁航向上加速度误差最小。为了避免加速度误差，应在飞机匀速飞行时判读航向。

(3) 涡动误差。

涡动误差是飞机转动时，敏感部分受到阻尼力矩作用而引起的一种误差。

飞机转弯时，罗盘壳体随飞机转动，罗盘油由于摩擦作用也将发生运动，从而又带动罗牌向着转弯方向转动。当飞机已经停止转动时，由于罗盘油的惯性作用仍使罗牌继续转动一段时间，使指示出现误差，误差最大可达数十度。飞机绕横轴或纵轴转动时，罗盘油同样会带动罗牌倾斜，此时地磁垂直分量和飞机磁场垂直分量也可使罗盘产生误差。

为了避免涡动误差，应在飞机改为平直飞行 15～20 s，待罗牌稳定后判读航向。

(4) 转弯误差。

转弯误差是飞机转弯时，地磁垂直分量所引起的一种误差。由于飞机转弯时需要知道航向，因此它对驾驶飞机的影响最大。

① 误差产生的原因。

飞机转弯时，作用于罗牌重心上的惯性离心力和重力的合力将使罗牌与飞机同方向倾斜，如图 5.4 – 14 所示。罗牌倾斜后，地磁垂直分量在罗牌平面上便有一个分量，如果该分量与地磁水平分量的方向不一致，两者的合成磁场将偏离磁经线方向，使罗盘产生误差。

② 怎样避免转弯误差的影响。

飞行人员根据磁罗盘操纵飞机转向预定航向时，必须考虑转弯误差，即根据磁罗盘的指示，提前或延迟改出转弯。在北半球飞行，不考虑飞机惯性，转弯后航向在 90°～0°～270°范围内时，应提前改出转弯；在 90°～180°～270°范围内时，应延迟改出转弯。

图 5.4 - 14　敏感部分随飞机倾斜

5. 使用特点

（1）磁罗盘一般是在飞机主用罗盘失效后使用。

（2）为了避免飞行误差，应在匀速平飞时判读航向，如果罗牌摆动，读数应取平均值。若在转弯时使用，应注意修正转弯误差。

（3）在磁矿区，磁罗盘误差很大。增加飞行高度，可减小误差。

（4）在两极地区飞行时，由于地磁水平分量小，磁罗盘不能准确指示航向。

（5）若要利用磁航向进行领航计算，应该修正剩余罗差。

5.4.3　陀螺半罗盘

陀螺半罗盘，又称为陀螺方向仪，是利用三自由度陀螺稳定性工作的仪表。它可以测量飞机的转弯角度，经过校正，还可以指示飞机的航向。由于这种仪表不能独立测量航向，必须与其他罗盘配合工作，所以叫作半罗盘。

1. 工作原理

1）测量飞机转弯角度

陀螺半罗盘主要由三自由度陀螺、刻度盘、航向指标、水平修正器和方位修正器等组成。三自由度陀螺的外框轴与飞机的立轴平行。刻度盘固定在外框上，航向指标固定在表壳上，代表飞机纵轴。水平修正器的修正力矩作用于外框轴，使自转轴保持水平；方位修正器的修正力矩作用于内框轴，使自转轴能够跟踪选定的方位基准线。如图 5.4 - 15 所示为陀螺半罗盘的工作原理。

当飞机转弯时，由于陀螺的稳定性，自转轴方位不变，刻度盘被陀螺稳定不动，而航向指标则随着飞机转动。因此，航向指标相对于刻度盘的转角，可以表示飞机的转弯角度。

2）测量飞机航向

航向是飞机纵轴与经线的夹角。由于陀螺自转轴不能自动跟踪经线，因此要测量航向就必须把自转轴（准确讲是刻度盘 0°～180°连线）校正并稳定在经线（真经线、磁经线等）方向上，航向标线指示的角度便是航向角。

例如，测量真航向。真航向是飞机纵轴与飞机所在位置的真经线之间的夹角。要想指示真航向，必须使自转轴稳定在飞机所在真经线上。因此，陀螺半罗盘应该具备三

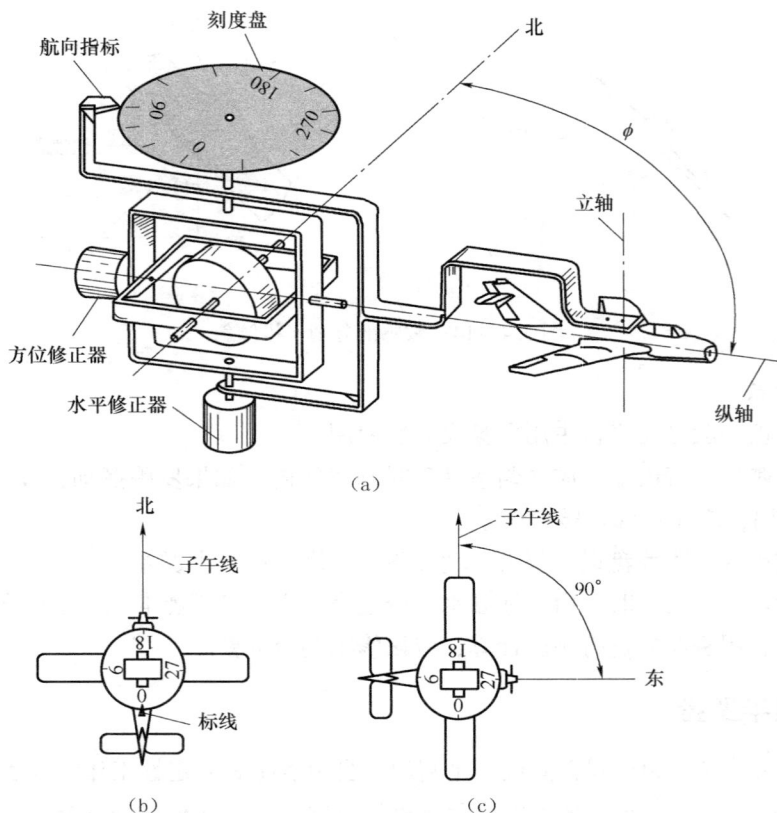

图 5.4 - 15　陀螺半罗盘的工作原理

（a）陀螺半罗盘的结构；（b）航向为 0°时；（c）航向为 90°时

个条件：

（1）使用前，必须使自转轴与起始点真经线方向一致。

（2）飞行过程中，由于地球自转，必须使自转轴随起始点真经线在惯性空间一起转动。

（3）飞行过程中，由于飞机位置不断改变，所在点经线也不断改变，飞机所在经线与起始点经线发生相对运动，因此还必须使自转轴随时转到飞机所在真经线方向上。

自转轴与起始点真经线的相对运动，其性质就是陀螺的表观运动。要想使自转轴经常随起始点真经线一起转动，一方面必须用水平修正器使自转轴经常处于水平（水平修正）；另一方面，必须用方位修正器使自转轴在方位上不断进动（方位修正）。

综上所述，如果使用前将自转轴调整到起始点真经线方向，在使用过程中，水平修正器经常使自转轴保持水平，方位修正器经常使自转轴以适当的角速度在方位上进动，则半罗盘的自转轴始终稳定在飞机所在的真经线方向上，航向标线指示的航向便是真航向。

同理，如果把上述真经线换成磁经线，陀螺半罗盘便可以指示磁航向。

2. 结构

陀螺半罗盘有直读式和远读式两种，前者主要用在小型飞机上，后者主要用在大、中型飞机上，但现在已被罗盘系统取代，故用得很少。本书只讲述直读式陀螺半罗盘。

直读式陀螺半罗盘的基本结构如图 5.4 - 16 所示。它由三自由度陀螺、指示部分、修正器和上锁机构等组成。

　　三自由度陀螺有电动和气动两种。刻度环固定在外框上，0°～180°连线与自转轴方向一致。航向标线安装在表壳上，如图 5.4－17 所示为陀螺半罗盘的指示器表面，图中指示为 355°。

　　直读式半罗盘没有设置专门的方位修正器，而是利用配重沿内框轴方向形成一定的重力矩，作为方位修正力矩，以修正地球自转引起的自转轴方位偏离。但是，配重是按某一纬度设计的，如果飞行地区的纬度同设计的不一样，还会产生一些误差。

　　这种半罗盘采用了垂直修正器，使自转轴与外框轴保持垂直，从而使陀螺保持最大的稳定性。同时在飞机平飞时，使自转轴保持水平。垂直修正器由接触电门和修正电动机组成，接触电门安装在内框轴上，修正电动机安装在外框轴方向。

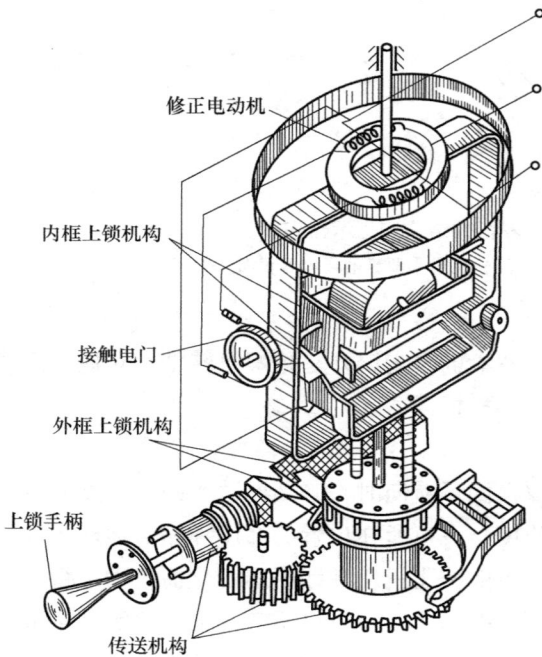

图 5.4－16　直读式陀螺半罗盘的基本结构　　　　图 5.4－17　陀螺半罗盘的指示器表面

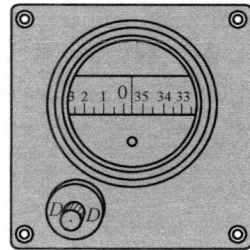

　　当自转轴与外框垂直时，接触电门的两把电刷正好同时与导电环的导电部分相通。两个控制绕组同时通电，两绕组产生的磁场大小相等、方向相反，互相抵消，故修正电动机不产生力矩。

　　当自转轴与外框轴不垂直时，接触电门的一把电刷停在导电环的导电部分，另一把电刷停在绝缘部分，于是只有一个控制绕组通电，修正电动机产生修正力矩，自转轴进动，直到自转轴与外框轴重新恢复垂直为止。

　　上锁机构包括上锁手柄、上锁装置和红色信号片等。当推入上锁手柄时，陀螺内外框被锁住，信号片出现，此时转动手柄能使整个陀螺和刻度环一起转动，从而可调整半罗盘读数。拉出手柄时，陀螺内、外框开锁，信号片消失，仪表可以正常工作。

如图 5.4 - 18 所示，是另一种陀螺半罗盘的结构和指示器表面。飞机形指针固定在表面上，刻度盘经传动齿轮与陀螺外框相连，小飞机指示的角度即为航向角，推入并转动调整旋钮可以转动刻度盘，用来校正航向。

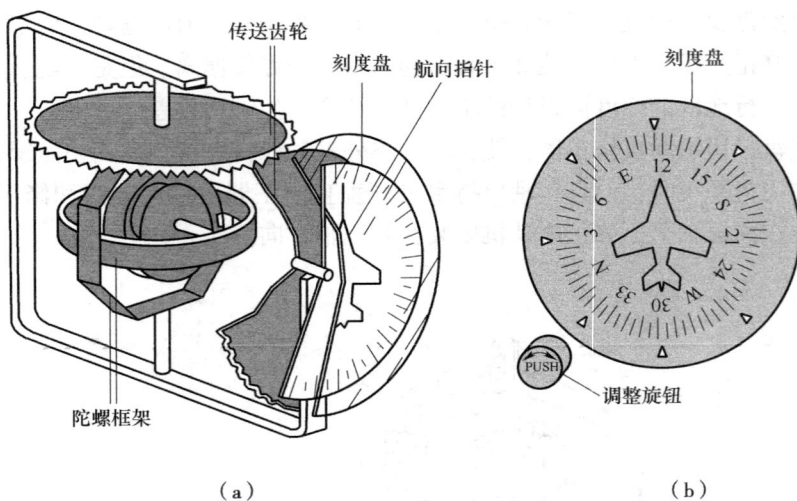

（a）   （b）

图 5.4 - 18　陀螺半罗盘的结构和指示器表面

（a）陀螺半罗盘的结构；（b）陀螺半罗盘的指示器表面

3. 误差

陀螺半罗盘主要存在自走误差。陀螺半罗盘的自走误差是陀螺自转轴相对地球经线运动而产生的误差，它包括纬度误差、速度误差和机械误差。

1）纬度误差

根据陀螺半罗盘工作原理，用陀螺半罗盘测量航向时，必须以适当的角速度对自转轴进行方位修正及水平修正，而方位修正的角速度与飞机所在位置的纬度和相对地球运动的速度有关的。若给定的方位修正角速度为常值，不能按飞机所在纬度的变化而自动进行调节，则要引起误差，这种误差称为纬度误差。纬度误差的大小由飞机所在纬度与给定的常值修正纬度之差来决定。差值越大，误差越大。

直读式陀螺半罗盘只能进行常值修正，纬度误差较大。远读式陀螺半罗盘可以人工根据纬度改变修正速度，但一般每隔 2°纬度调整一次，仍存在剩余纬度误差。

例如，若陀螺半罗盘具有根据北京地区的纬度（约为 40°）给定的常值方位角速度，那么在广州地区（纬度约为 23°），维度误差积累的速度为 3.78°/h。

2）速度误差

用陀螺半罗盘测量真航向（或磁航向）时，若仪表没有对飞机相对地球运动引起的自转轴方位偏离进行修正而产生的误差，称为速度误差。速度误差的大小与飞机飞行速度等因素有关，飞行速度越大，误差越大。

例如，若飞机在北京上空向东平飞，速度为 800 km/h，这时速度误差积累的速度为 6°21′/h。由于修正速度误差需要考虑飞机即时速度、航向等因素，现在的陀螺半罗盘都没有设置速度误差的修正装置。

3）机械误差

机械误差是指陀螺静平衡不良（重心偏离支点）、轴承摩擦等机械原因使自转轴进动，偏离经线，从而产生的误差。

为了减小陀螺半罗盘自走误差的影响，需要进行定时校正。

4. 使用特点

（1）陀螺半罗盘的稳定性好，不受外界磁场影响，可以在加速、转弯、盘旋时，在强磁地区或高纬度地区使用。

（2）测量转弯角度。第一种方法，在转弯之前根据其他罗盘的指示，校正好半罗盘航向，在转弯过程中，根据航向的变化量确定转弯角度；第二种方法，在转弯之前将半罗盘的指示调到零，在转弯过程中即可指示出转弯的角度，对于直读式陀螺半罗盘，第二种方法误差较小。

（3）测量航向。起飞前应调整陀螺半罗盘指示真航向（或磁航向）。在飞行过程中，每隔一段时间（直读式陀螺半罗盘一般每隔 5 min，其他依飞行手册而定）应根据其他罗盘进行一次校正，消除这段时间积累起来的自走误差。

（4）陀螺半罗盘是陀螺仪表，如果在使用过程中发现陀螺飞转，有上锁机构的，应柔和地上锁，然后再开锁，使仪表恢复正常工作。

5.4.4　陀螺磁罗盘

磁罗盘能够独立测量飞机航向，但稳定性差。陀螺半罗盘稳定性好，但不能独立测量飞机航向。如果两者适当结合起来，发挥各自的优点，克服各自的缺点，就制成了一种既能独立测量航向，又具有良好稳定性和较高灵敏度的航向仪表——陀螺磁罗盘。它能够测量飞机的磁航向，也能测量转弯角度。

通常，陀螺磁罗盘在近现代飞机上作为罗盘系统的一个组成部分。所谓罗盘系统是指由两种或两种以上不同原理的罗盘组成的系统，也称为航向系统。一般，在罗盘系统中仅由磁传感器来校正航向的那部分系统也叫作陀螺磁罗盘。

1. 组成及分类

陀螺磁罗盘的结构形式多种多样，但从基本结构来讲，它由磁传感器、放大器、陀螺机构（又称为方位陀螺）、指示器四部分组成，如图 5.4 – 19 所示。

图 5.4 – 19　陀螺磁罗盘的组成结构图

磁传感器是陀螺磁罗盘的地磁敏感部分。它可以测量飞机的磁航向，并输出航向信号，控制陀螺机构。磁传感器有两种，一种是磁条式，一种是感应式。磁传感器一般安装在飞机翼尖等飞机磁场较小的地方，经罗差修正后，剩余罗差不大。

放大器用来放大陀螺磁罗盘中的电信号。

陀螺机构用来稳定磁传感器测出的磁航向信号。陀螺机构相当于一个陀螺半罗盘，它受磁传感器控制，同时磁传感器又通过它输出稳定的磁航向信号使指示器指示。

指示器用来指示磁航向和转弯角度。现代飞机都采用综合指示器，不仅能指示磁航向，还可以指示无线电方位角等。如图 5.4 – 20 所示为几种指示器表面。

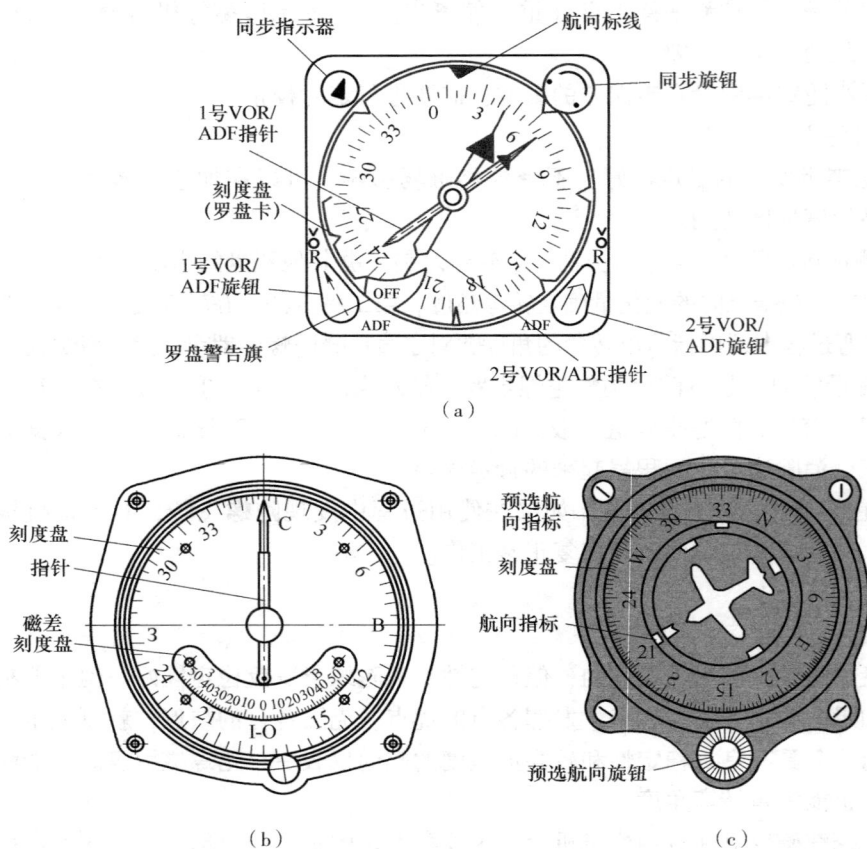

图 5.4 - 20　几种指示器表面

（a）无线电磁指示器；（b）带磁差修正的指示器；（c）带预选航向的指示器

根据磁传感器的不同，陀螺磁罗盘可分为磁条式陀螺磁罗盘和感应式陀螺磁罗盘两类。磁条式陀螺磁罗盘由于灵敏度较低，精度不高已很少使用。感应式陀螺磁罗盘灵敏度高，准确度高，广泛使用在多种飞机上。

根据陀螺磁罗盘工作电路的形式，可以分为电子式和机电式两种。

2. 使用特点

1）地面启动

接通陀螺磁罗盘电源 3～5 min 后（根据飞行手册确定），罗盘正常工作，指示磁航向。若尚未指示当时磁航向，可根据同步指示器指示，转动同步旋钮，或按下快协按钮，加快协调速度，直到指示当时磁航向。

2）空中启用

在飞行过程中，陀螺磁罗盘应能指示飞机磁航向和转弯角度。

在转弯、盘旋、俯仰、倾斜、加速、减速时，陀螺磁罗盘有少量误差，待飞机匀速平飞后，可转动同步旋钮（或按下快协按钮），快速消除误差。在上述机动飞行过程中，禁止采用快速协调，否则磁传感器的各种飞行误差会迅速传给指示器。

3）特殊情况下的处置

飞行中，应综合分析陀螺磁罗盘、磁罗盘和转弯侧滑仪、地平仪的指示。如果其他几种表都表明航向有了变化，而陀螺磁罗盘没有相应的指示，说明陀螺磁罗盘可能发生了故障。这时应保持一段时间平飞，再进行快速协调，若指示仍不正常，则可判断仪表发生了故障。陀螺磁罗盘发生故障后，可以利用磁罗盘、陀螺半罗盘了解航向，还可以参看地平仪和转弯侧滑仪的指示了解航向的变化。

5.4.5　航向仪表的维护实例

1. LC - 2 磁感应罗盘

磁感应罗盘用于指示飞机的磁航向。运十二型飞机装有一块 LC - 2 磁感应罗盘，安装在驾驶舱风挡中间。磁感应罗盘内有照明灯，灯光的亮度用装在上部配电控制盒上的可变电阻进行调节。

LC - 2 磁感应罗盘是利用永久磁铁与地磁场相互作用原理来指示飞机磁航向的。在罗盘壳体前部上方装有旋转磁棒式罗差修正器，用于消除罗差。利用 LC - 2 磁感应罗盘的安装支架上的椭圆孔可以调整方向。

在罗盘场校罗差的结果填在修正表中（装于风挡中间的修正表盒中）。如图 5.4 - 21 所示为 LC - 2 磁感应罗盘的外形图。如图 5.4 - 22 所示为 LC - 2 磁感应罗盘的照明电气原理图。

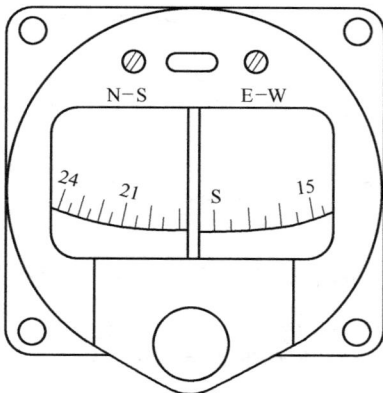

图 5.4 - 21　LC - 2 磁感应罗盘的外形图　　　图 5.4 - 22　LC - 2 磁感应罗盘的照明电气原理图

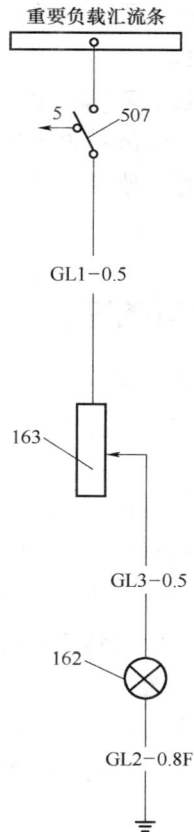

2. 磁感应罗盘的维护实施

1）工作试验

接通电源（即接通上部配电控制盒的断路器），旋转上部配电控制盒上的罗盘照明可变电阻器，观察磁感应罗盘内照明情况，应由暗到亮，反转时，应由亮变暗。

2）台架试验

从飞机上拆下磁感应罗盘并检查：

（1）在 N、S、E、W 航向上罗差不大于 ±2.5°。

（2）磁感应罗盘倾斜5°时，其停滞角在轻敲前不大于1°，轻敲后应为0°。

3）磁感应罗盘的校正

当发现 LC－2 磁感应罗盘与陀螺磁罗盘的航向指示器指示的磁航向相差较大时（即超过 ±5°），以及仪表板大的用电设备更换时，应进行罗差校正。

工作程序如下：

（1）安装误差的测定：在0°、45°、90°三个磁航向上（每隔45°）进行。若超过 ±1°安装误差时，转动罗盘固定座的方法进行消除。

（2）半圆罗差的测定：在0°、90°、180°、270°四个磁航向上进行，用 LC－2 磁感应罗盘前面的罗差修正器来消除半圆罗差。

（3）全套误差不应超过 ±5°，将剩余罗差填入风挡玻璃中间的罗差曲线表内。

4）目视检查

（1）检查仪表玻璃有无裂纹，标记、字迹应清楚，固定应牢固。

（2）检查罗盘液是否清洁，无气泡。

（3）检查插头座是否锈蚀，接触是否良好，其连接导线是否清洁，有无磨损现象。

【思考与练习】

（1）什么是陀螺？

（2）什么叫作三自由度陀螺？什么叫作二自由度陀螺？三自由度陀螺和二自由度陀螺各有哪些特性？

（3）说明转弯仪的功用和简单工作原理。

（4）分析转弯仪指示飞机转弯方向的工作过程。

（5）说明侧滑仪的功用和简单工作原理。

（6）分析侧滑仪指示协调转弯和内、外侧滑的原理。

（7）飞机上为什么要安装地平仪？

（8）地平仪由哪几部分组成，它们的功用是什么？地平仪的指示形式有哪两种？

（9）什么是真航向、磁航向、罗航向？它们之间的关系怎样？

（10）什么叫磁差？什么叫罗差？它们是怎样产生的？怎样修正罗差？

（11）磁罗盘的功用是什么？磁罗盘的误差有哪些？

（12）陀螺半罗盘的功用有哪些？

（13）陀螺半罗盘的自走误差包括哪些误差？怎样修正自走误差？

（14）陀螺磁罗盘由哪几部分组成？各部分的作用是什么？

（15）试比较磁罗盘、陀螺半罗盘和陀螺磁罗盘的特点，分析它们的使用范围。

第6章 发动机仪表

测量发动机工作状态的仪表叫作发动机仪表。飞行员根据发动机仪表的指示，监控发动机的工作参数，从而保持所需要的工作状态。

为了全面了解发动机的工作状态，需要测量的发动机参数及测量仪表较多。根据被测参数的性质，大致可分为：测量压力的仪表、测量温度的仪表、测量转速的仪表、测量油量的仪表、测量流量的仪表和测量振动的仪表等。

发动机种类不同，仪表配置是不同的。通常，活塞式发动机仪表有：燃油压力表、滑油压力表、滑油温度表、气缸头温度表、排气温度表、转速表、燃油油量表和燃油流量表等。燃气涡轮发动机仪表有：燃油压力表、滑油压力表、滑油温度表、排气温度表、转速表、扭矩表（用于涡轮螺旋桨式发动机）、推力表（用于涡轮风扇式或涡轮喷气发动机）、燃油油量表、燃油流量表和振动指示器等。

活塞式发动机仪表的配置如图6-1所示。燃气涡轮发动机仪表的配置如图6-2所示。

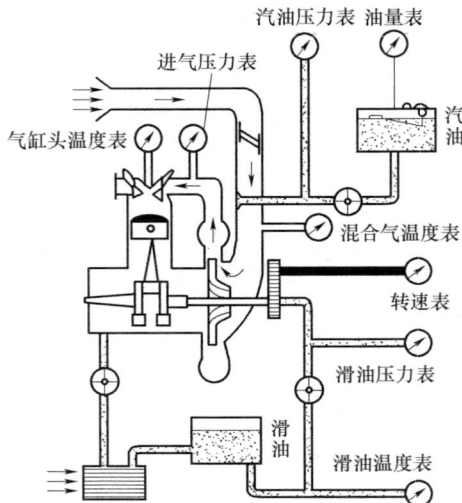

图6-1 活塞式发动机仪表的配置

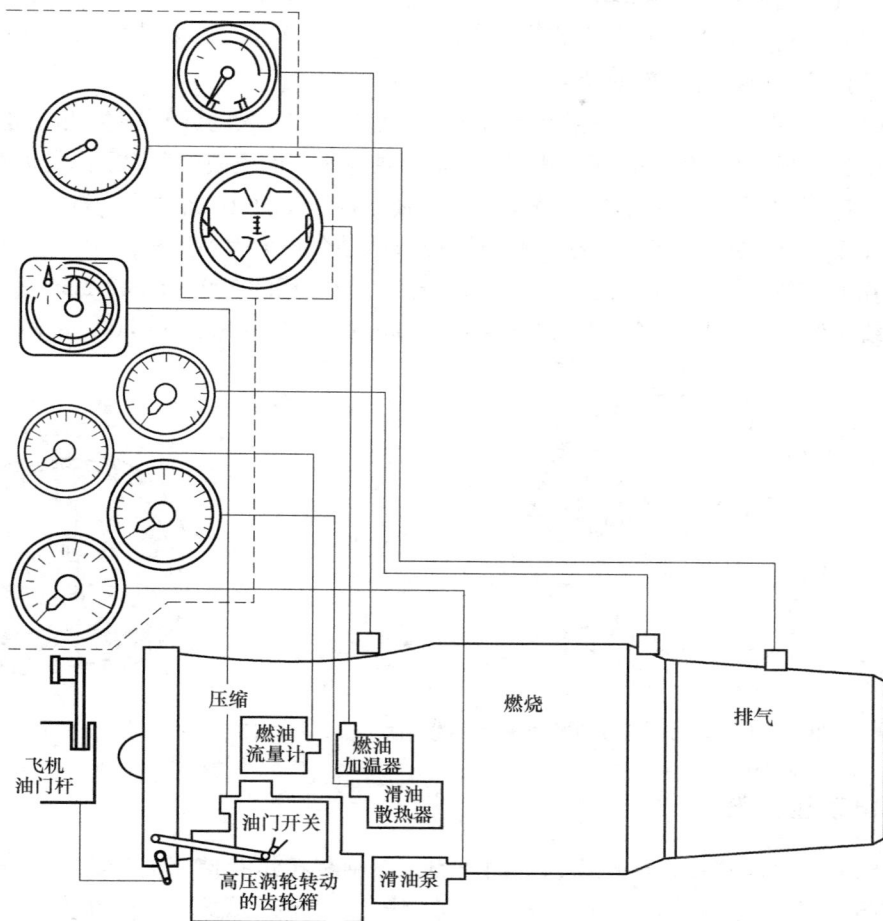

图 6－2　燃气涡轮发动机仪表的配置

6.1　测量压力的仪表

6.1.1　进气压力表

进气压力表用来测量活塞式发动机进气管中的进气压力。它与转速表配合，可以反映活塞式发动机的功率。测量单位是毫米汞柱或英寸汞柱。

进气压力表是一种机械式压力表，如图 6.1－1 所示为进气压力表原理图。它的敏感元件是一个真空膜盒，用来感受进气压力。真空膜盒是由两片弹性波纹膜片制成，内部抽成真空。当进气压力变化时，膜盒发生弹性变形（膨胀或扭缩），膜盒中

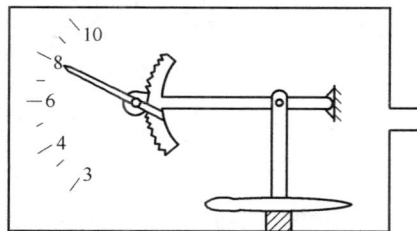

图 6.1－1　进气压力表原理图

心刚性部分（称为硬中心）产生位移，直到弹性力等于压力为止，膜盒的变形量由压力大小决定，因此，膜盒硬中心的位移量可以反映进气压力的大小。膜盒的位移量经连杆、齿轮机构传送给指针，由指针在刻度盘上指示出被测压力的大小。

当发动机未工作时，进气压力表指示当时场压（机场气压）；发动机工作时，指示进气压力值。

如图 6.1 – 2 所示为 TB – 200 飞机进气压力和燃油流量表的表面。它的左面是进气压力，右面是燃油流量，组合在一起可以减少仪表数量，也便于判断发动机工作情况。进气压力刻度范围是 10 ~ 35 inHg。TB – 200 飞机在目视空域训练时，平飞进气压力为 17 inHg，上升时为 25 inHg。

如图 6.1 – 3 所示为运五飞机进气压力表表面，刻度范围 300 ~ 1 600 mmHg。运五飞机在起落航线训练时，平飞进气压力为 500 ~ 550 mmHg，上升时为 700 ~ 800 mmHg。

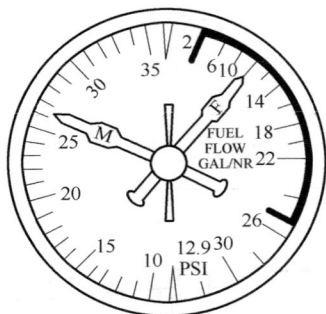

图 6.1 – 2　TB – 200 飞机进气压力和燃油流量表的表面

图 6.1 – 3　运五飞机进气压力表表面

6.1.2　电动压力表

电动压力表用来测量燃油压力、滑油压力、螺旋桨扭矩及储压器压力等，测量单位是 kg/cm^2 或 lb/in^2[①]。电动压力表又可以分为直流二线式、交流二线式、交流电动式等多种形式。

1. 直流二线式压力表

直流二线式压力表由传感器和指示器两部分组成，如图 6.1 – 4 所示。

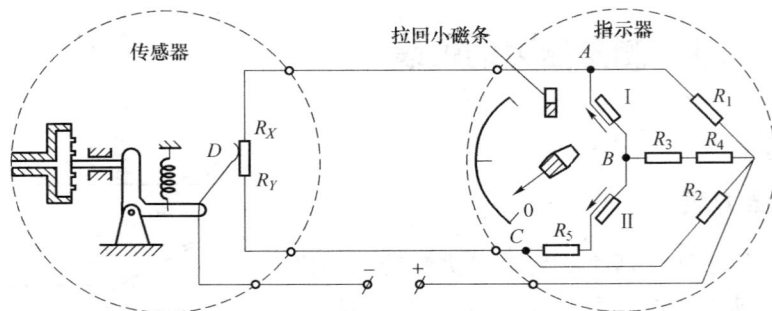

图 6.1 – 4　直流二线式压力表

传感器用来将被测压力转变成电量。它主要由压力敏感元件（膜片或膜盒）、将位移转换成电阻的电位器等组成。被测压力较大时用膜片，压力较小则采用膜盒。

———————————

① lb：磅，1 lb = 0.453 6 kg。

　　指示器是一个两线框动铁式电流比值表。指示器的指针装在一个活动小磁铁上，磁铁的转动受两线框产生的合成磁场控制，而合成磁场又由流过两线框的电流比值决定。这种指示器的优点是不受电源波动影响。如图 6.1 - 5 所示为指示器表面，指示器的刻度范围是 0 ~ 15 kg/cm^2。

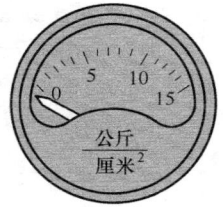

图 6.1 - 5　指示器表面

　　传感器中的膜片受压力作用后产生位移，使电位器电阻改变，从而改变了指示器中的两线框电流的比值，使指针转动，在刻度盘上指示出相应的压力。

　　直流电动压力表由于电刷和电阻之间的摩擦、磨损和接触不良，可能使指针摆动，影响仪表正常工作。

　　2. 交流二线式压力表

　　为了克服直流电动压力表的缺点，目前飞机上大多采用交流电动压力表。这种压力表的传感器没有接触摩擦，工作可靠性好。

　　交流二线式压力表也由传感器和指示器两部分组成，如图 6.1 - 6 所示。传感器主要有膜片和将位移转换成电感的变换器。指示器与直流二线式指示器相似，只是增加了两只锗二极管对交流电进行半波整流。整流的脉动直流电含有交流成分和直流成分，既适合电感变换器工作，又能使指示器稳定指示。

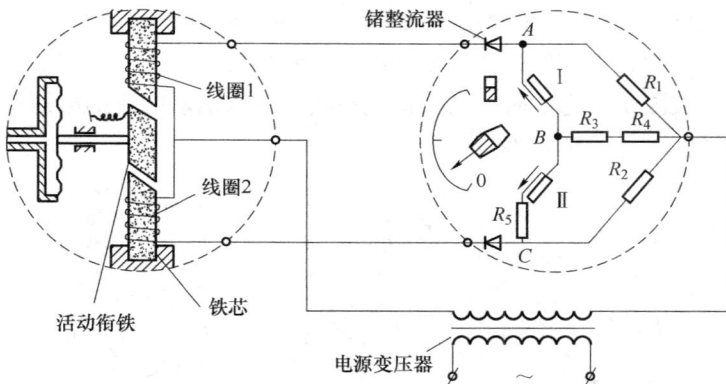

图 6.1 - 6　交流二线式压力表

　　如图 6.1 - 7 所示为双指针压力表表面，刻度范围为 0 ~ 150 kg/cm^2。

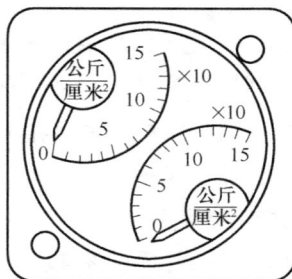

图 6.1 - 7　双指针压力表表面

3. 交流电动式压力表

交流电动式压力表的原理电路如图 6.1-8 所示。

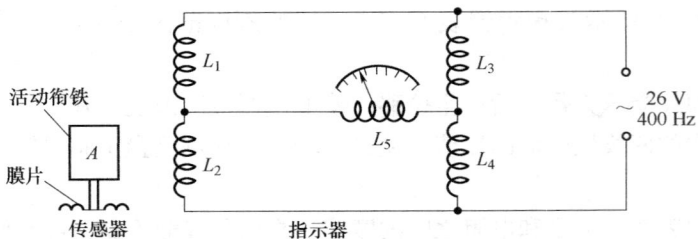

图 6.1-8　交流电动式压力表的原理电路

传感器是一个将压力转变成电感的电感式变换器。指示器是一个电动式电流表，如图 6.1-9（a）所示，它有一个吊钩形铁芯，磁场线圈 L_3、L_4 安装在铁芯颈部，活动线圈 L_5 可以沿铁芯转动，指针安装在活动线圈上，通过游丝向线圈供电。活动线圈一方面由测量电路输入电压；另一方面由磁场线圈的交流磁场感应产生感应电压。当输入电压大于感应电压时，产生输入电流，并在磁场作用下产生吸引力矩使活动线圈顺时针转动；同时感应电压逐渐增大，直到输入电压等于感应电压，活动线圈停止转动，如图 6.1-9（b）所示。反之，当输入电压小于感应电压时，产生感应电流并在排斥力矩作用下反时针转动；同时感应电压逐渐减小，直到两电压相等，指针稳定，如图 6.1-9（c）所示。

仪表未通电时，指针被游丝拉回零刻度以下限制柱处。

当仪表通电，被测压力为零时，电桥接近平衡，输入活动线圈的电压很小，感应电压大于输入电压，指针转动并稳定在零位。

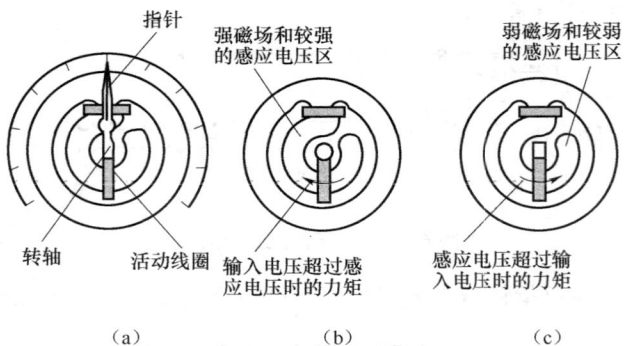

图 6.1-9　电动压力表指示器原理
（a）指示器；（b）输入电压大于感应电压；（c）输入电压小于感应电压

当被测压力增大时，膜片变形，活动衔铁逐渐离开 L_2，靠近 L_1，L_2 感抗减小，L_1 感抗增大，电桥不平衡，输入活动线圈 L_5 的电压增大，顺时针转动，直到指示被测压力。

如图 6.1-10 所示为滑油压力表表面。刻度范围是 $0 \sim 100$ lb/in²，绿色弧线 $35 \sim 55$ lb/in² 为正常工作区，红色径

图 6.1-10　滑油压力表表面

向线 35 lb/in² 表示滑油压力过低。

6.1.3　压力仪表的维护实例

1. 燃油压力表的维护

1）燃油压力表

燃油压力表的电气原理及表面如图 6.1 – 11、图 6.1 – 12 所示，两个燃油压力指示器和压力传感器分别指示左、右发动机燃油进口压力。燃油泵工作时，指示器指示值为 0.06 ～ 0.1 MPa（0.6 ～1.0 kg/cm²）。

BYR – 2 燃油压力表由 ZYR – 2 燃油压力指示器和 GY3 燃油压力传感器组成。指示器是电流比计式电流表，传感器是由弹性薄膜作为敏感元件，弹性薄膜变形带动滑动片使电阻值改变来感受燃油压力。

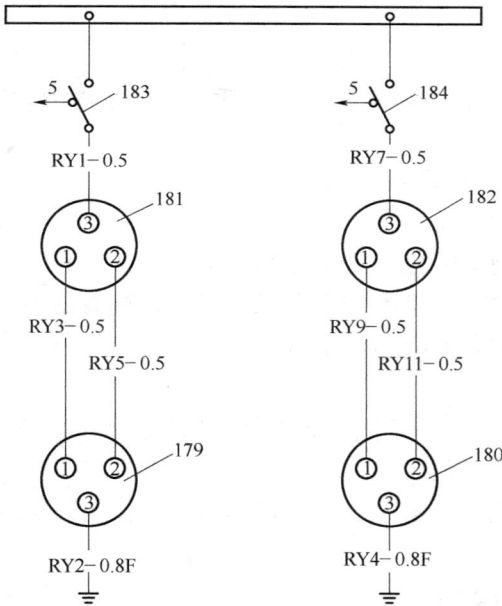

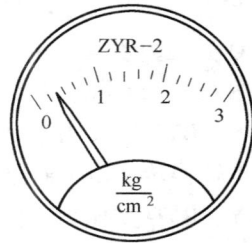

图 6.1 –11　燃油压力表的电气原理　　　　　图 6.1 – 12　燃油压力表表面

2）燃油压力表的维护实施

（1）工作试验。

①在燃油系统工作时，通电检查该表指示值是否正常。如不正常，按相应文件修理。

②在燃油系统开始工作时，检查和比较警告板上燃油压力指示值。

（2）台架试验。

①所需设备。

燃油压力表制造厂生产的专用设备或自制设备。

②工作程序。

a. 从飞机上拆下指示器和传感器。

b. 在试验设备上连接好各设备的插头，固定传感器，接好导管和指示器使之处于工作位置。

c. 检查全套压力表的指示，应符合给定值。

d. 从试验设备上取下压力表。

e. 将压力表安装在飞机上。

如表 6.1 – 1 所示为压力误差表。

表 6.1 – 1 压力误差表

检查点 (刻度盘读数)	允许误差/（kgf①·cm⁻²。）							
	+20 ℃		–45 ℃		+50 ℃		–60 ℃	
	指示器	全套	指示器	全套	指示器	全套	指示器	全套
0.6，1.2 1.8，2.4	±0.036	±0.12	±0.06	±0.15	±0.06	±0.25	±0.06	±0.18
0，3	±0.072	±0.2		±0.25		±0.35		±0.3

（3）目视检查。

①检查指示器玻璃有无裂纹，标记和字迹应清楚，固定应牢固。

②检查指示器和传感器电气连接状况，导线是否清洁、变质、磨损，插头座有无锈蚀。

2. BYY – 160、BYY – 250 和 BYQ – 250 压力表的维护

1）BYY – 160、BYY – 250 和 BYQ – 250 压力表

BYY 型压力表用来测量飞机液压系统的剩余压力。飞机上装有两块 BYY – 160 压力表，用于指示左、右机轮刹车压力；BYY – 250 压力表的功用是指示液压供压系统蓄压器至刹车系统管路上供压的压力，装于驾驶员座舱内左侧 4～5 框之间的压力表板上。如图 6.1 – 13 所示为 BYY – 160、BYY – 250 压力表的安装。

BYQ 型压力表是指示蓄压器内氮气的充气压力，BYQ – 250 装在机身左侧 22～23 框之间。如图 6.1 – 14 所示为 BYQ 型压力表和充气活门。

BYY、BYQ 型压力表是利用包端管受压后变形的原理来测量压力的，包端管带动传动系统使指针偏转来指示液压管路内剩余压力。

BYY、BYQ 型压力表使用情况见工作范围数据表。

当有 0.1～0.3 g 振动负荷时，温度为（20 ±5）℃时，刻度盘所有各点的误差不超过最大刻度值的 ±4%。

2）BYY – 160、BYY – 250 和 BYQ – 250 压力表的维护实施

（1）台架试验。

①从飞机上分解下各液压表。

②接上液压管路，连上液压源与标准表。

③当有 0.1～0.3 g 振动负荷时（温度为 20 ±5 ℃），刻度盘所有各点的误差不应超过最大刻度值的 ±4%。

④均匀地改变测量压力，并在蜂鸣振动或从 0.1～0.3 g 的振动负荷振动时，指针行程的不均匀性（跳动）不应超过：常温时，正行程不大于刻度弧长 1 mm；反行程时，不大于

---

① 千克力，非法定计量单位，1 kgf = 9.806 65 N。

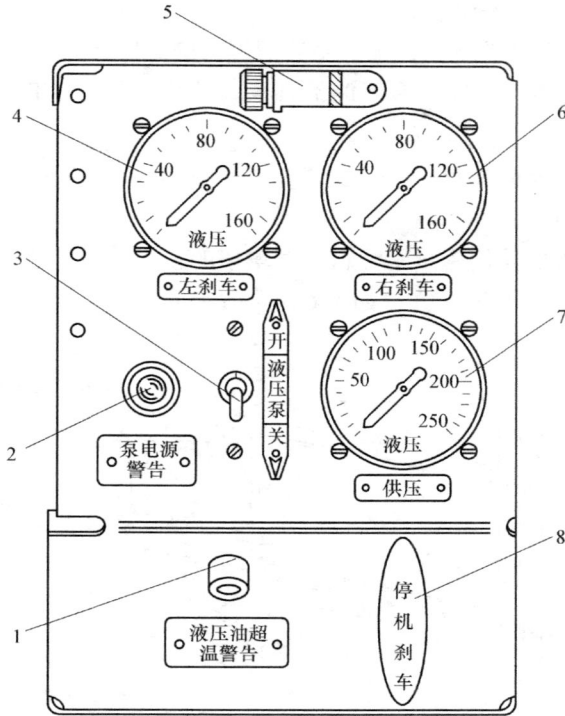

图 6.1 - 13　BYY - 160、BYY - 250 压力表的安装

1—液压油超温警告灯；2—蓄压器低压警告灯；3—电动泵工作开关；4—左刹车 BYY - 160 压力表；
5—照明灯；6—右刹车 BYY—160 压力表；7—供压系统 BYY—250 压力表；8—停机刹车手柄

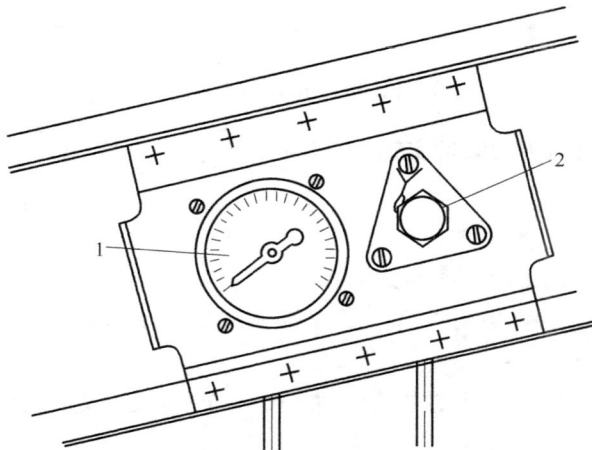

图 6.1 - 14　BYQ 型压力表和充气活门

1—BYQ 型压力表；2—充气活门

刻度弧长 2 mm。

　　⑤用液体施压 10 min，压力表值在最大刻度值 50% 的压力时应气密。

　　⑥将检查合格的液压表装到飞机上，检查其连接的密封性。

（2）目视检查。

①检查压力表玻璃有无裂纹，标记、字迹清楚，固定应牢固。

②检查液压表接头和表的外壳有无漏油现象。液压系统工作时，检查液压表指示的正确性。

3. BYQ10-1A 气压表的维护

1）BYQ10-1A 气压表

BYQ10-1A 气压表的功用是指示油箱空气增压的压力大小。它装在机身左侧 23~24 框的 16~17 长桁之间的放气开关后方，如图 6.1-15 所示。

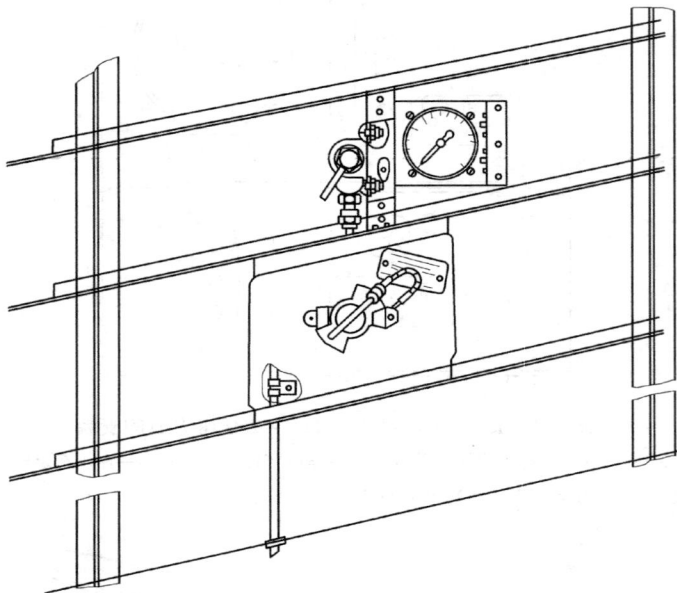

图 6.1-15　BYQ10-1A 气压表的安装

2）BYQ10-1A 气压表的维护实施

（1）台架试验。

①从飞机上分解下气压表。

②接上液压管路，连上液压源与标准表。

③当有 0.1~0.3 g 振动负荷时（温度为 20±5 ℃），刻度盘上所有各点的误差不应超过最大刻度值的 ±4%。

④在均匀地改变测量压力，并在蜂鸣振动或 0.1~0.3 g 振动负荷振动时，指针行程的不均匀性（跳动）不应超过：常温时，正行程不大于刻度弧长 1 mm；反行程不大于刻度弧长 2 mm。

⑤用液体施压 10 min，气压表在施以最大刻度值 50% 的压力时应气密。

⑥从管路系统分解下气压表，用 0.05 MPa（0.5 kg/cm²）的压缩空气吹净液压油。

⑦将检查合格的气压表装到飞机上，检查其连接的密封性。

（2）目视检查。

①检查气压表玻璃有无裂纹，标记和字迹应清楚，固定应牢固。

②检查气压表接头和空气压力表的外壳应无漏气现象。空气增压系统工作时，检查指示

的正确性。

6.2　测量推力的仪表

推力表是指示涡轮喷气发动机功率的仪表。飞行员根据推力表的指示调节油门，可以在不同飞行阶段保持发动机应有的推力。

目前，推力都是采用间接测量的方法来测量。由于推力与发动机进口压力和涡轮出口压力有关，与风扇转速 N_1 有关，因此，测量推力的仪表就有压力比表、压力差表和 N_1 转速表等。现代民航飞机大多使用压力比表和 N_1 转速表。

6.2.1　发动机压力比与推力的关系

根据喷气发动机原理，推力是气体给发动机的反作用力，它的大小等于发动机给气体的作用力。这个力的大小，决定于压气机进口的全压和涡轮出口的全压（或涡轮出口和风扇出口的综合压力），以及飞行速度。也就是说，推力是压力和飞行马赫数的函数，即

$$R = f\left(\frac{p_{T7}}{p_{T2}},\ M\right)$$

式中，R 为推力，p_{T7} 为涡轮出口全压，p_{T2} 为压气机进口全压，M 为飞行马赫数。

推力与压力比、M 之间的关系还可以用图形表示，如图 6.2－1 所示。从图中可见，当飞行马赫数不变时，发动机的推力只与压力比 $\frac{p_{T7}}{p_{T2}}$ 有关，测量这个压力比，就可以反映发动机推力。

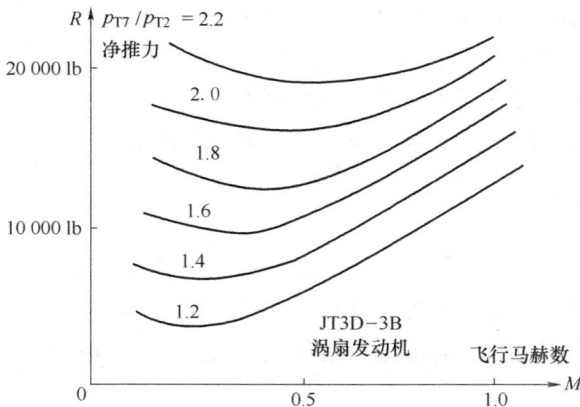

图 6.2－1　推力与压力比、M 之间的关系

6.2.2　压力比表

压力比表又称为 EPR 表，是通过测量发动机涡轮排气全压与压气机进气全压比值，从而反映发动机推力的仪表。

压力比表由传感器和指示器两部分组成。常用的传感器有电容式变换器和电感式变换器

两种。如图 6.2 - 2 所示为采用电容式变换器压力比表的原理电路。

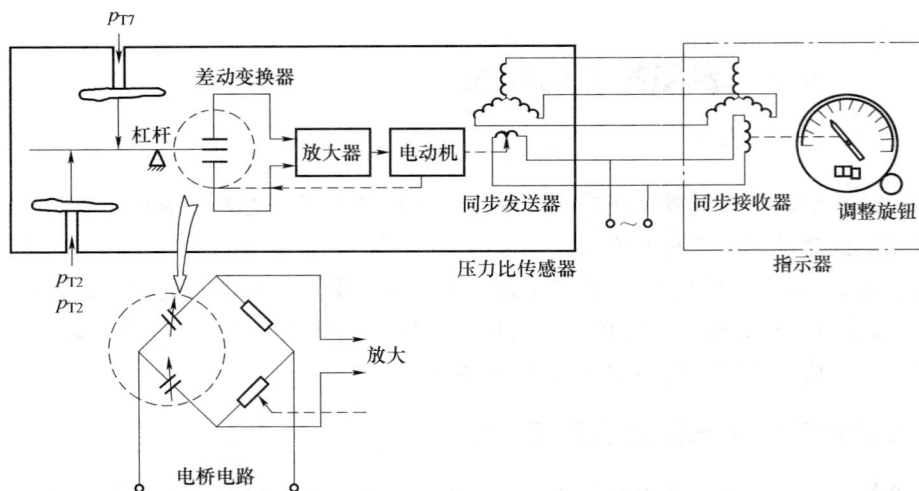

图 6.2 - 2　采用电容式变换器压力比表的原理电路

传感器由两只开口膜盒、差动电容变换器、同步发送器等组成。指示器由同步接收器、指示机构、调整旋钮等组成。

发动机工作时，涡轮排气全压和压气机进气全压分别通入两个开口膜盒，膜盒的位移使杠杆按压力比值 p_{T7}/p_{T2} 转动。杠杆又带动差动电容变换器的动极板移动，使一个电容增加、另一个电容减小，其变化量和杠杆位移成比例，也就是和压力比成比例。差动电容变换器的容抗变化由交流电桥测量，经放大后使双向电动机工作。电动机一方面改变可变电阻，使电桥恢复平衡（故称为自动平衡电桥），同时带动同步器转子转动，由定子输出和压力比成比例的电压信号。这个信号传送到指示器的同步接收器，驱使转子线圈同步转动，同步带动指针，指示出压力比值。如图 6.2 - 3 所示为一种压力比表表面。

图 6.2 - 3　压力比表表面

起飞前，飞行员应根据当时场压，大气温度和飞机全重，从飞机性能曲线上查出起飞压力比值。然后，转动调整旋钮，使推力游标"△"和数码窗指示出起飞压力比值。起飞时，飞行员控制发动机油门，当指针对准推力游标时，便说明发动机达到了起飞推力。飞行中，指针指示发动机压力比值。

6.3　测量温度的仪表

飞机上常用的温度表有两类：热电阻式温度表和热电偶式温度表。

6.3.1 热电阻式温度表

热电阻式温度表是利用导体或半导体的电阻值随温度变化的特性制成的测温仪表。它广泛用于测量较低的温度，如发动机进气温度、滑油温度、燃油温度、客舱温度、防冰加温设备的温度以及大气温度等。

热电阻式温度表由传感器和指示器组成。传感器一般用电阻温度系数较稳定，并且在较高温度下不易氧化的镍丝（或铂丝）制成。对于流动速度不大的气体或液体，传感器通常制成感温棒形式，并被插入被测气体或液体之中，感受被测温度。随着被测温度的升高（或降低），感温电阻的阻值也将升高（或降低），这就把被测温度转变成了电阻值，其转换关系为：

$$R_t = R_0 [1 + \alpha (t - t_0)]$$

式中，R_t、R_0 为温度 t ℃，t_0 ℃时导体的电阻；α 为导体的电阻温度系数。

指示器有多种形式，如动铁式电流比值表如图 6.3 – 1（a）所示；磁电式电流表如图 6.3 – 1（b）所示；数字显示指示器如图 6.3 – 1（c）所示。

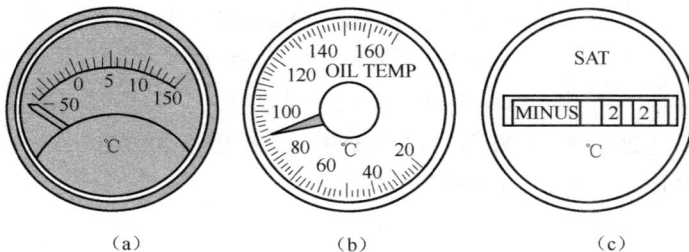

图 6.3 – 1 热电阻式温度表指示器
（a）动铁式电流比值表；（b）磁电式电流表；（c）数字显示指示器

6.3.2 热电偶式温度表

热电偶式温度表是利用热电偶的热电效应制成的测温仪表。它广泛用于测量较高的温度，如活塞式发动机的气缸头温度、喷气发动机的排气温度以及热气防冰加温温度等。

热电偶式温度表由热电偶和指示器组成。测量气缸头温度的热电偶和指示器，如图 6.3 – 2 所示。热电偶的正极用镍铬制成，负极用锰铜制成。为了便于传导温度，热电偶的工作端（热端）焊在铜垫圈上，装在发动机电嘴下，紧贴气缸。指示器实质上是一个刻度为温度的毫伏表。

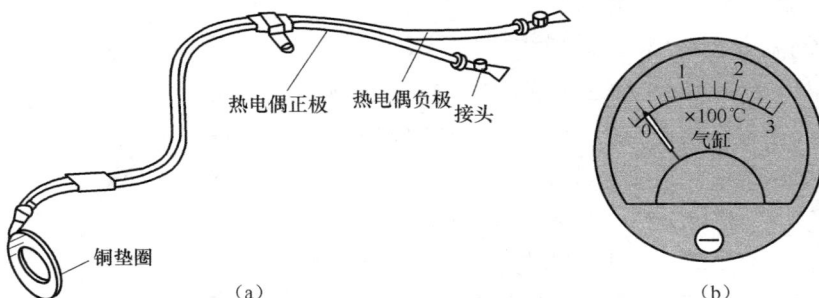

图 6.3 – 2 测量气缸头温度表的热电偶和指示器
（a）热电偶；（b）指示器

测量发动机排气温度的热电偶和指示器，如图 6.3 – 3 所示。热电偶的正极用镍铬制成，负极用镍铝制成，装在一根耐热不锈钢管中，并沿着与气流垂直的方向插在发动机尾喷管或排气管中（测活塞式发动机排气温度）。高温气流从进气口流入，受到阻滞后，速度降低到接近零，同时把温度传给热电偶，然后从出气孔流出。

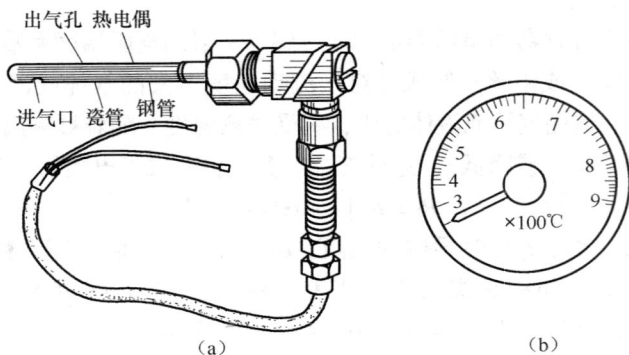

图 6.3 – 3　测量发动机排气温度的热电偶和指示器
（a）热电偶；（b）指示器

如图 6.3 – 4 所示为安装在 TB 飞机上的热电偶温度表，它是一只组合仪表。左面是气缸头温度，刻度范围是 200 ℉ ~ 600 ℉，红色刻线（500 ℉）为气缸头最高温度；右面是排气温度表，刻度范围是 1 200 ℉ ~ 1 700 ℉。

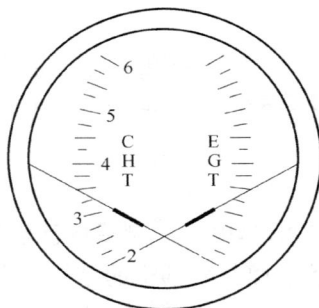

图 6.3 – 4　安装在 TB 飞机上的热电偶温度表

6.3.3　温度仪表的维护实例

1. 发动机涡轮间温度表的维护

1）涡轮间温度表

涡轮间温度表是由 152LC213 涡轮间温度表、8 个并联的铬—铝热电偶（由发动机配套）、8T851–B3 电阻调节器、3199721（4 m）、3199720(7 m) 连接导线组成。涡轮间温度表是用来测量涡轮间温度的。如图 6.3 – 5 所示为涡轮间温度表。

涡轮间温度表的测量元件为热电偶，受热影响产生的电动势很小，要求外电路电阻值维持一个常值，借助 8T851–B3 电阻调节器使整个环路电阻为 8 ± 0. 05 Ω。

图 6.3 – 5　涡轮间温度表

如图 6.3 – 6 所示为涡轮间温度表的电气原理图。

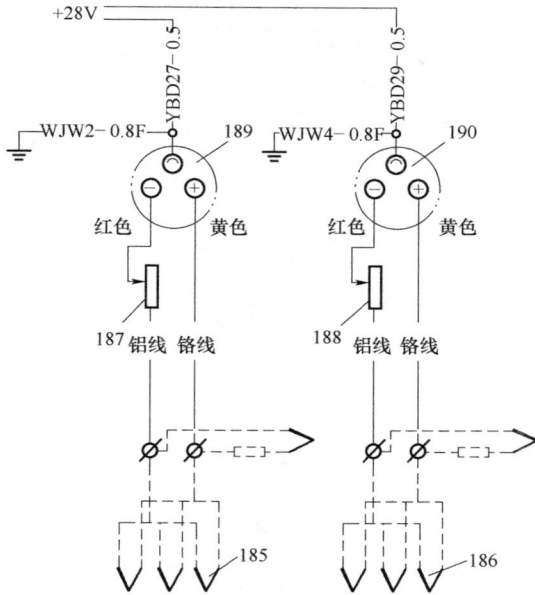

图 6.3 – 6　涡轮间温度表的电气原理图

2）涡轮间温度表的维护实施

（1）目视检查。

①检查指示器玻璃有无裂纹，标记、字迹应清楚，电阻调节器固定应牢固。

②检查指示器、电阻调节器和热电偶的电气连接状况，连接导线应清洁、不变质、无磨损现象。

（2）工作试验。

①发动机从开始运转至正常转动，指示器指示应平稳增加至正常值。

②发动机不同工作状态下，指示器的指示应有所变化。

2. BWH – 1 大气温度表的维护

1）BWH – 1 大气温度表

BWH – 1 大气温度表用来测量飞机周围大气的温度。它由 ZWH – 1 温度指示器（装于左仪表板）和 GWR – 1 热电阻式温度传感器（装于机身 7 ~ 8 框的上部）组成，其测量范围为 – 70 ℃ ~ + 150 ℃。

温度传感器是装有一个不锈钢外壳的镍丝感温电阻。指示器是一个两线框动铁式电流比值表。感温电阻的电阻值具有随温度的变化而改变的特性。当大气温度变化时，感温电阻的电阻值改变，控制电桥（指示器测量电路为一电桥）一点的电位高低，促使两线框的电流比值以及由线框电流所产生的合成磁场方向发生变化，于是活动磁铁在合成磁场作用下带动指针转动，使指针指示出大气温度。

如图 6.3 – 7 所示为大气温度表的电气原理图。

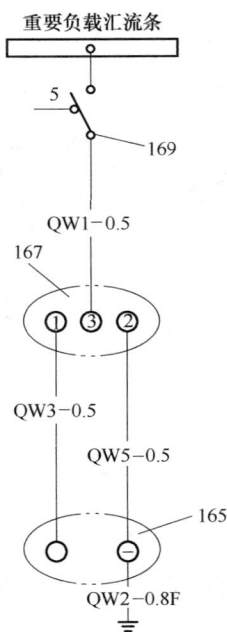

图 6.3 – 7　大气温度表的电气原理图

2）大气温度表的维护实施

（1）工作试验。

接通大气温度表断路器，指示器应指示当时的机外温度。

（2）台架试验。

①从飞机上拆下指示器与传感器。

②将传感器头部放入温度可在 – 40 ℃ ~ 130 ℃ 范围内变化的设备中，检查全套仪表的误差，误差应符合表 6.3 – 1 的规定值。

表 6.3 – 1　仪表的误差

刻度盘检验点/ ℃	在下列温度时允许误差/ ℃		
	+20	+50	– 45，– 60
– 40，– 20，0，20，40，60，80，100，130	±5	±7	±8
– 70，– 50，140，150	±10	±14	±16

（3）目视检查。

①检查指示器玻璃有无裂纹，标记、字迹应清楚。

②检查指示器、传感器的电气连接状况，导线是否清洁、变质、磨损，插头座是否完好，固定应牢固。

3. 滑油温度、压力指示系统的维护

1）滑油温度、压力指示系统

滑油温度、压力指示系统用于监控发动机滑油系统温度和压力的变化情况。

滑油温度、压力指示系统是由 124.714 – 2 滑油温度、压力指示器、418 – 10084 滑油压力传感器和 MS28034 – 1 滑油温度传感器组成的并完成测量与指示。

如图 6.3 – 8 为滑油温度、压力组合表。

图 6.3 – 8　滑油温度、压力组合表

如图 6.3 – 9 为滑油温度、压力组合表的电气原理图。

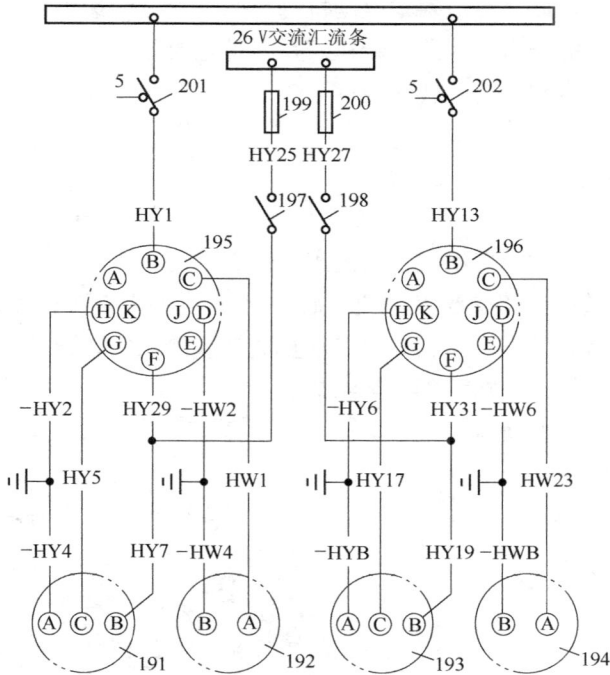

图 6.3 – 9　滑油温度、压力组合表的电气原理图

2）滑油温度、压力指示系统的维护实施。

（1）外观检查。

①检查滑油温度压力表、滑油温度传感器、滑油压力传感器的电气连接状况，导线是否清洁、变质、磨损，插头座有无腐蚀。

②检查滑油温度、压力表玻璃有无裂纹，标记、字迹、色标应清楚。

③检查滑油温度传感器和滑油压力传感器安装是否牢固，连接处有无渗漏现象。

（2）机上检查工作可靠性。

①通电检查滑油温度指示：当发动机没开车时，指示值应为周围空气温度；当发动机开车并运转一段时间后，指示值应慢慢上升。

②通电检查滑油压力：当发动机没开车时，指示值应为零；当发动机启动时，观察警告板上显示"滑压低"字幕（"左滑压低""右滑压低"）时与表指示值二者应相符。

当发动机滑油压力上升到 $0.29^{+0.01}_{-0.02}$ MPa（$42.7^{+1.40}_{-2.80}$ lb/in²）以上时电路断开，警告板上显示的"滑压低"字幕消失。当发动机滑油压力降低到 $0.29^{+0.01}_{-0.02}$ MPa（$42.7^{+1.40}_{-2.80}$ lb/in²）以下时电路接通，警告板上重新显示"滑压低"字幕。

6.4　测量转速的仪表

测量发动机曲轴、涡轮轴或直升机旋翼轴转速的仪表，叫作发动机转速表。根据转速表和进气压力表的指示，可以了解活塞式发动机的功率；根据转速表和排气温度表的指示，可以了解涡轮喷气发动机的推力。因此，转速表是一种重要的发动机仪表。目前，飞机上广泛使用的转速表有磁转速表和磁电式转速表等。

6.4.1　磁转速表

1. 工作原理

磁转速表由传感器和指示器组成，它的工作原理如图 6.4 – 1 所示。

传感器是一个永磁式三相交流发电机，转子经传动机构直接由发动机曲轴或涡轮轴带动。三相交流电的频率与转子转速，即与发动机曲轴或涡轮轴转速成正比。指示器主要由同步电动机、涡流电磁转换器、指示部分等组成。

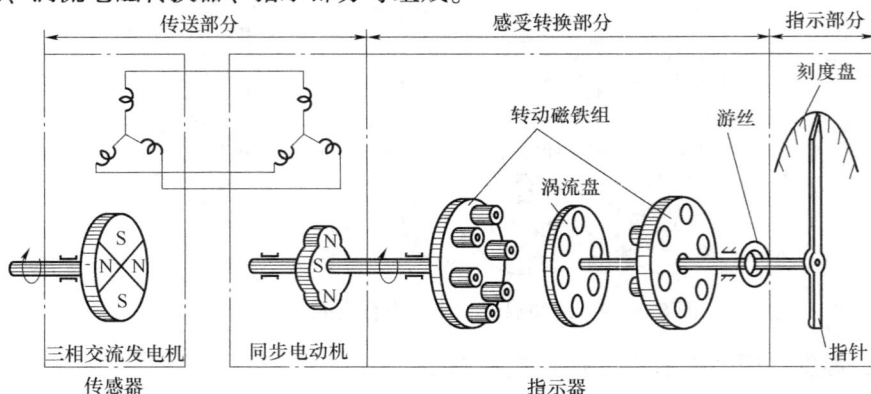

图 6.4 – 1　磁转速表的工作原理

发动机工作时，传感器产生三相交流电，其频率与发动机曲轴或涡轮轴转速成正比。三相交流电输送到指示器的同步电动机，使其转子同步旋转。同步电动机又带动转动磁铁组旋转，并使涡流盘产生涡流。涡流与磁场相互作用，产生电磁力矩，其大小与转动磁铁组的转速成正比。在涡流电磁力矩作用下，涡流盘随转动磁铁组同向转动。当这个力矩和游丝反作用力矩相平衡时，涡流盘停止转动，涡流盘的转角与涡流电磁力矩成正比，即与发动机转速成正比。这时，指针在刻度盘上指示出发动机转速。

2. 转速的指示

如图 6.4 – 2 所示为两种转速表表面。（a）图是活塞式发动机转速表，单位为 r/min。短指针指一大格为 1 000 r/min，长指针为 100 r/min。（b）图是喷气式发动机转速表。由于喷气式发动机转速较高，直接读数不方便，因此用百分比表示，100% 即表示额定转速，小刻度盘表示 0~10% 。

图 6.4 – 2 转速表表面
（a）活塞式发动机转速表；（b）喷气式发动机转速表

6.4.2 磁电式转速表

磁电式转速表主要由导磁齿轮盘、磁电感应式传感器和指示器组成。它的工作原理如图 6.4 – 3 所示。

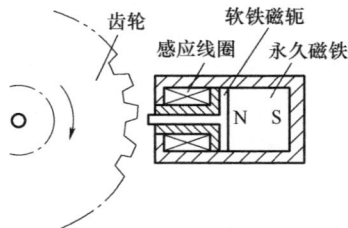

图 6.4 – 3 磁电式转速表的工作原理

导磁齿轮盘与发动机转轴相连接，传感器固定安装在导磁齿轮盘旁边。

发动机工作时，带动齿轮盘转动。导磁齿间隔地闭合或断开传感器磁路，其磁阻周期性地交替变化，磁通量随之变化，从而在感应线圈上产生感应电动势，电动势的频率 f 与转速 n 和齿盘齿数 z 成正比，即

$$f = \frac{nz}{60}$$

由此可见，在齿数一定时测量电动势的频率，即可测得转速。

如图 6.4 – 4 所示为 TB – 200 飞机转速表表面，刻度范围为 0~3 500 r/min。TB –

200 飞机在目视空域训练时，平飞时发动机转速为 2 600 r/min，上升时发动机转速为 2 700 r/min。

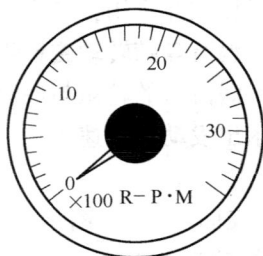

图 6.4 – 4　TB – 200 飞机转速表表面

6.4.3　转速仪表的维护实例

1. 螺旋桨转速表的维护

1）螺旋桨转速表

螺旋桨转速表由 8130 – 4 转速指示器和 AG – 44A 转速传感器组成，用来指示螺旋桨的转速。如图 6.4 – 5 所示为螺旋桨转速表。

8130 – 4 是单针指示器与 AG – 44A 通过电气连接，配套工作，测量范围为 0 ~ 2 500 r/min。

螺旋桨转速表的电气原理如图 6.4 – 6 所示。它被发动机驱动发出三相交流电，使 8130 – 4 内的电动机转动，在涡轮盘上产生感应电势，从而驱动指针转动，指示相应的转速。

图 6.4 – 5　螺旋桨转速表

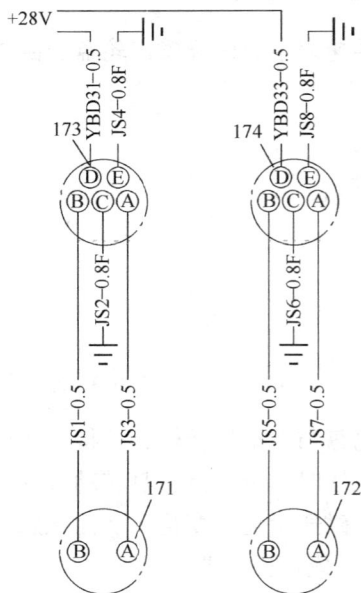

图 6.4 – 6　螺旋桨转速表的电气原理

2）螺旋桨转速表的维护实施

（1）螺旋桨转速表发电机的分解/安装。

①分解。

a. 从转速表发电机 AG – 44A 上断开电源导线。

b. 分解螺母和垫圈。

②安装。

a. 需用的工具：定力扳手头（Y11T – 9970 – 10）。

b. 需用材料：润滑脂 7011。

③工作程序。

a. 将转速表发电机 AG – 44A 清洗干净，并在传动花键处涂一层薄薄的润滑脂。

b. 安装螺母和垫圈，拧紧力矩 9.6 ~ 10.68 N·m（85 ~ 95 lb·in）。

c. 在 AG – 44A 插头上安装电缆导线。

（2）工作试验。

①发动机启动时，通电检查全套指示系统的工作情况：螺旋桨从开始运转至最大转速 2 200 r/min，指示器指示值应平缓地增加至 2 200 r/min。

②发动机运转时，螺旋桨转速变化，指示器指示值应相应变化。

（3）目视检查。

①检查指示器玻璃有无裂纹，标记、字迹清楚，传感器固定应牢固。

②检查指示器和传感器的电气连接情况，导线是否清洁、变质及磨损，插头座有无锈蚀。

2. 燃气发生器转速指示系统的维护

1）燃气发生器转速指示系统

燃气发生器转速的指示，采用了由 8140 – 2 转速指示器（百分比表）和 AG – 44 转速传感器组成的燃气发生器转速表。8140 – 2 转速指示器是单针指示器，指针指示 100% 时，燃气发生器的转速为 37 500 r/min，而 AG – 44 转速传感器的转速为 4 200 r/min，其测量范围为 0 ~ 110%。

AG – 44 是一个单级（一个定子、一个转子）、双极、三相交流发电机，它由发动机驱动发出三相交流电输给 8140 – 2 指示器而使同步电动机转动，在涡流盘上产生感应电势，驱使指针转动，指示相应的转速。

如图 6.4 – 7 所示为燃气发生器转速表。如图 6.4 – 8 所示为燃气发生器转速表的电气原理。

图 6.4 – 7　燃气发生器转速表

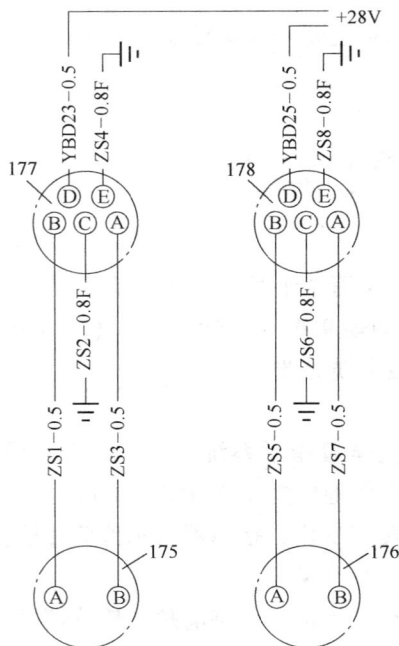

图 6.4 – 8　燃气发生器转速表的电气原理

2）燃气发生器转速指示系统的维护实施

（1）分解/安装。

①转速传感器的分解。

a. 拆下转速传感器 AG – 44 上的电插头。

b. 分解固定用的螺钉和垫圈。

c. 取下传感器。

②转速指示器的分解。

a. 分解转速指示器上的电插头。

b. 拧松螺钉。

c. 取下指示器。

③转速传感器的安装。

a. 转速传感器安装面及传动花键清洗干净，并在传动花键处涂一层特 7011 润滑脂。

b. 将转速传感器插入发动机上，并垫上垫圈，固定紧螺母，拧紧力矩为 9.04 ~ 10.682 N·m
（85 ~ 95 lb·in）。

c. 插上电插头并锁紧。

④转速指示器的安装

a. 把指示器插入仪表板相应孔中，上紧固定指示器的十字槽调节螺钉。

b. 插上电插头并锁紧。

（2）检查。

①目视检查。

a. 检查指示器玻璃有无裂纹，标记、字迹应清楚，传感器固定应牢固。

　　b. 检查指示器和传感器的电气连接状况，导线是否清洁、变质和磨损，插头座有无锈蚀现象。

　　②工作试验。

　　a. 发动机启动过程中，通电检查全套指示情况。发动机从开始运转至最大转速101.5%，指示器指示应平缓地增加至101.5%。

　　b. 发动机运转中，指示器的指示随发动机转速的改变而改变。

6.5　测量油量的仪表

　　油量表用来测量飞机的燃油、滑油和液压油油量，并可在油量减少到一定数量时发出剩油警告。测量单位是公升①、加仑②、公斤、磅等。

　　在飞行过程中，及时了解飞机的剩油量，对于正确估计续航时间，完成飞行任务和确保飞行安全，有着重要意义。因此，油量表是一种重要的发动机仪表。

　　目前，飞机上常用的油量表有浮子式和电容式两种。前者结构简单，但误差较大；后者准确度较高，在多种飞机上使用。

6.5.1　浮子式油量表

　　浮子式油量表是利用浮子把油箱液面高度转变成电量，从而测量油量的油量表，其原理电路如图 6.5 – 1 所示。

　　浮子式油量表主要由传感器、指示器和转换开关等组成。

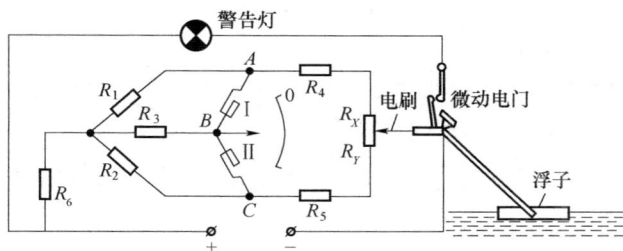

图 6.5 – 1　浮子式油量表的原理电路

　　由于飞机油箱的形状是一定的，因此，根据油箱液面高低就可以确定油箱油量。浮子用泡沫塑料或金属盒子做成，随液面高低而升降，并通过传动机构带动电刷移动，从而把油量转变成电量。

　　指示器是一个动框式电流比值表，指针安装在两个活动线框上。若两线框电流比值发生变化，它们在磁场中所受电磁转矩就将发生变化，从而产生转动，其转角与电流比值成比例。

　　浮子式油量表的原理电路是一个直流半对角线电桥。当飞机加油时，浮子随油面升高，

---

①　1公升 = 1升。
②　1加仑 = 4.546 09升。

电刷下移,使指示器 A 点电位升高,C 点电位降低,流过 I 线框电流减少,II 线框电流增大,动框在电磁力矩作用下向下转动,使指针指示出加油量。

飞行中,燃油消耗,油箱油量逐渐减少,浮子下降,电刷上移,A 点电位下降,C 点电位上升,I 线框电流增大,II 线框电流减少,动框向上转动,指针指示出剩油量。当剩油减少到一定数量时,浮子带动微动电门接通剩油警告灯,提醒飞行员注意。

电源断开后,游丝使指针转到零以下的限制柱处。

如图 6.5 - 2 所示为运五飞机燃油油量表的指示器表面。运五飞机燃油油箱分为左、右两组。当转换开关放左或右位时,由指示器内圈刻度表示单组油箱油量,刻度范围为 0 ~ 650 L;当转换开关放总油量位时,由指示器外圈刻度表示总油量,刻度范围为 0 ~ 1 300 L。

图 6.5 - 2 运五飞机燃油油量表的指示器表面

浮子式油量表的测量精度受飞行状态影响较大,检查油量要在平飞时进行。

当剩油警告灯亮时,飞行员应结合飞行过程判断剩油状况。如果确认剩油不多,应立即报告地面指挥,并迅速做出正确处置。

6.5.2 电容式油量表

电容式油量表是利用电容器把油量转变成电容量,从而测量油量的油量表。

1. 油量转换成电容量的原理

电容式油量表的传感器是一种变介电常数式电容器,它由两只同心圆筒形极板组成,如图 6.5 - 3 所示为油量转换成电容量的原理。

传感器插入油箱后,上部为空气介质,下部为燃油介质,它的电容量等于这两部分电容并联,即两者之和。

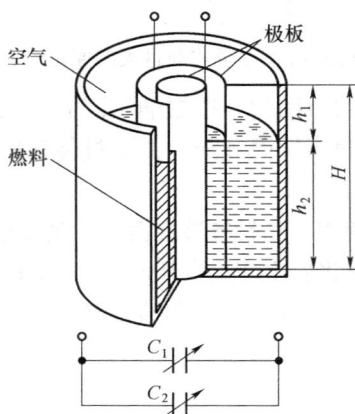

图 6.5 - 3 油量转换成电容量的原理

2. 油量表的指示

电容式油量表的指示是以某一种燃料在某一规定温度（例如 20 ℃）时的介电常数和密度为根据的。当温度改变或更换另一种燃料时，由于燃料的介电常数和密度改变，仪表指示会出现误差。温度改变引起的误差，叫作温度误差；更换燃料引起的误差，叫作换油误差。

为了减少温度误差，在油量表中安装了补偿传感器感受温度变化，对温度误差进行补偿。为了减小换油误差，通常在换油后应检查指示器的"零"值和实际值（"满"值），并进行调整。

安装电容式油量表时，往往在一只油箱中装几个传感器，可以减小飞机俯仰、倾斜或加速度引起的误差。

油量表指示器的形式很多。如图 6.5 - 4 所示为运七飞机油量表指示器和转换开关。当转换开关放"总"位时，指示器"左"（Z）、"右"（Y）指针分别在内圈刻度盘指示出左、右机翼各油箱总油量。当转换开关放"1"或"2"位时，则分别在外圈刻度盘指示左、右机翼的第 1 组或第 2 组油箱油量。指示器内圈刻度范围为 0 ~ 2 400 kg，外圈刻度范围为 0 ~ 1 600 kg。

如图 6.5 - 5 所示为一种波音飞机油量表指示器，大刻度盘刻度范围为 0 ~ 10 000 lb，小刻度盘为 0 ~ 1 000 lb。

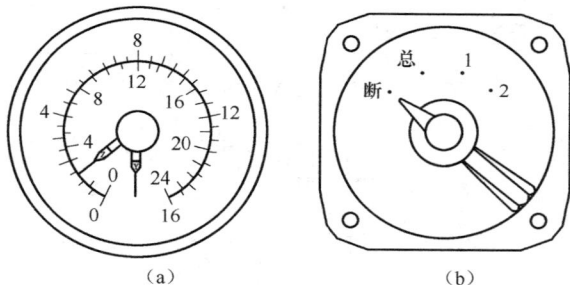

图 6.5 - 4　运七飞机油量表指示器和转换开关
（a）指示器；（b）转换开关

图 6.5 - 5　波音飞机油量表指示器

6.5.3　油量仪表的维护实例

1. 油箱油量表

油量表为电容式 BUC - 38C 油量表，它由一个 2ZUC - 38C 双针指示器、两个 GUC - 38C/1 传感器、两个 GUC - 38C/2 传感器、两个 GUC - 38C/3 传感器和一个 NUC - 38C 控制器组成。

每个油箱安装三个传感器，两个油箱共用一个双针指示器。双针指示器的"L"和"R"指针分别指示左、右油箱中的油量。指示器的外、内刻度分别指每个油箱总油量和消耗隔舱内的油量。

当油箱油量变化时，传感器的电容值随之变化（介电常数不同），该电容作为测量电桥中的一个桥臂，因为它的变化，使电桥不平衡。不平衡信号输送给放大器（在指示器内），放大后的信号推动随动电动机转动，带动指针及电桥中的一个活动电刷移动，使电桥重新达到平衡、电桥无输出信号，指针停留在某一位置，指针指示出油箱油量。

2ZUC - 38C 双针指示器外刻度值范围为 0 ~ 750 kg，内刻度值范围为 0 ~ 200 kg。在驾驶舱仪表板上设有转换开关，该开关有"总油量"和"分油量"两个位置。将该开关置于"总油量"位置时，指示器指示每个油箱的总油量；该开关置于"分油量"位置时，指示器指示每个油箱内消耗隔舱内的油量。

转换开关通常处于"总油量"位置,用该开关的"分油量"位置可以检查喷射泵输油系统工作是否正常。

每个油箱临界警告油量为 47 kg(61 L),在 GUC – 38C/1 传感器上有信号器,达到临界警告油量时,仪表板的警告板上"左警告油"或"右警告油"红色字幕燃亮。

如图 6.5 – 6 所示为电容式燃油油量表的电气原理。

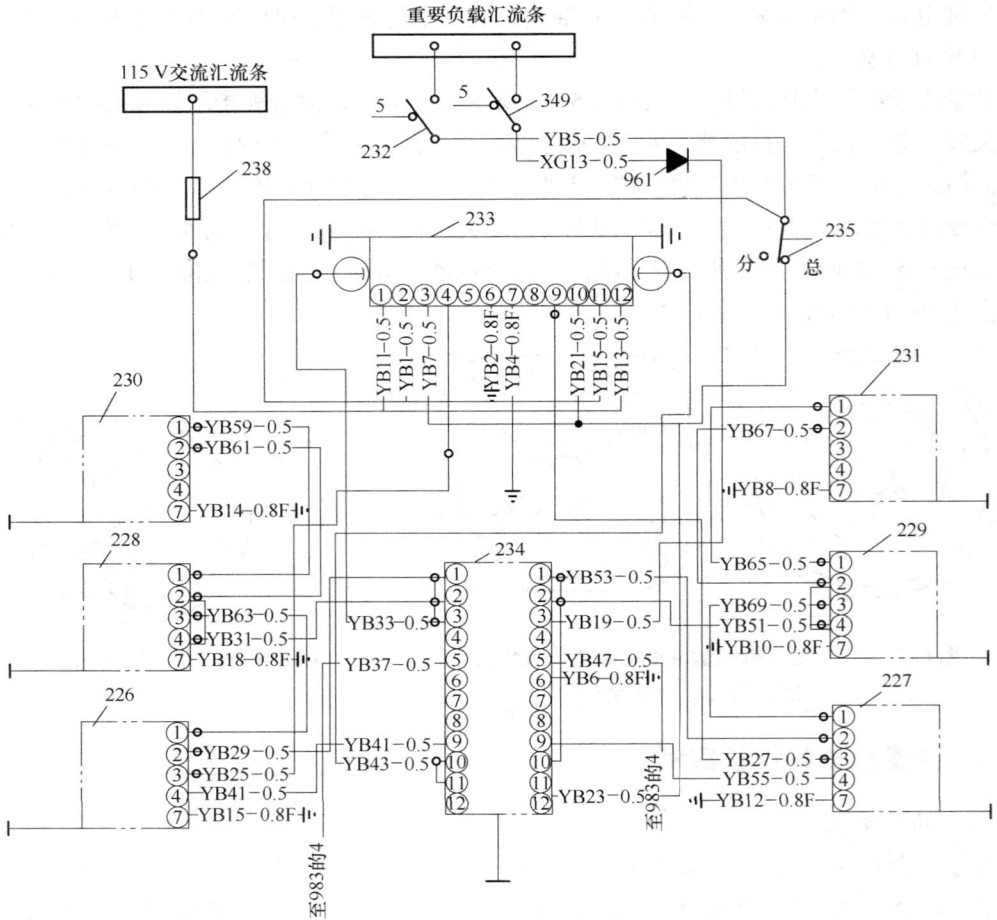

图 6.5 – 6　电容式燃油油量表的电气原理

如图 6.5 – 7 所示为燃油油量表指示器。

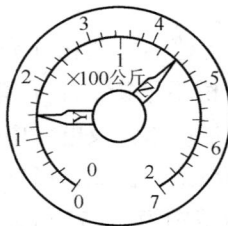

图 6.5 – 7　燃油油量表指示器

2. BUC－38C 燃油油量表的故障分析

燃油油量表故障分析表如表 6.5－1 所示。

表 6.5－1　燃油油量表故障分析表

故障现象	故障原因	排除方法
指示值极小甚至为零	某一传感器内插座 1、2 号插针断路或外部接线断路； 传感器 1 号插针接地（通过极板）	分解排除或更换传感器，如导线断路应更换导线或焊接。查找原因排除
指示值极大	传感器内插座 1、2 号插针短路或外部接线短路	分解排除或更换传感器
不指示（指针不动）	交流电源或直流电源没提供； 传感器内插座 2 号插针所接导线及外电路导线通过内层极板接地	分解传感器排除或更换传感器
人体接触传感器或防波导线时，指示器指针移动	传感器外壳、插头、防波套接地点接触不良	分解传感器排除
空油箱时，指针有指示	传感器外壳接地不良； 传感器（内部或外部）1、2 号线的绝缘电阻过小	分解传感器、清洗后测量电阻，电阻值应达到 100 kΩ

3. 燃油油量表的维护实施

1）机上检查工作可靠性

在给飞机添加燃油之前和添加燃油之后检查指示器的指示值，指示器指示的值应符合添加的燃油量。

2）台架试验

（1）所需设备。

燃油油量表制造厂生产的专用设备。

（2）工作程序。

①从飞机上拆下指示器、控制器和各传感器。

②在专用试验设备上连接各设备的插头，安装传感器和指示器使之处于工作位置。

③校正全套油量表，油量表误差应符合下述主要技术数据。

a. 电源电压：直流电压为（27 ±10%）V，交流电压为（115 ±5%）V。

b. 消耗功率：直流功率为 25 W，交流功率为 16 W。

c. 基本误差（温度 20 ℃ ±5 ℃）：零位误差 ±2% 额定值。

d. 其余误差 ±4% 额定值。

④从试验设备上取下油量表。

⑤将油量表安装到飞机上。

⑥按上述第一部分检查油量表的工作可靠性。

3）目视检查

（1）检查指示器玻璃有无裂纹，标记和字迹应清楚。

（2）检查指示器、传感器和控制的电气连接状况，导线是否清洁、变质、磨损，插头座有无锈蚀。

6.6 测量振动的仪表

发动机振动指示器是测量发动机振动程度的仪表。

航空喷气发动机的高速旋转转子虽然经过严格的平衡，但工作时还是有或大或小的振动现象。发动机振动会使轴承加速磨损，零部件疲劳损伤，发动机寿命缩短，飞机结构强度减弱，噪声增大等。因此，现代大中型飞机都装有测振仪表，以便随时监视发动机的振动量，及时判断故障，预防早期损伤，确定发动机的返修周期与使用寿命。

目前，常用的测振仪表有速度式和加速度式两种。

6.6.1 速度式测振传感器

速度式测振传感器的原理图如图 6.6 - 1 所示，它由永久磁铁、线圈、弹簧等组成。线圈安装在壳体上，壳体固定在发动机振动测量点上。永久磁铁质量较大，由两个刚度很小的软弹簧连接在壳体上，因此，自然振动频率很低。整个传感器相当于一个把振动速度转换成交流电压的永磁式发电机。

发动机工作时，传感器壳体随发动机一起垂直振动，沿测量方向做高频往复直线运动。由于磁铁自然振动频率低，壳体的振动来不及传递给永久磁铁，因此磁铁并不随发动机振动，而是基本上保持静止状态。这样，永久磁铁相对于线圈的往复运动就反映了发动机的振动。根据电磁感应原理，永久磁铁与线圈相对运动时将产生感应电动势，即

$$E = BNLV$$

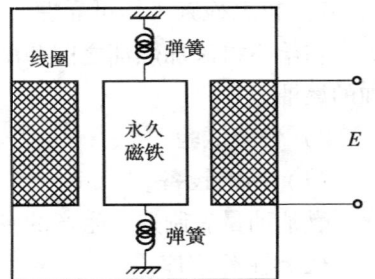

图 6.6 - 1 速度式测振传感器原理图

式中，E 为感应电动势有效值；B 为磁感应强度；N 为线圈匝数；L 为每匝绕组的有效长度；V 为相对速度的有效值。

上式说明，速度式测振传感器的结构一定时，感应电动势与发动机振动速度成正比。所以，测量感应电动势的大小，可以表示发动机的振动速度。

测出振动速度后，通过积分可以得到振幅。当发动机振动频率一定时，又可以得到振动载荷系数。

通常在发动机上安装两个振动传感器，一个安装在压气机附近，另一个安装在涡轮转子附近，测量这两处的径向振动参数。

6.6.2 加速度式测振传感器

当物体加速运动时，将受到惯性力的作用。惯性力的大小等于加速度与物体质量的乘积，惯性力的方向与加速度的方向相反，其关系式为

$$F_i = -ma$$

式中，F_i 为运动物体所受惯性力；m 为运动物体的质量。

上式说明，当物体质量一定时，测量它所受惯性力的大小，就可知其加速度。

加速度式测振传感器是一个压电式力传感器，它的结构如图 6.6 - 2 所示。

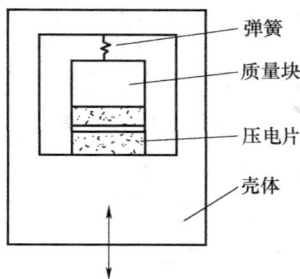

图 6.6 - 2　加速度式测振传感器的结构

质量块是加速度敏感元件，它被硬弹簧压紧在压电晶体片上，并随壳体一起运动。壳体安装在发动机上，随发动机一起运动。发动机工作时，传感器随发动机一起垂直振动。由于弹簧的刚度相当大，质量块的质量相对较小，可以认为质量块惯性很小，因此，质量块感受与传感器基座相同的振动，其振动加速度与发动机振动加速度成正比。这样，质量块就有一个正比于加速度的交变力作用在压电片上。由于压电片具有压电效应，因此，在它的两个表面上就产生了交变电荷（电压），其电荷量（电压）与作用力成正比，即与发动机振动加速度成正比。测量传感器的输出电压就可以表示发动机振动加速度的大小。通过积分，就可以得到振动速度和振幅。

由于这种传感器结构简单、工作可靠、体积小巧，因此得到了广泛的应用。

6.6.3　振动的指示

振动指示器一般是测量电压的毫伏（或毫安）表。如图 6.6 - 3 所示为两种振动指示器表面。图 6.6 - 3（a）用来指示振动载荷系数，民航飞机正常工作时振动载荷系数一般在 3 ~ 4。图 6.6 - 3（b）用来指示振动幅值，单位为密耳（mil，1 密耳 = 10^{-3} 英寸），通常正常值在 2 ~ 3 mil 范围内。

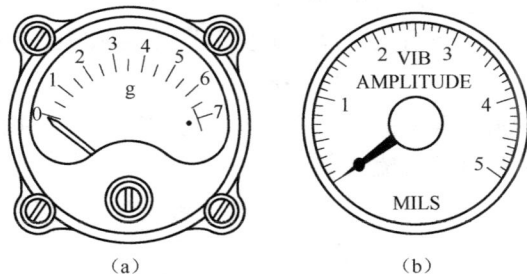

图 6.6 - 3　两种振动指示器表面
(a) 指示振动载荷系数；(b) 指示振动幅值

如图 6.6 - 4 所示为振动指示器的转换开关板，它和指示器配合使用。转换开关放在扩散器位时，指示器指示的振动值是扩散器附近的传感器测得的该位置的振动值；转换开关放在涡轮位时，则指示涡轮附近的传感器测得的振动值。

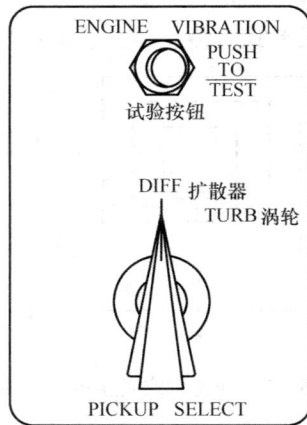

图 6.6 - 4　振动指示器的转换开关板

试验按钮用来检查指示器和警告灯。发动机未工作时，按下试验按钮，指针指示一定数值（如3.8~4.2 mil），并且警告灯亮；松手后，指针回零，警告灯灭。

发动机振动指示器是一种监视仪表，使用前应该用试验按钮进行检查；使用中若警告灯亮，表示振动过大（如有的发动机振动达 4 mil 时，警告灯亮），应结合其他仪表指示判断故障情况，并迅速做出处置。

6.7　测量流量的仪表

流体在单位时间内流过管道某一截面的体积或质量，称为流量；前者叫作体积流量，后者叫作质量流量。

测量燃油流量的仪表叫作燃油流量表，有的燃油流量表除了测量流量外，还能指示燃油的消耗量或油箱中的剩余油量，因此又叫作燃油耗量表。

根据燃油流量表的指示，飞行员可以了解发动机的供油情况，它是检查和调整发动机工作状态的依据之一。

目前，飞机上常用的流量表有两种：一种是叶轮式流量表，用来测量体积流量；另一种是角动量式流量表，用来测量质量流量。

6.7.1　叶轮式流量表

叶轮式流量表是利用叶轮把燃油流量转换成叶轮转速，从而测量流量的仪表。

1. 流量转换成叶轮转速的原理

根据流量定义，流体流量为

$$Q_V = sv$$
$$Q_m = \rho sv$$

式中，Q_V 为体积流量；Q_m 为质量流量；s 为管道截面积；v 为流速；ρ 为密度。

叶轮式流量表的敏感元件是一个叶轮，它在燃油的冲击下绕轴转动。当测量管道的截面一定时，流量越大，流速越快，同时叶轮的转速也越快。因此，测量叶轮转速就可以测出流体流量，其数学表达式为

$$\omega = \frac{2\pi Q_V}{zls}$$

式中，ω 为叶轮转速；z，l 分别为叶轮叶片数和宽度。

上式说明，叶轮转速与流体流量成正比。

由于这种方法测量的是单位时间流过的体积，只有当流体密度一定时才能表示流体质量，因此指示器上需标注流体的密度。

2. 测量流量的原理

流量表的工作原理如图 6.7 – 1 所示，它由叶轮式传感器和同步指示器组成。

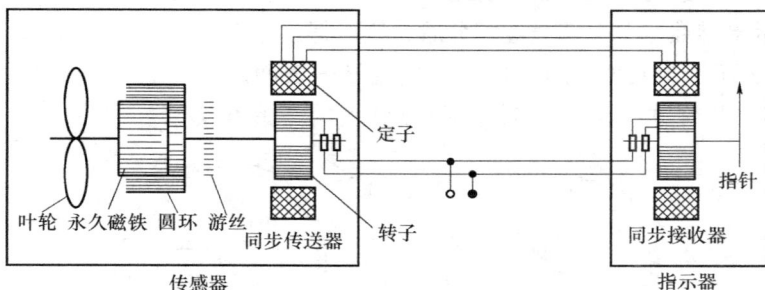

图 6.7 – 1 流量表的工作原理

发动机工作时，燃油不断流过供油管路，放置在管路中的叶轮受燃油冲击而转动，其转速与流量成正比。叶轮带动永久磁铁转动，并在圆环上产生电磁转矩，使圆环跟随转动。当游丝反作用力矩与涡流电磁力矩平衡时，圆环停止转动。圆环转动的角度与叶轮转速成正比，即与流量成正比。圆环的转角通过感应式同步器传送给指示器，指针指示流量值。

6.7.2 角动量式流量表

角动量式流量表是把燃油流量转换成动量（即动量矩），从而测量流量的流量表。由于角动量式流量表直接测量燃油质量流量，与液体的密度、温度等参数无关，测量精度高，因此被广泛使用在大、中型飞机上。

角动量式流量表主要由传感器和指示器等组成，它的传感器如图 6.7 – 2 所示。

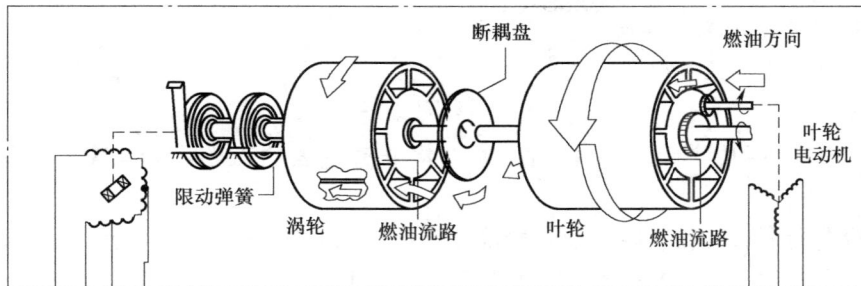

图 6.7 – 2 角动量式流量表传感器

传感器的叶轮和涡轮安装在各自的轴上。叶轮在叶轮电动机驱动下恒速转动，涡轮被限动弹簧制动。断耦盘固定安装在叶轮和涡轮之间，使来自叶轮的燃油只能进入涡轮孔道之中。

仪表工作时，燃油流经叶轮，将被叶轮强迫转动，获得一个横向动量，即角动量。在叶轮转速一定时，燃油质量流量越大，这个角动量也越大。换句话说，燃油单位时间流经叶轮的质量越大，它的转动惯量越大，角动量也越大。

从叶轮流出的燃油随即进入涡轮，又将被涡轮强迫导出，从而把全部角动量传递给涡轮。这样，燃油的角动量对涡轮形成一个转矩 M，其大小就和燃油质量流量成正比。理论分析可得

$$M = CnQ_m$$

式中，C 为叶轮的结构常数；n 为叶轮转速。

在燃油转矩的作用下，涡轮转动，弹簧变形。当弹簧反作用力矩与涡轮轴上的燃油转矩平衡时，涡轮停转。这时，涡轮轴的转角与燃油质量流量成正比。这个转角通过同步器传送到指示器，指示出燃油流量，信号经积分后，则可得出总耗量。

如图 6.7 - 3 所示为两种常用的角动量式流量表表面。图（a）只能指示流量，单位为磅/时；图（b）用指标指示流量，数字显示总耗油量，单位为磅。

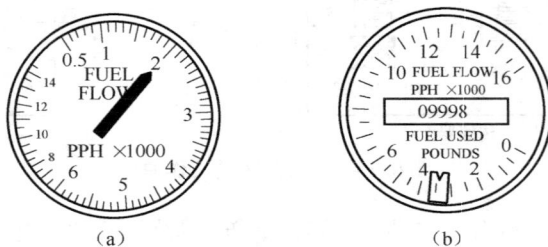

（a）　　　　　　　　　　　　（b）

图 6.7 - 3　两种常用的角动量式流量表表面
（a）只能指示流量；（b）用指标指示流量

6.7.3　流量仪表的维护实例

1. 燃油流量表

燃油流量表是一种燃油管理信息系统，它是由一个指示器和两个传感器组成的。

流量传感器连接在每台发动机供油管路中，指示器可以同时以数字显示左、右发动机耗油流量（kg/h）、总剩余油量、已耗油量等。

燃油流量表的电气原理图，如图 6.7 - 4 所示。

如图 6.7 - 5 所示为燃油流量表指示器。

2. 燃油流量表的维护实施

1）工作试验

（1）在发动机和燃油系统工作时，通电检查流量表的工作是否正常，流量表误差为 ±（1% ~ 2%）。

（2）检查剩余油量和消耗油量的精确度。燃油系统工作一段时间后，测量剩余油量和消耗油量应符合下式：消耗油量 + 剩余油量 = 燃油总量，误差为 ±（1% ~ 2%）。

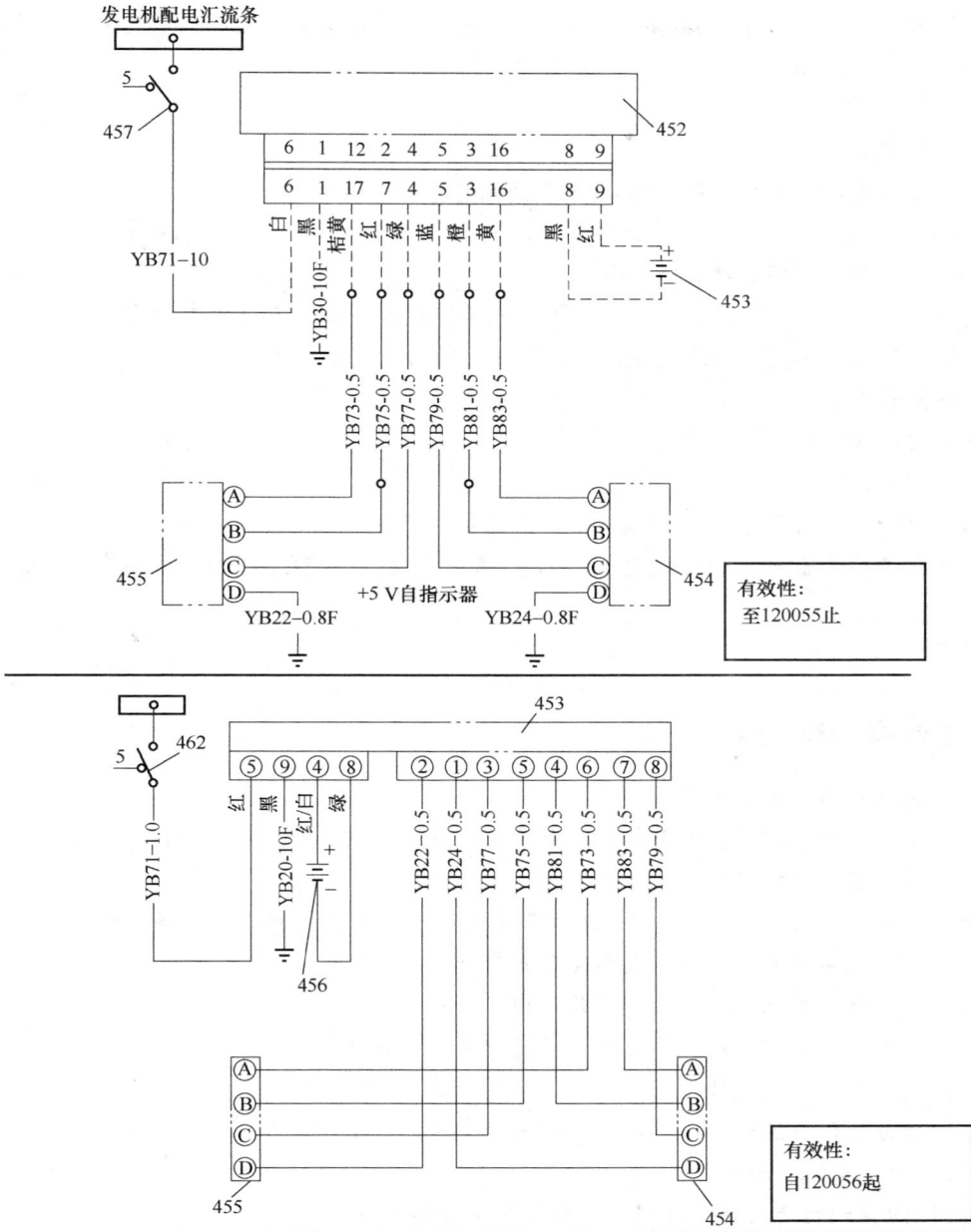

图 6.7－4　燃油流量表的电气原理图

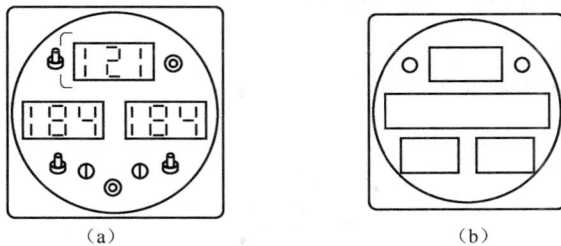

图 6.7－5　燃油流量表指示器

（a）ⅢPT－LKS；（b）CFS－2112A

（3）检查白炽数字显示灯暗亮变换是否正确。将指示器右上角的开关打到"暗"，则数字显示灯变暗，打到"亮"，则数字显示灯变亮。

2）台架试验

（1）所需设备。

适用测量流量的试验设备：10～30 V 直流电源。

（2）工作程序。

①从飞机上拆下指示器和传感器。

②在试验设备上连接好各设备的插头，固定传感器，接好导管和指示器。

③检查流量指示值，剩余油量、消耗油量应符合给定的精确度。

④从试验设备上取下流量表指示器及传感器。

⑤将流量表指示器及传感器装在飞机上。

3）目视检查

（1）检查指示器玻璃有无裂纹，字迹应清楚。

（2）检查指示器和传感器的电气连接状况，导线是否清洁、变质、磨损，连接处有无锈蚀。

【思考与练习】

（1）进气压力表的功用是什么？

（2）电动压力表接通电源前、接通电源后，开车前、开车后的指示情况有什么区别？

（3）起飞前，怎样使用压力比表？

（4）推力表的功用是什么？现代民航飞机常用的测量推力的仪表有哪几种？

（5）电阻式温度表和热电偶式温度表各有什么用途？

（6）试分析热电偶式温度表的工作原理。

（7）发动机开车前、后，热电偶式温度表指示情况是什么？

（8）转速表的功用是什么？

（9）试分析磁转速表的工作原理，磁电式转速表的工作原理。

（10）油量表的功用是什么？

（11）油量表的使用要点有哪些？为什么要这样使用？

（12）流量表的功用是什么？

（13）试分析角动量式流量表的工作原理。

（14）振动指示器的功用是什么？

（15）说明振动指示器的使用特点。

第7章 航空仪表警告
与显示系统

7.1 航空仪表警告系统

　　警告系统是飞机上对多个系统监控并在系统非正常状态下提供音响、视觉及触觉警告的系统。根据飞机系统所监控和发生故障的危险程度不同，发出不同级别的音响警告，对飞行安全起着非常重要的作用。

　　随着飞机电子设备的不断升级，飞机的警告系统也发生了很大的变化。从早期飞机上的警告灯、警示牌、信号器等警告方式过渡到综合警告系统。这些先进的综合警告系统不仅可以监控飞机系统不正常的工作状况，及时报告故障信息，同时还向飞行员发出更为全面、直观的警告信息。

7.1.1 警告系统的组成及功能

　　现代飞机使用的综合警告系统，不仅对超速状况警告，同时还监控其他飞机系统。在不同型号的飞机上使用的警告系统部件、输入信号以及所监控的对象有所不同，但总体上的警告输出分为信息、警告灯、警告音响。警告系统由电源组件、飞机系统信号收集组件、警告计算机、警告信息显示器、警告灯和警告音响装置等组成，如图 7.1 –1 所示为警告系统组成方框图。

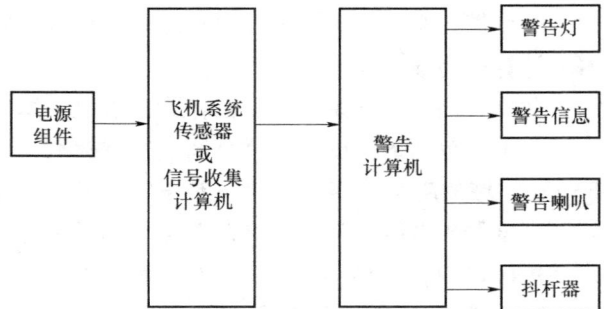

图 7.1 – 1　警告系统组成方框图

1. 电源组件

电源组件满足警告系统工作多种规格的用电需要。警告系统电源多为双套，确保警告信号发出。

2. 传感器（信号收集计算机）

在不同机型的飞机上，用于不同系统的警告信号来源不同。有的使用飞机系统的传感器和计算机，有的使用飞机信息管理系统等，监控飞机系统并将飞机系统的故障信息发送给警告系统。

3. 警告计算机

该计算机收集、监控来自飞机系统传感器或计算机的信息，对上述数据进行计算、处理、分类并生成相应的警告信息显示在发动机警告显示器上，同时会有警告灯和警告音响出现。

4. 警告装置

警告装置包括警告灯、警告喇叭、警告信息显示器、失速抖杆器。

（1）警告灯：出现警告时灯亮，可按压灯罩复位。警告灯出现警告信息时显示为红色，出现警戒信息时显示为琥珀色。

（2）警告喇叭：警告系统的发声装置。

（3）警告信息显示器：相应系统的警告信号显示器，EICAS 或 ECAM 显示器。

（4）失速抖杆器：失速抖杆器由 28 V 直流电动机使操纵杆抖动。抖杆器安装在正、副驾驶的驾驶杆上，安装位置有的在驾驶员地板上部的操纵杆上，多数飞机都装在地板下部的操纵杆上。

5. 测试装置

警告系统都有自己的测试装置。在驾驶舱顶板测试面板或控制显示组件（CDU）及音响警告系统的计算机前面板上实施测试，观察测试结果。

7.1.2　高度警告

1. 概述

塔台指挥飞机飞行在不同的飞行层面，飞机必须按照塔台航空管制员指令的高度飞行，以防碰撞。机载高度警告系统可以探测到飞机是否偏离了指定的高度，它将来自大气数据计算机的真实高度与塔台指挥所要求飞机飞行的高度进行比较。一旦比较结果超出规定的范围，将发出视觉和音响信号警告飞行员。指定的高度由飞行员在方式控制板上选定。

高度警告系统有的集成在自动驾驶系统或采用中央警告计算机，还有的是由独立的高度警告计算机组成。

此外，高度警告系统目前已作为飞机最小垂直间隔空域标准（RVSM）飞行放行的标准之一。世界范围内实施最小垂直间隔空域标准（RVSM）的国家已相当普及，我国飞机飞越 RVSM 空域的越来越多，如果飞越 RVSM 空域，要向塔台申请，同时机载设备必须满足要求。高度警告系统就是飞越 RVSM 空域的条件之一，要确保飞机在垂直方向的高度偏差在一定的范围之内，若达不到要求，必须离开 RVSM 空域，以免影响飞行安全。

2. 高度警告系统的组成和原理

飞机在自动驾驶工作状态，正常情况应保持飞行在自动飞行控制系统方式控制板（MCP）上预选的高度，若出现小的干扰量使飞行俯仰姿态改变时，飞机系统靠自身的纵向稳定就可以修正到正确的姿态，但会产生一定的高度偏差。

因此，高度稳定系统必须有测量飞行高度的传感器、高度给定装置和高度偏差计算装置。一般可以采用大气数据计算机作为测量飞行高度的传感器，高度给定装置可以使用自动驾驶方式控制板上的高度选择旋钮设定高度，高度偏差计算装置采用高度警告计算机，如图 7.1-2 所示为高度警告系统方框图和高度给定装置。

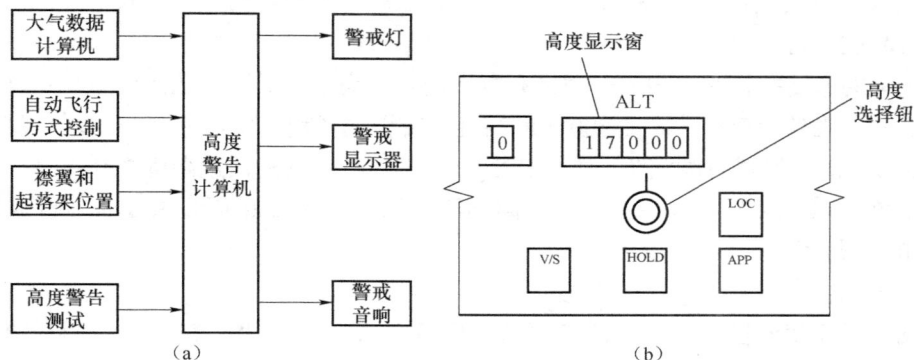

图 7.1-2　高度警告系统方框图和高度给定装置

(a) 高度警告系统方框图；(b) 高度给定装置

如果垂直气流干扰或在自动驾驶方式控制板上人工输入参数而改变飞行高度，则飞机改变了原来的飞行轨迹。当飞机偏离自动驾驶预选保持的高度时，机载高度警告系统将警告机组人员飞机正在偏离预选高度。

高度警告系统通过驾驶舱警告喇叭发出音频警示音，高度警告信号灯亮。在装备 EICAS 的飞机显示器上还会显示"ALT ALERT"高度警告字样信息。

3. 工作过程

自动驾驶衔接后，作为高度测量装置的传感器——大气数据计算机（ADC），将气压高度值送入高度比较器，与自动驾驶方式控制板的预选高度信号比较，按方式逻辑判断高度警戒系统的工作方式，如图 7.1-3 所示为高度警告系统操作。

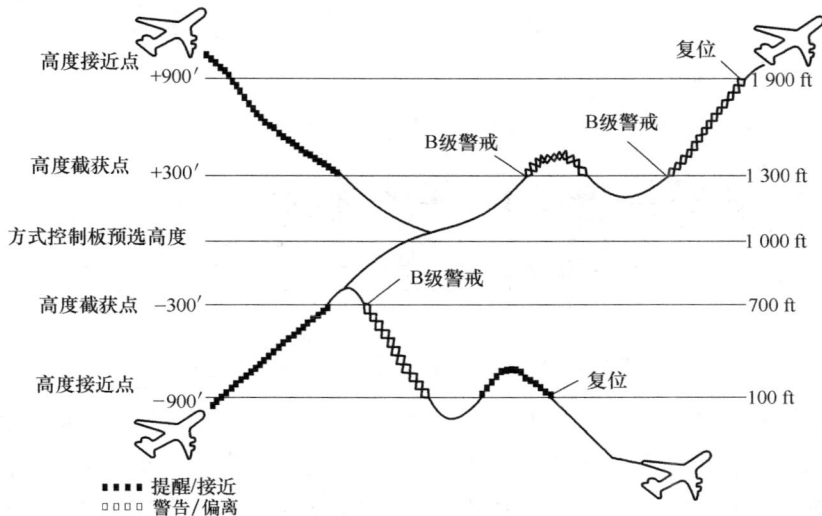

图 7.1-3　高度警告系统操作

（1）若飞机飞行偏离预选高度在300~900 ft之间，则发出警戒（ALERT）信号，警示飞行员飞机已偏离当前方式控制板上的预选高度。

（2）若飞机接近预选高度在900~300 ft之间，则发出提醒（ADVISE）信号，提醒飞行员已接近当前方式控制板上的预选高度。

（3）若飞机飞行偏离预选高度在900 ft以上，系统不发出任何警告，表明飞机已向选定的新的飞行高度飞行。

空客飞机的高度警告系统的方式逻辑有所不同：从高于或低于预选高度900 ft以外向预选高度接近时，飞到距离预选高度900 ft的高度，有警戒音响，琥珀色"ALERT"灯亮；继续接近到300 ft时，警戒音响消失，"ALERT"灯灭；如果飞离预选高度300 ft时，有警戒音响，琥珀色"ALERT"灯闪亮；继续飞离到距离预选高度900 ft的高度时，警戒音响消失，"ALERT"灯灭。

4. 警告信息

早期飞机的高度警告是当飞机偏出预选高度后，高度警告计算机发出C调音响，琥珀色的"ALTITUDE ALERT"信号器亮。

而现代飞机的高度警告是由高度比较器的输出信号进入方式逻辑电路，由方式逻辑电路向EFIS/EICAS显示管理计算机发出警戒（ALERT）或提醒（ADVISE）信号。若飞机飞行偏离预选高度在300 ft以上，显示管理计算机将处理的信息送到EICAS的显示器上，EICAS上显示"ALTITUDE ALERT"B级高度警戒信息，将警告灯的离散信号送到正、副驾驶的主警戒灯，正、副驾驶员前方遮光板上的琥珀色的"CAUTION"灯亮；偏离预选高度在300~900 ft之间时，音响合成卡将电子合成出来的猫头鹰叫声通过正、副驾驶的警告喇叭发出，如图7.1-4所示为高度警告系统——B级警戒指示。

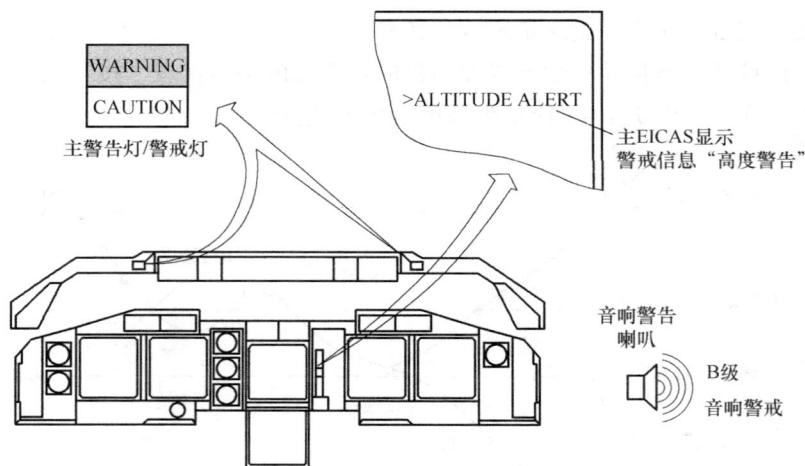

图7.1-4　高度警告系统——B级警戒指示

综上所述，若飞机飞行偏离自动驾驶方式控制板上的预选高度300~900 ft之间时，在驾驶舱发出的警告包括有警告音响、EICAS信息和警告灯指示；从900 ft以外，向300 ft接近预选高度时，有EICAS咨询信息，无警告灯和警告音响。到接近预选高度300 ft时，表示已经截获到预选高度，无任何指示。

在进近着陆过程中，当飞机的起落架和襟翼在着陆布局或仪表着陆系统的下滑道截获后，高度警告系统抑制高度警告信号的发出，此时需要飞行员精神高度集中，避免外部干扰，完成进场着陆的过程。

7.1.3 超速警告

1. 概述

马赫空速警告系统是警告系统的一个组成部分。由空气动力学可知，飞行速度越大，则空气流过飞机前方的压力也变大，引起空气压缩量越大，会对飞机结构造成损坏。因此，出现超速飞行时，超速警告信息就会以一定方式出现，引起驾驶员的注意。

在分立式仪表上，如前面已经讲到的马赫空速指示器，对飞机的超速状况进行监控、警告。

在屏幕显示的飞机上，速度限制在主飞行显示器（PFD）的空速带上用红黑相间区域表示。

2. 马赫空速警告系统

1）马赫空速指示器

马赫空速表是将空速指示器和超速指示器组合在一起，构成一组合式仪表。

马赫空速指示器显示出实际空速和速度限制（最大操作速度）。马赫空速表上的白色指针代表计算空速（CAS），表上的窗口还用数字形式指示出计算空速和马赫数。红、白相间指针指示最大操作速度（VMO）、最大操作马赫数（MMO）。若马赫空速警告计算机出现故障，窗口内显示 VMO 和 MACH 故障旗，如图 7.1 – 5 所示为电动式马赫空速表。

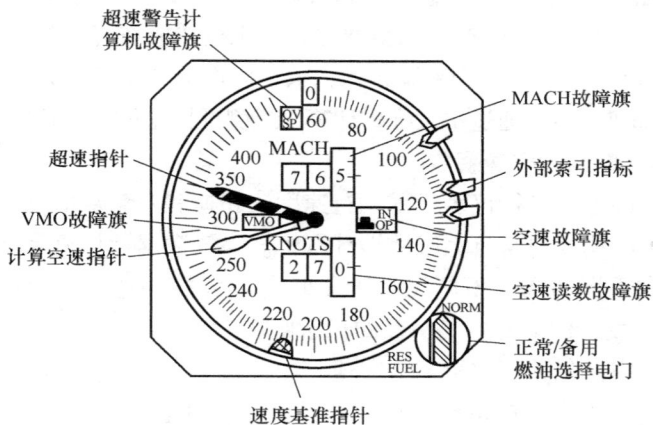

图 7.1 – 5　电动式马赫空速表

2）马赫空速警告系统的组成及原理

大气数据计算机（ADC）根据全静压系统提供的全压值、静压值、全温探头的温度信号，计算出所需的指示空速（IAS）、计算空速（CAS）、马赫数（MACH）等大气数据参数，发送到马赫空速警告计算机和指示器上。马赫空速指示器内部设有最大操作马赫数、最大操作速度探测装置。当探测到超速状况时，系统提供目视和音响警告。

除大气数据输入外，还有系统测试、各种条件（如放下起落架）及方式选择的输入，如图 7.1 – 6 所示为马赫空速警告系统的组成。

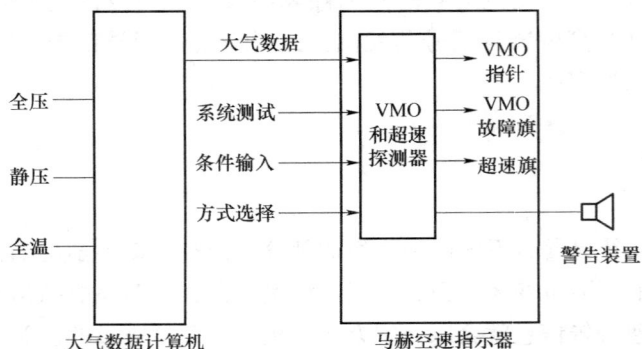

图 7.1-6 马赫空速警告系统的组成

大气数据计算机（ADC）输出的大气数据信号和直流电源，发送到马赫空速指示器内的超速微处理器。指示器上的白指针指示的是计算空速（CAS），红白指针指示的是马赫空速超速微处理器计算出的空速极限值 VMO。超速微处理器根据起落架是否放下、副油箱是否有油、是否挂了第五台发动机等条件，分别计算出不同条件下的超速极限值。

装有两部大气数据计算机的系统，机长和副驾驶的马赫空速指示器采用不同的电源，音响警告喇叭也使用独立的电源。

当飞机在不同条件下飞行接近超速时，马赫空速指示器内部的超速微处理器的输出信号使指示器上的白色空速指针超越红白指针的限制值，并且使音响警告喇叭发出超速警告声。

所有喷气式飞机都有独立的音响超速警告。因为飞机超速飞行是非常危险的，它会造成飞机结构的损坏，另外，高速飞行时产生的激波也会对飞机造成伤害，并使飞行的安全性下降。音响超速警告扬声器既可以由主警告系统触发，也可以由分离系统触发。只要空速大于 VMO 或 MMO，超速警告都将发生。通过中央维护计算机或测试按钮可以对超速警告进行测试。

3）电子显示器上的马赫空速警告

现代飞机上装备的电子飞行仪表显示飞行速度、超速和马赫数信息，是在主飞行显示器速度带上。显示器上的输入源来自大气数据计算机。大气数据计算机除计算当前速度外，也可以用于计算飞机在不同布局、不同飞行阶段时的最大操作速度 VMO 和最大操作马赫数 MMO，超速指示在速度带的上部，马赫数的指示则在空速带的底部。

速度带的读数框内白色数字表示当前空速、超速时变为红色。它的超速信号来自大气数据计算机，超速信号还送往警告系统的计算机，产生超速警告。在波音 EICAS 显示器警告区域显示红色超速"OVER SPEED"警告信息，超速时还伴有音响警告和红色主警告灯。如图 7.1-7 所示为主飞行显示器速度带上巡航和下降时的马赫数指示。

4）警告曲线

不同型号的飞机有不同的飞行速度限速值，如波音 737-300 飞机正常布局最大操作马赫数为 0.826，空客 330 飞机的限速值马赫数为 0.86，波音 747-400 飞机正常布局最大操作马赫数为 0.92。

飞机在不同构型情况下的速度限制是不同的。如图 7.1-8 所示为某型飞机的马赫空速警告曲线。飞机正常构型时，在海平面时的最大操作速度（VMO）为 365 kn，而在 24 477 ft 高度时的最大操作速度（VMO）为 395 kn，最大操作马赫数（MMO）为 0.92；当起落架放下时，在海平

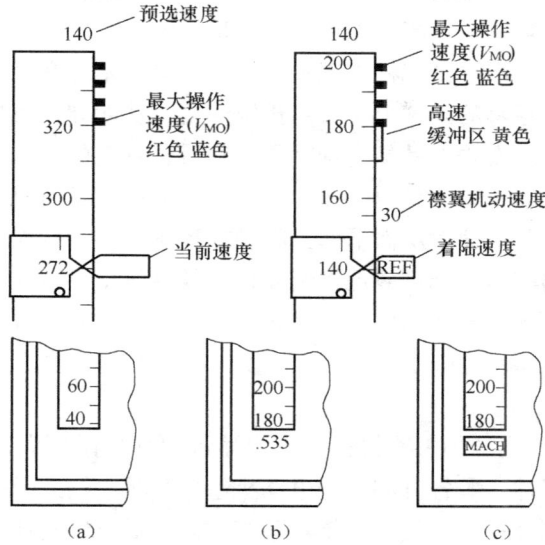

图 7.1 - 7　主飞行显示器速度带上巡航和下降时的马赫数指示

(a) 无计算数据或 $M < 0.4$ 显示；(b) $M > 0.4$ 显示；(c) 马赫故障旗显示

面时的最大操作速度（VMO）为 270 kn，而在 30 840 ft 高度时的最大操作马赫数（MMO）为 0.73；当飞机副油箱有油时，在海平面时的最大操作速度（VMO）为 340 kn；而挂第五台发动机时的最大操作速度（VMO）为 330 kn，在不同的高度，飞机的限速也各有不同。

如图 7.1 - 8 所示为某型飞机的马赫空速警告曲线。

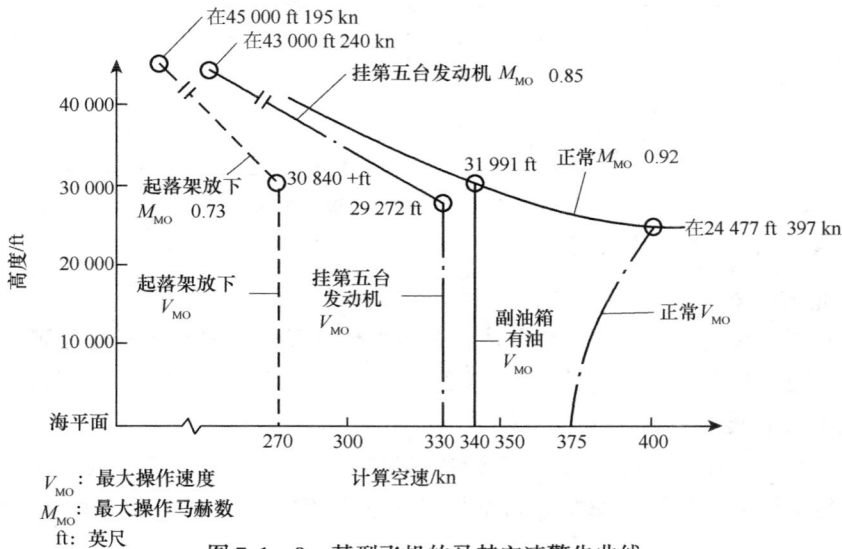

V_{MO}：最大操作速度

M_{MO}：最大操作马赫数

ft：英尺

图 7.1 - 8　某型飞机的马赫空速警告曲线

7.1.4　失速警告

1. 概述

飞机之所以能够在空中飞行，是因为机翼上产生了足够的升力，而升力的大小取决于机翼的翼剖面、飞行速度和飞机迎角。要想使飞机的速度减小，而又要保持恒定的升力，就必须增加迎角，或者通过伸出襟翼、缝翼来增加机翼的翼剖面。

当飞机达到最大迎角时，气流不能流过飞机机翼的上表面，而产生气流分离。如果迎角再继续增大，则气流分离严重，飞机出现失速现象。失速是非常危险的，因为此时升力急剧地下降。如果飞机不在足够的高度上飞行将难以恢复，从而导致飞机坠毁。因此，在发生失速之前，必须尽可能早地警告驾驶员，这就是失速警告系统的任务。

飞机在高速飞行时，也可能导致失速。当飞机速度接近音速时，某些部位可能产生局部激波，阻力急剧增加，飞机速度反而下降，将会导致飞机的稳定性和操纵性变坏，甚至产生激波失速。此时，若驾驶员不能有效地控制飞机，就会发生机毁人亡的危险。所以，在飞机进入失速状态之前，必须及早让驾驶员得到警告。

2. 失速警告系统的组成和功能

1）失速警告系统的组成

如图 7.1-9 所示，典型的失速警告系统由输入部件、两部失速警告计算机、警告显示组件、失速警告测试组件、警告灯和抖杆电动机组成。其中输入部件包括迎角传感器，襟翼位置传感器，大气数据计算机，发动机指示系统的高、低压轴转速信号、空地信号和失速警告测试组件。

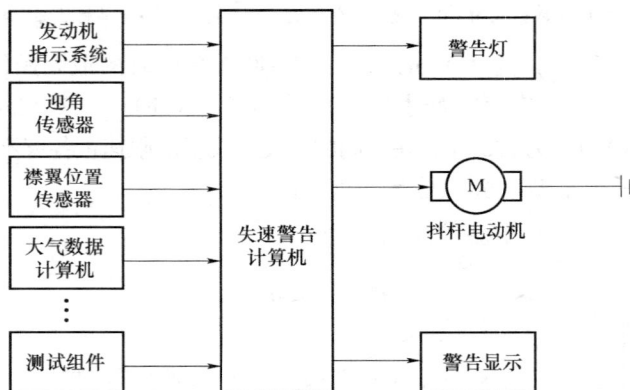

图 7.1-9　失速警告系统方框图

2）失速警告系统部件的功能

（1）迎角传感器。

迎角传感器又称为气流角度传感器或失速警告传感器，它安装在机身两侧、驾驶员侧窗下，用于测量飞机迎角（又称为攻角）。两侧的传感器可以互换，空中需要加温以免结冰。

（2）襟翼位置传感器。

安装在大翼前、后缘的襟翼位置传感器传送襟翼位置信号。有的飞机只装有后缘襟翼位置传感器。传感器向失速警告系统、自动驾驶系统和襟翼位置指示器（或 EICAS、ECAM）发送信号。

（3）大气数据计算机。

ADC 用于迎角、计算空速、马赫数、VMO/MMO 的计算。

（4）失速抖杆器。

失速警告计算机监控飞机在接近低速或大迎角阈值时，失速抖杆器由 28 V 直流电动机作动操纵杆抖动。失速抖杆器安装在正、副驾驶的驾驶杆上，安装位置有的在驾驶员地板上部的操纵杆上，多数飞机都装在地板下部的操纵杆上。如图7.1-10所示为某型飞机失速警告系统的部件。

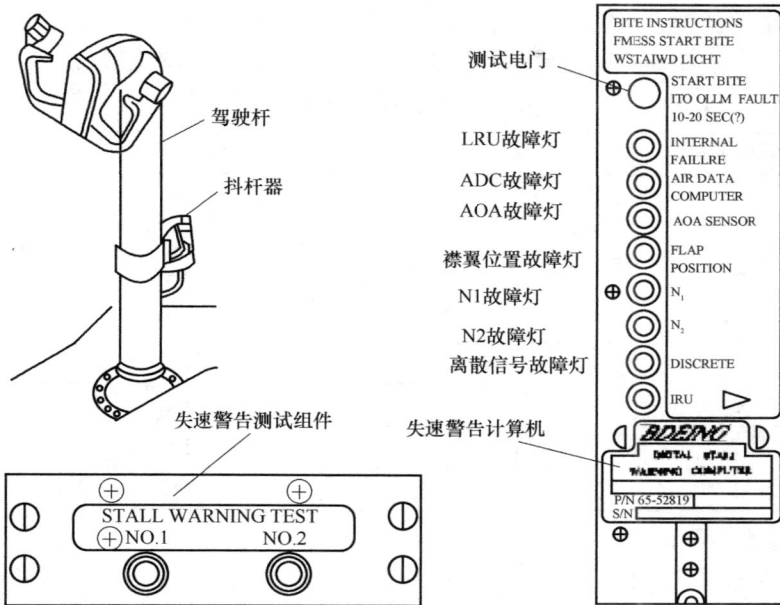

图 7.1-10　某型飞机失速警告系统的部件

（5）失速警告计算机。

如图7.1-10所示，无论是独立安装的失速警告计算机（SWC），还是警告电子组件（WEU），它们的功能相近。在不同的飞行状况下，失速警告计算机作动抖杆器，向驾驶员发出警告。

①正常失速警告。

根据襟翼位置的多少确定迎角的阈值。迎角超过阈值（表7.1-1中所列阈值为波音747-400型飞机）时，失速警告计算机作动抖杆器发出警告。

表 7.1-1　襟翼位置与迎角

襟翼位置设定	迎角 AOA/°
1	4
5	6
10	7.7
20	6.7
25	6.0
30	5.1

②不对称失速警告。

若两侧的襟翼位置不匹配，迎角作动抖杆器的阈值将降低。

③大推力失速警告。

对于双发飞机而言，在对边发动机的 N2 转速高于75%的情况下，迎角作动抖杆器的阈值将降低。迎角值降低的多少取决于襟翼位置和推力斜率的系数（CTG）。失速警告计算机使用空速和临近的发动机 N1 转速计算推力斜率的系数（CTG）值。

④速度阈值失速警告。

在不同的襟翼位置，当空速低于表 7.1 – 2 中所列速度阈值时，失速警告计算机作动抖杆器发出警告（下表中所列速度阈值为波音 737 – 300/400/500 型飞机）。

表 7.1 – 2 襟翼位置与速度

襟翼位置设定	最低速度/kn
40	90
30	90
25	95
15	100
10	100
5	105
2	105
1	110

（6）失速警告测试组件。

用于起始系统测试。在装有中央维护计算机（CMC）的飞机上，可以从控制显示组件起始测试，另外也可以在计算机的前面板上使用测试电门测试，如图 7.1 – 10 所示。

3. 失速警告系统原理

失速警告系统将飞机特定的最大迎角与实际的飞机迎角进行比较。最大迎角取决于襟翼和缝翼的位置，该位置也必须进行计算。这一计算可以在独立的计算机内完成，也可以在主警告系统或自动油门系统中完成。通常飞机上有两个独立计算系统，这样可以提供足够余度。当飞机到达临界迎角时，系统将驱动抖杆马达工作，使之产生抖动来模拟真正失速时产生的效应。

正常时两部计算机控制其相应的抖杆器作动，若其中一部计算机不工作时，另一部计算机也可以同时作动两个抖杆器，因为两个驾驶杆都连接在扭力管上。

飞机在地面时可以对系统实时测试，抖杆器作动。若系统不正常时，机器前面板上有故障指示灯亮，不能作动抖杆器抖动，故障排除后方可作动。

在某些飞机上，还安装有驾驶杆推力器。当探测到失速时，它将自动推动控制杆向前以减小飞机的迎角。

4. 失速警告系统的操作方式

1）空中方式

失速警告系统工作在"空中"方式，由失速警告计算机监控。当前起落架和主起落架的下蹲电门指示"空中"位，前轮和主轮在"空中"位并且指示空速达到 110 kn；机轮不在"空中"位，但指示空速已达 160 kn（参数适用于波音 737 飞机）。

2）起飞方式

当起落架减振支柱伸出时，空地继电器衔接失速警告系统工作。失速警告计算机接收迎角和襟翼位置传感器的信号，这些信号用于确定飞机是否接近失速状态。

3）飞行阶段

当飞行中出现大迎角或以低速飞行时，失速警告计算机的输出控制继电器作动，向抖杆电动机提供 28 V 直流电源, 抖杆器抖动。

5. 失速警告系统的信号显示

在现代飞机上装备有电子飞行仪表系统, 主飞行显示器的左侧是空速带, 失速警告计算机的输出信号发送到机载显示管理计算机 (或 EICAS/EFIS 交联组件 EIU 计算机), 信号处理后送往主飞行显示器 (PFD), 有的飞机在主飞行显示器的姿态指示器上显示俯仰极限, 在速度带上显示最大操作速度和最小操作速度 (或抖杆速度), 如图 7.1 – 11 所示为失速警告在主飞行显示器速度带上的显示。空速带上用醒目的红色表示不同飞行阶段时的抖杆速度, 用琥珀色表示最小机动速度 (或称缓冲速度)。俯仰极限参数可用于限制起飞时机身的仰角。

除了速度带上的显示外, 接近失速时, 抖杆电动机作动抖杆器使升降舵扭力管和驾驶杆抖动。在主 EICAS 或 ECAM 上出现红色的失速信息, 警告喇叭发出语音 "STALL WARNING" 警告声, 红色的主警告灯被点亮。

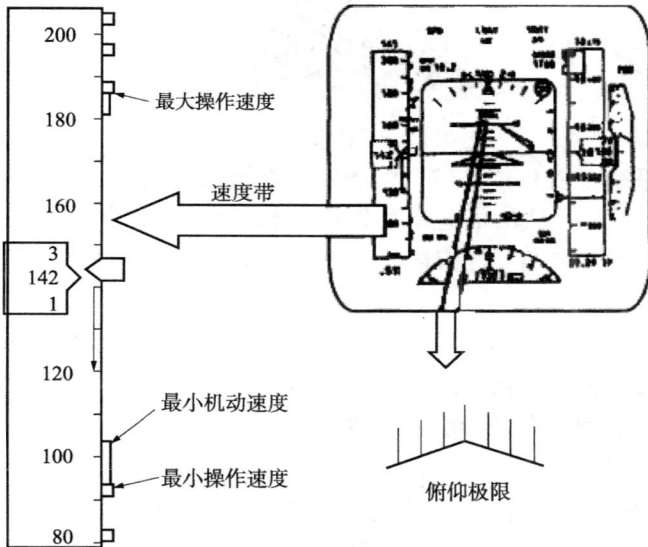

图 7.1 – 11　失速警告在主飞行显示器速度带上的显示

7.2　电子飞行仪表系统

随着航空器技术的发展和需要, 基于大规模集成电路、微处理机、总线传输接口技术及多路切换技术的高度发展, 为计算机微型化和控制功能的集成化开辟了道路, 从而使微型计算机控制系统及微处理器应用于机载设备领域成为可能。在现代飞机驾驶舱仪表板的设计上采用了数字式电子显示技术, 且改变了过去机电式仪表显示信息纵向排列, 从属各其他系统只充当其显示部件的构成形态, 经功能集成化形成了独立的与其他系统并列的导航参数显示系统, 并将飞行、导航等大量信息进行了综合, 设计成 "综合电子仪表系统"。

综合电子仪表系统主要由电子飞行仪表系统 (EFIS) 和电子中央飞机监控系统 (ECAM) 或发动机指示机组警告系统 (EICAS) 组成。在驾驶舱仪表板上主要有 6 个显示组件，其中包括两个主飞行显示器（PFD）、两个导航显示（ND）和两个 ECAM 或 EICAS 显示器。它们的显示由多个余度计算机来驱动。机组可以通过相应的控制面板来控制它们的显示与转换。如图7.2－1所示为综合电子仪表系统。

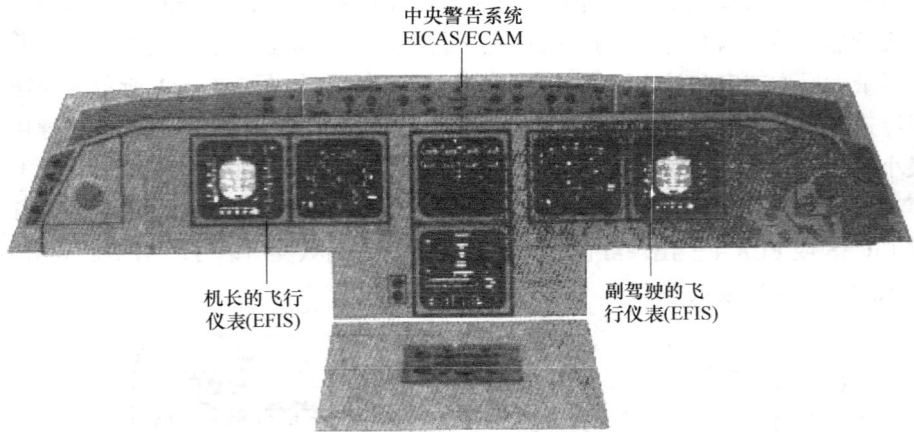

图7.2－1　综合电子仪表系统

电子飞行仪表系统（EFIS）是综合电子仪表系统的子系统，它是一种综合的彩色电子显示系统，完全取代了独立式的机电式地平仪、航道罗盘、电动高度表、马赫空速表和其他机电式仪表等，提供最重要的飞行信息。EFIS 系统所显示的信息十分广泛，如图7.2－2所示，其主要显示内容为：

（1）主要飞行参数，如飞机的姿态、高度信息、速度信息、A/P 和 A/T 的衔接状态及工作方式、甚至重要的警告信息等；

（2）主要的导航信息：各种导航参数和飞行计划等；

（3）系统的故障信息。

驾驶员通过 EFIS 的显示信息，能实时地对相应飞机系统的工作状态进行全程监控。机务人员利用电子飞行仪表系统，可进行故障分析和隔离。从某种意义上讲，可以将 EFIS 看成是机载航行及飞行制导系统与驾驶员和维修人员的人机交互界面。

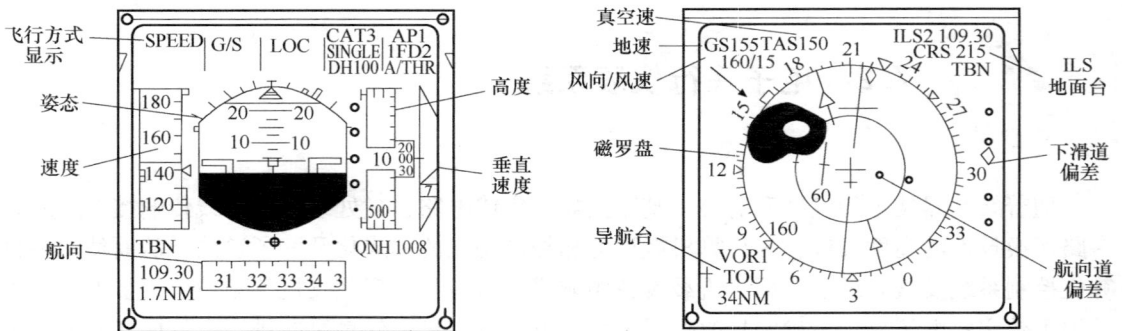

图7.2－2　EFIS 显示的信息

7. 2. 1　EFIS 的组成及功能

该系统的基本部分有：显示组件（DU）、显示管理计算机和相应的控制面板。不同型号的飞机，由于所选装电子飞行仪表系统的厂家不同，部件的名称也不尽相同。空客飞机上的每个显示管理计算机（DMC）都包含两种显示处理功能模块，它们负责驱动 EFIS 和 ECAM 的显示；而波音飞机也由相应的计算机来完成，如波音 737/757 称为符号发生器，新一代波音 737 称为显示电子组件（DEU），波音 747 称为 EFIS/EICAS 接口组件（EIU），波音 777 的此功能组件安装在飞机信息管理系统（AIMS）柜里，称为核心处理组件/图像产生器（CPM/GG），但它们的基本功能都相同。在现代的大型飞机上，所有 EFIS 和 EICAS 或 ECAM 功能都由一个计算机来完成。

如图 7.2 – 3 所示为 EFIS 的基本组成，它是由 4 个显示器、3 个显示管理计算机（符号发生器）（有些飞机只选装两套）、两个选择控制板和转换控制面板及光传感器组成的。其中，显示器包括主飞行显示器（PFD）和导航显示器（ND），每个驾驶员前仪表板都装有 PFD 和 ND 两个显示器。早期的飞机，显示器有电子姿态指引仪（EADI）和电子水平指示仪（EHSI）。

左、右显示管理计算机分别提供给正、副驾驶员 PFD 和 ND 显示信息，中显示管理计算机处于备份状态。各个计算机之间有数据总线交联，进行数据比较监控，当某一个计算机失效时，通过控制板人工选择备用计算机，以确保系统的正常工作，如果某个显示器出故障时，显示的信息可自动或由人工转换到另一个显示器工作。确保那些重要的飞行数据不因某一部件出现故障而丢失。

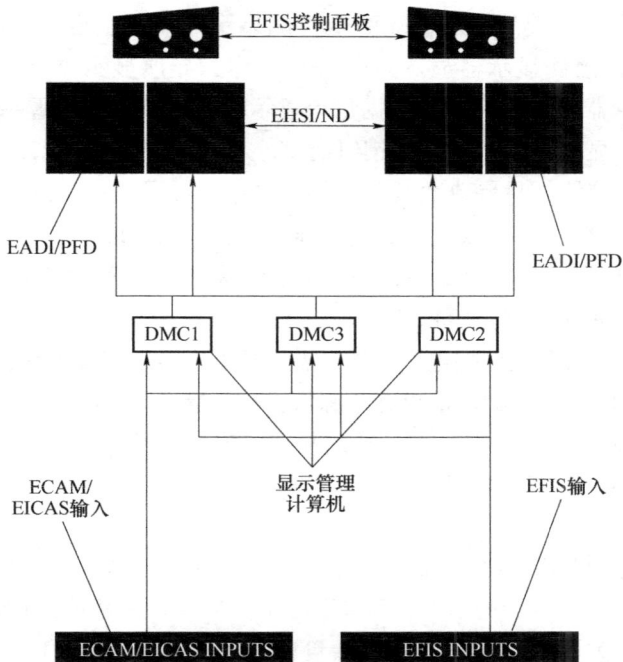

图 7.2 – 3　EFIS 的基本组成

1. 显示管理计算机

显示管理计算机的主要作用是收集各种模拟、离散和数字输入信号，经处理后输入到显示器产生符号显示，并进行系统监控、电源控制以及系统所有工作的协调控制。

三个相同的计算机为各显示器提供显示。正常时，左显示管理计算机提供机长的信息显示，右显示管理计算机提供副驾驶的显示，中显示管理计算机作为备份功能。当左或右显示管理计算机故障或同时故障时，通过选择控制继电器的工作来控制中显示管理计算机的输出。当显示管理计算机故障时，在波音飞机上，相应的显示器显示空白；空客飞机即显示白色交叉线。

2. 显示组件

如图 7.2－4 所示为显示组件外观示意图，显示管理计算机将接收到的数据转换成显示格式，在显示器上显示飞行参数。显示器输出监控信号到显示管理计算机，实现显示器的保护。

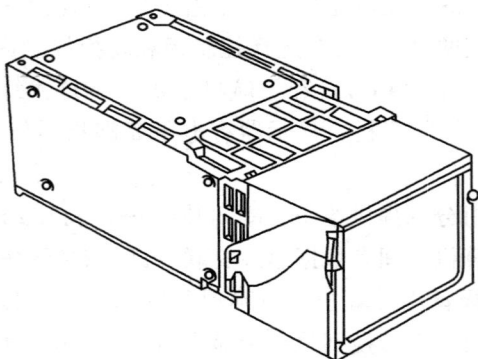

图 7.2－4　显示组件外观示意图

EFIS 有 4 个相同可互换的显示器，两个外侧显示器显示主要飞行参数，称为主飞行显示器（PFD）；而两个内侧显示器显示航路信息，称为导航显示器（ND），它们甚至与 EICAS 或 ECAM 的显示器都可以互换。根据每个显示器在飞机上的位置——外侧（PFD）还是内侧（ND），对应着显示器背后的程序销钉的"空""地"逻辑关系，决定了显示器显示的格式。若显示器改变位置，只要改变其背后的程序销钉即可。在早期的飞机上，显示飞机姿态的显示器叫作电子姿态指引仪（EADI），显示航路信息的显示器叫作电子水平指示仪（EHSI）。每个显示器的底部边缘都装备一个光传感器，用于亮度控制。显示器可采用阴极射线管（CRT）或液晶显示（LCD）。

CRT 显示器内部设有温度监控电路，如果温度超温，显示将被关断，当自动冷却后，显示又恢复正常；同样，LCD 显示器内部也有电源供应和背景灯的温度探测器，当探测的温度分别达到 110 ℃和 95 ℃时，会自动切断显示器的显示。当这种情况出现时，拆下相应的显示器，并清洁冷却滤网，即可恢复正常工作。

3. EFIS 控制面板

机长和副驾驶分别装有 EFIS 控制面板，可以独立操作。它们提供系统工作方式和显示方式的控制以及显示器亮度的调节。机型不同，所安装的 EFIS 控制面板型号略有不同，但基本功能是相同的。为了增加控制面板的余度，有些飞机在控制显示组件（CDU）上设置了备份 EFIS 控制面板功能的菜单，当激活后可控制显示，并操控相应的 EFIS 控制面板上的各项功能键。

每个 EFIS 控制板在板面结构上可分为主飞行控制和导航控制两个部分，如图 7.2 - 5 所示。

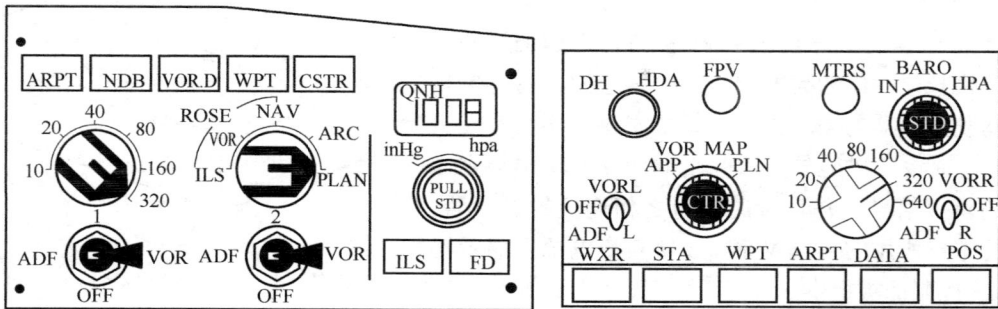

图 7.2 - 5　EFIS 控制面板

1）主飞行控制部分

主飞行控制部分的主要功能是用来改变高度计算的气压基准值。有两种不同气压基准方式选择：英寸汞柱或百帕斯卡。外旋钮可设定英寸汞柱或百帕斯卡，中间旋钮用来调整气压值，内旋钮可选择标准大气压。

最小基准选择电门：外圈选择无线电或气压方式，内圈调整无线电或气压决断方式，中间 RST 电门用来复位高度警告。决断高度由驾驶员根据要求预先设定。

2）导航控制部分

由于在不同的飞行阶段中需要显示不同的信息，以供飞行需要，因而在面板上设置了各种不同的显示方式和显示格式，可选择显示各种不同的显示范围及各种航路数据。

有多种不同的工作方式可供选择，它们是全显示或扩展显示的全向信标（VOR）、仪表着陆系统（ILS）、地图（MAP）显示方式和一个计划（PLAN）显示方式。

范围选择用于检查气象雷达图像或航路点的距离范围，以海里（n mile）为单位，该选择功能只用于扩展显示方式和计划方式，以倍数为增量，可选择 10、20、40、80、160 和 320 n mile 等的地图和气象雷达范围。

航图显示功能，在航图显示方式下，当选择任何一个航图电门时，都将在航图显示方式下增加背景数据的显示，如 ADF/VOR 台、导航台、机场、航路点数据等。ADF/VOR 控制电门用于 ADF 或 VOR 系统的信息在导航显示器上的显示控制。

4. 亮度控制部件

亮度控制分为人工和自动控制两种方式，每个显示器都有独立的控制方式。

1）人工亮度控制

由面板上的亮度控制旋钮来完成，导航显示器的人工控制旋钮与主飞行显示器的有所不同，它有内、外两个旋钮，外旋钮控制显示器的亮度，内旋钮单独控制气象雷达的亮度。

2）自动亮度控制

主要由显示器上的光传感器（BLS）和装在遮光板上的光遥感器（RLS）组成。每个显示器前面的下底部有个光传感器，它可探测驾驶舱内的亮度变化以自动调节显示器的显示亮度。

3）光遥感器

光遥感器作为自动亮度控制的一个输入源，在遮光板顶部的两边各装有一个相同光遥感器，如图7.2-6 所示，它是一个航线可更换件。左边的光遥感器负责机长显示器的亮度调节，而右边的光遥感器负责副驾驶显示器的亮度调节。每个光遥感器装有光敏二极管，感受驾驶舱外光线强度的变化，输出与之成比例的模拟信号，并直接送到与之相连接的显示器，而光传感器所用的 +24 V 和 -5 V 直流电源由显示器或 EFIS 控制面板提供。

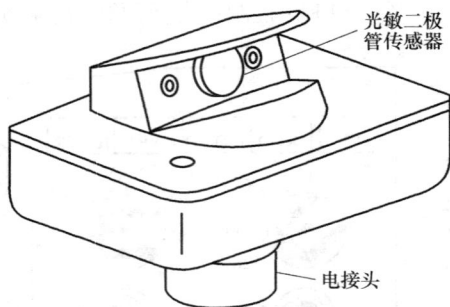

图 7.2 - 6　光遥感器

5. 显示格式转换和显示管理计算机转换控制板

现代大型飞机的综合电子仪表系统，为了增加显示余度，确保其显示信息的可靠性，都设计成人工和自动转换方式，尽管一个甚至多个计算机故障或显示组件故障时，其显示的信息并不会丢失。维护人员也可以利用此功能来隔离系统的故障。

1）显示格式转换控制板

装有 EADI/EHSI 构型的系统，由于 EADI 和 EHSI 的外型和显示格式不同，它们之间的显示格式设计为不可互换。

对于 PFD/ND 显示构型，显示格式可互相转换。当正（或副）驾驶外侧 PFD 显示组件有故障时，其上显示会自动地转到正（或副）驾驶内侧 ND 显示器上显示；同样，任何时候可通过选择相应的电门来控制 PFD 显示在 ND 显示器上。在空客飞机上，这种人工转换可以是双向的，设有 PFD/ND 转换电门，当第一次按压电门时，PFD 和 ND 显示格式可以互换，再按压，显示恢复到正常构型，如图 7.2 - 7 所示为显示格式转换示意图。

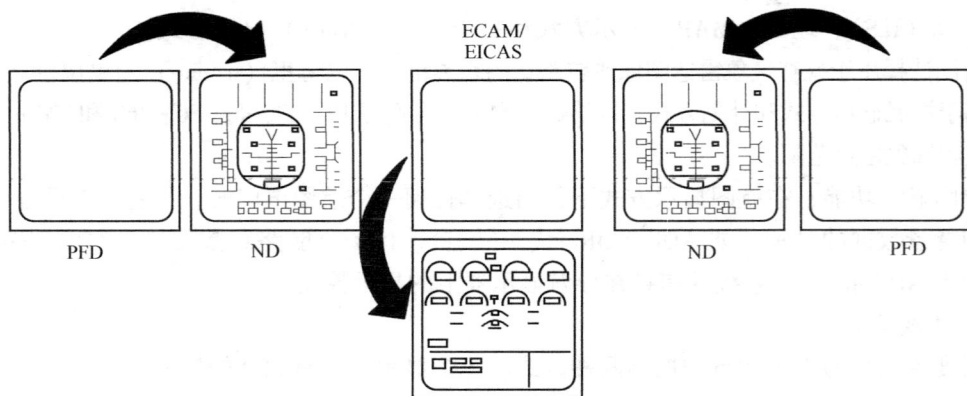

图 7.2 - 7　显示格式转换示意图

显示格式转换方式有两种：自动方式和人工方式。

前者转换控制信号来自显示管理组件，计算机根据显示信息影响飞行安全性的重要程度，设计 PFD 显示的优先权高于 ND 显示。所以，当 PFD 显示器故障时，PFD 显示自动转到本侧 ND 显示器上，取代 ND 显示；或 ND 转到下 EICAS 显示器上显示。

在人工转换方式下，驾驶员根据需要，转动显示转换面板上的转换旋钮，可人工控制显示器的显示格式的转换。

2）显示管理计算机转换控制板

为了确保系统工作可靠，增加计算机控制余度，计算机的工作可通过源选择面板或转换面板上的相应电门来控制。系统正常工作时，放于"正常"位，当一个计算机故障时，通过转换选择，自动或人工转换到第三套计算机工作。如果有两个计算机同时故障，剩下的计算机负责所有显示器的显示或某些重要显示，如图 7.2 - 8 所示为显示管理计算机转换控制板。

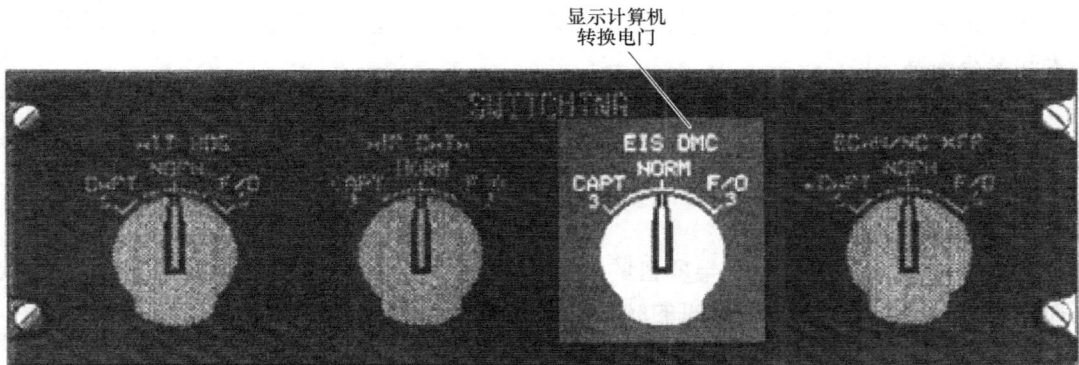

图 7.2 - 8　显示管理计算机转换控制板

7.2.2　EFIS 显示格式

在 EFIS 显示器上显示信息有飞行参数和导航参数。不同的构型，其显示的格式也有差别。PFD 显示只有一种格式。在波音飞机上，ND 的显示有 7 种方式；而空客飞机上的 ND 显示只有 5 种方式，但基本显示功能相似。

1. PFD 的正常显示

主飞行显示是指往前看飞机时，飞机所处状态的信息显示。显示给机组的基本信息有：飞机的姿态、空速、高度和航向，也显示飞行方式和下滑/航向道偏差等，如图 7.2 - 9 所示为 PFD 正常显示。

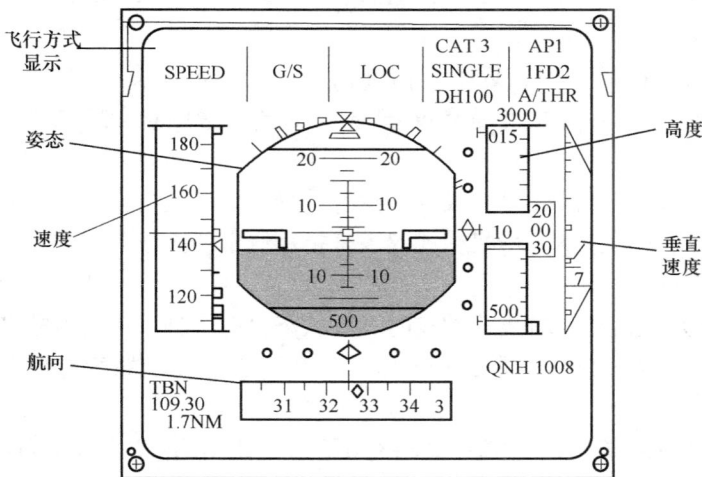

图 7.2 - 9　PFD 正常显示

1) 飞机姿态指示

姿态球即空地背景球，显示在显示器的中央，飞机处于水平时，地平线在球的中央，飞机符号是由符号发生器产生的固定显示。俯仰和倾斜刻度以度的形式指示，它们表示飞机俯仰或倾斜的状态。飞行指引指令杆给驾驶员一个操纵飞机的指令，当指令杆与飞机符号重合时，表明此刻操纵正确。客户可选装"八"字或"十"字指令杆。

2) 速度指示

速度指示显示在姿态球的左边，以数字形式显示计算空速和马赫数，并显示基准速度、最大和最小限制速度。

3) 高度指示

气压高度是以数字形式在姿态球的右边显示，它是基于 EFIS 控制面板上所设定的基准值来计算的。

4) 航向指示

在 PFD 的底部，显示一个半罗盘的信息，航向参数有：目前飞机航向、选择的航向、真航向或磁航向基准，还显示飞机的航迹参数。

5) 升降速度

升降速度显示在高度带的右边，表示高度的变化率，单位为 ft/min，由一指针指示并以数字读出。TCAS 的咨询信息也显示在升降速度带上。

6) 飞行方式指示

飞行方式指示包括自动油门的工作方式、自动驾驶的俯仰和倾斜方式。在姿态球的上部显示自动驾驶、飞行指引的衔接状态和自动着陆的能力。在空客飞机上略有区别，上面所有显示区都显示在顶部，并且有自动油门的衔接状态。

7) ILS 数据显示

当选一个有效的 ILS 频率时，会有 LOC 和 GS 偏差指示、其频率和识别码、DME 距离。LOC 偏差显示在姿态球的下面，GS 偏差显示在姿态球的右边，它们都有刻度和指针。

8) 风切变警告信息

当 GPWS 探测到风切变存在时，发出警告，并显示"WINDSHEAR"信息。

9) 其他信息指示

其他信息指示包括远、中、近指点信标信息。无线电高度、决断或最小高度指示在姿态球的下面，而空客飞机的决断高度值显示在自动着陆区域。在姿态球的上部有侧滑指示符。

在 EADI 上显示的信息相对 PFD 较少，没有升降速度和航向信息指示等，其显示的格式也稍有差异，并且其侧滑指示采用机械式仪表来指示侧滑的大小和方向。

2. 导航的正常显示

导航显示是指从上面往下看飞机的实时飞行状态。有各种不同的方式和格式显示为不同的飞行阶段需要，这依靠 EFIS 控制面板的方式选择，它们显示的所有信息都是来自飞机的导航设备数据。

不同类型的 EFIS 面板上的方式定义略有不同，但显示格式基本相同：ILS 方式与 APP 方式的显示功能是对应的；而 ND 方式与 MAP 方式也是对应的。在波音飞机上，中央方式可通过按压"中央（CTR）"电门来实现，显示 360°罗盘信息。对于扩展方式显示，只显示飞机前方70°弧段的罗盘信息；空客飞机可单独选择方式"ARC"，这种显示格式只显示90°弧段的罗盘信息，显示信息与中央方式基本相同。

1）ILS/APP 方式

在进近过程中，需要监控下滑航道偏差情况及地面电台的信息，在面板上设计了 ILS 或 APP 方式，这种方式主要显示基本导航信息、选择了的 ILS 地面电台和飞机相对于跑道位置的信息。

基本的导航信息有：飞机的符号、在中央方式、固定显示飞机符号在中央；而在扩展方式下，飞机符号显示在下部。在顶部显示飞机的实际航向值和航向基准、选择的航向/航迹指针、风向和风速、地速和真空速以及下一个航路点数据。

ILS 信息有：频率、识别码、选择的航道值及指针、同台安装的 DME 距离、LOC 和 GS 刻度和偏离杆。依靠 EFIS 面板上的 ADF/VOR 电门的选择，可以显示相关的信息，ADF 或 VOR 指针，地面电台的频率、方位、识别码及同台安装的 DME 距离、TCAS 及气象雷达信息等。如图 7.2 - 10 所示为 ILS/APP 方式。

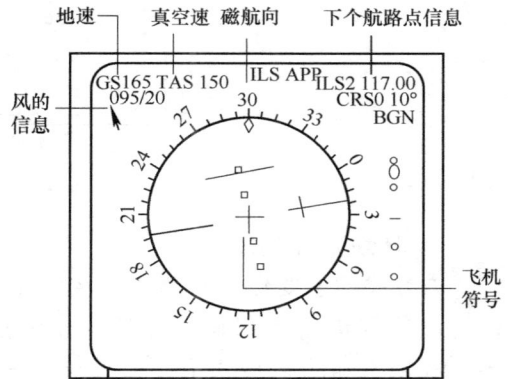

图 7.2 - 10　ILS/APP 方式

2）VOR 方式

此方式主要在进入航路时使用，显示飞机相对于 VOR 导航台的位置，以便跟踪飞机的飞行状况，同样能显示基本的导航信息和 VOR 台的信息。

基本的导航信息有：飞机的符号、在中央方式、固定显示飞机符号在中央；而在扩展方式下，飞机符号显示在下部。在顶部显示飞机的实际航向值和航向基准、选择的航向/航迹指针、风向和风速、地速和真空速以及下一个航路点数据。

VOR 信息：选择的 VOR 台频率、识别码、航道及 DME 距离、方位信息、VOR 航道指针及航道偏差、向/背台的指示及信息；同样可以显示 ADF、TCAS 及气象雷达信息等。如图 7.2 - 11 所示为 VOR 方式。

3）ND/MAP 方式

此方式主要是在巡航时使用，比较飞机位置与飞行计划的偏差，对飞机进行监控，显示基本导航信息和相关的信息。

基本的导航信息有：飞机的符号、在中央方式、固定显示飞机符号在中央；而在扩展方式下，飞机符号显示在下部。在顶部显示飞机的实际航迹值和航向基准、选择的航向/航迹指针、风向和风速、地速和真空速以及下一个航路点数据。

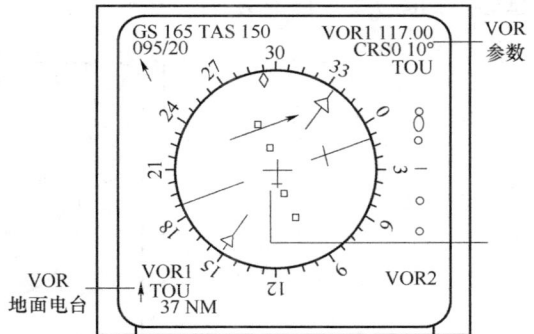

图 7.2 - 11　VOR 方式

其他信息有：飞机的飞行计划信息，下一个待飞航路点位置、识别码及待飞距离，航路点方位指示，估计到达下一个航路点的时间，并显示周围导航台、机场、跑道的位置及导航台的数据。在下降时，有垂直偏差的显示，同样可以显示 ADF、TCAS 及气象雷达信息等。如图 7.2 – 12 所示为 ND/MAP 方式。

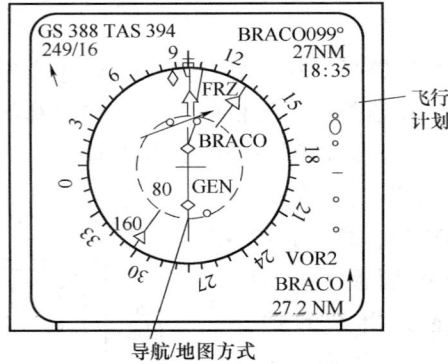

图 7.2 – 12　ND/MAP 方式

4）计划显示方式

该方式的主要作用是驾驶员在航前用来建立飞行计划并检查飞行计划数据。通过飞行管理计算机的控制显示组件（CDU）来完成，飞行计划的中心航路点在 CDU 上选择，选择不同的中心航路点即可控制显示不同航段的飞行计划；逐个航路点选择，即可控制显示逐段飞行计划，最终达到显示全部飞行计划的目的。

与其他显示方式不同的是：飞行计划显示在真北向上指向的航图上；飞机符号显示在目前的位置，并随着飞行计划移动，显示范围是以中心为原点（这点与 EHSI 显示不同）；无气象雷达信息显示。

显示的数据有：地速、真空速和风的数据，飞行计划上的航路点、目的地机场、跑道及备份机场信息，航路点的位置、标识、到达时间、距离，备份导航源指示，还显示 TCAS 信息等。如图 7.2 – 13 所示为计划显示方式。

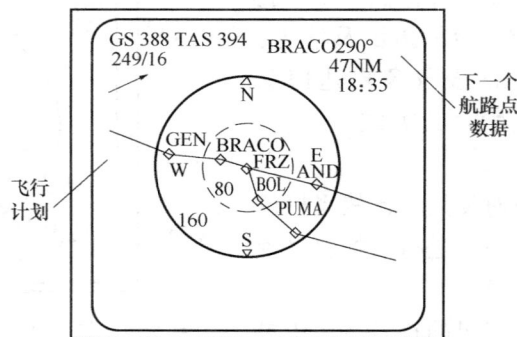

图 7.2 – 13　计划显示方式

5）弧段显示方式（ARC）

在空客飞机上，有专门的弧段"ARC"显示方式，与其他飞机的各种扩展方式的显示格式大致相同，显示基本的导航信息、飞行计划信息、航路点数据和气象雷达信息。此方式主要是用来显示气象雷达信息，通过各种颜色显示出前方的云、雨、冰雹的密度，提醒驾驶员避开这些危险区。如图 7.2 - 14 所示为弧段显示方式。

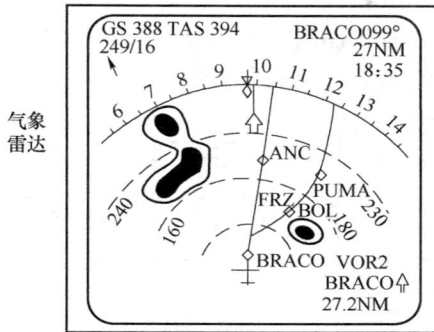

图 7.2 - 14　弧段显示方式

3. PFD/ND 警告显示

EFIS 主要从以下系统接收各种数据，如惯性基准系统提供的姿态和航向数据，大气数据系统提供的空速和高度数据，飞行管理系统提供的飞行计划和导航数据，自动飞行系统提供的飞行指引指令和工作方式，以用来监控各系统的工作。

由于机长和副驾驶的显示器的数据源来自不同的系统，当有单个信号源故障时，不会互相影响，此时，可通过选择备份系统来转换数据源，使系统显示正常。

如果这些信号源系统提供"无计算数据"时，用虚线代替原数据显示；当"数据无效"时，相应的数据显示会消失，显示空白；当"系统故障"时，则数据丢失并出现系统琥珀色的故障旗。驾驶员和地面机务维修人员即可通过该显示判断故障源。如图 7.2 - 15 所示为 PFD/ND 警告显示。

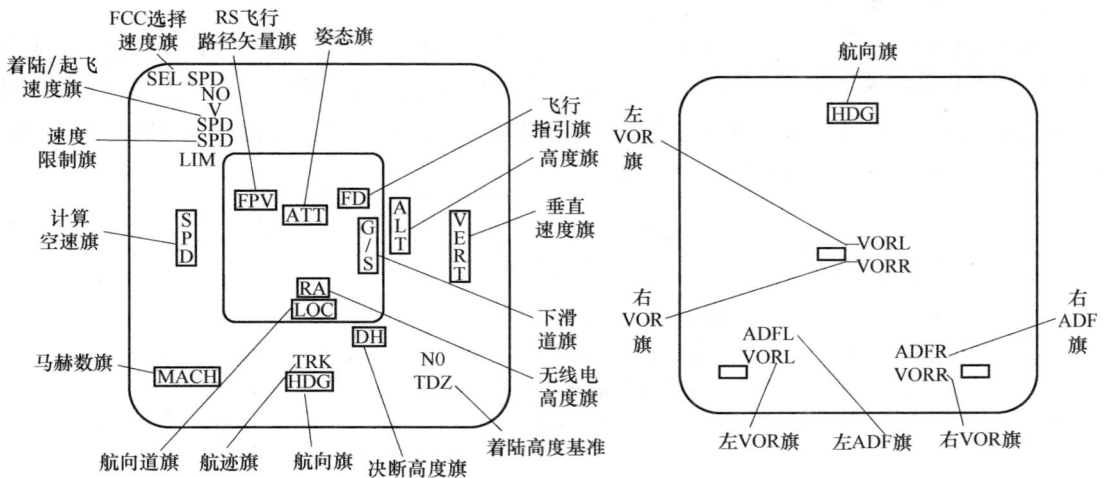

图 7.2 - 15　PFD/ND 警告显示

7.2.3 EFIS 的主要工作情况

1. EFIS 显示选择控制

由 EFIS 控制面板实施 EFIS 显示选择控制。EFIS 控制面板主要由电源组件、EADI 控制输入部分、中央处理器 CPU、EHSI 控制输入部分、数据管理和 ARINC – 429 发送接口组成。如图 7.2 – 16 所示为 EFIS 控制面板的组成方框图。

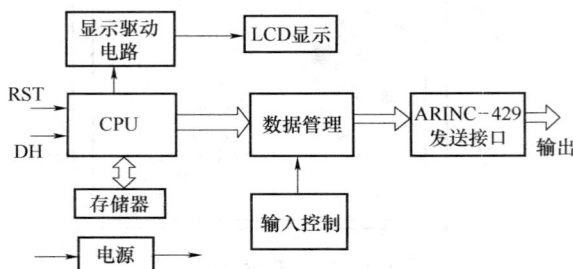

图 7.2 – 16　EFIS 控制面板的组成方框图

电源组件负责整个面板的正常工作和点亮相应的指示灯；亮度控制电位计提供人工亮度控制信号，EADI 亮度旋钮的改变，直接送给 EADI，而 EHSI 的亮度信号经符号产生器 SG，送给 EHSI；DH 高度可在存储器内调整（200 ft 以下）改变，在 CPU 控制下，经显示驱动电路，驱动面板上的 LCD 窗口显示；对于方式选择、范围设置、地图功能、气象雷达和交通（TFC）启动电门等离散输入，由输入控制电路控制，通过数据管理组件将输入的模拟或离散信号变为数字信号，经 ARINC – 429 发送口送给左（或右）和中符号产生器（SG）以及 FMC 和气象雷达系统。

2. 信息处理

显示管理计算机的主要功能是完成信号处理及显示驱动。它是 EFIS 信息处理的核心部件，但构型不同，其内部处理方式不同。主要有下面几种：

1）符号发生器（SG）

SG 接收外部来的信号，经内部处理后产生视频信号，送往 EADI 和 EHSI 上显示各种字符、背景图形和气象信息。如图 7.2 – 17 所示为符号发生器的原理方框图，内部主要由电源组件、输入/输出接口电路、微处理器 CPU、存储器、温度传感器、自测试/监控电路、显示控制器、光栅/笔画发生器和显示驱动电路组成。

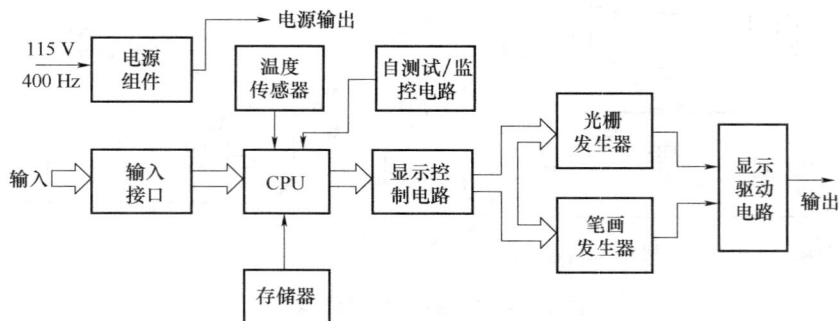

图 7.2 – 17　符号发生器原理方框图

电源组件将机上 115 V、400 Hz 电源变为符号发生器（SG）所需的电源。

输入接口电路中包含有处理器，具有信号预处理和多路输入功能，主要接收数字、模拟和离散信号输入，并变为数字信号输给主处理器 CPU，CPU 控制 EFIS 的所有功能，并将显示指令发给显示控制器。

显示控制电路用来接收主机的显示命令，并进行处理，然后传输给光栅和笔画发生器。光栅和字符发生器根据该指令的含义向 CRT 提供模拟偏转驱动信号和数字视频信号，即控制 CRT 增辉及电子束的偏转，显示器按照一定的扫描方式，将驱动信号形成所需要的图形或符号。

符号发生器提供的电子显示符号信息分为光栅和笔画书写两大类，其中光栅信息主要以扫描的方式提供较逼真的背景画面，在 EADI 显示器上，用光栅扫描的方式显示空/地球背景，而在 EHSI 显示器上用它显示气象雷达背景信息。笔画书写形式主要用于符号、字符、数字及线条的显示。在符号发生器中设置了两个光栅通道，这两个光栅通道分别提供 EADI 和 EHSI 的光栅扫描显示。此外还有一个笔画通道，用分时切换的方式提供两个显示器的符号显示。在符号发生器工作过程中，光栅扫描和笔画书写方式是在系统的时钟控制下切换操作的。当光栅在 EHSI 上扫描时，笔画就在 EADI 上书写，反之亦然。如果切换速率足够的话，就可显示无闪烁的稳定画面。

输出电路为显示器提供 X/Y 偏转信号、电子枪色彩控制信号、光强信号和光栅/笔画离散信号；内部有一继电器，由选择电门控制其选择左/右或中 SG 信号输出。

当温度传感器探测超温时，控制 SG 关断，防止损坏。自测试/故障监控电路可启动系统的自检，监控整个系统的工作状态，包括所有的 SG、显示组件和控制面板是否工作正常，并记录其故障在非易失存储器（NVM）中。一旦检测到系统故障，符号发生器将采取适当的措施停止光栅工作并显示故障信息或切断显示。

2）显示管理计算机

如图 7.2-18 所示为显示管理计算机的组成框图，除了外置接口和电源外，主要包括显示格式处理器、显示系统源管理器、PFD 显示产生器、ND 显示产生器和图像产生器。

显示格式处理器从外部接口接收已格式化的显示和转换输入数据后重新格式化，并将 PFD 和 ND 显示数据送到 PFD 和 ND 产生器。

图像产生器接收 PFD 和 ND 重新格式化的数据，然后转换成视频格式，通过接口送到显示器上显示。PFD 只有 1 个格式，而 ND 有 7 种格式。

PFD 和 ND 显示产生器是两个独立的数据格式处理单元，主要功能是为图像产生器重新格式化需要显示的数据。

7.2.4　EFIS 的维护实施

在 EFIS 整个工作过程中，需要对其各部件及接口的工作进行监控，并记录故障在非易失存储器里，以帮助维护人员进行故障隔离。

EFIS 测试的条件必须满足：飞机必须在地面上，且相关的测试电门被触发。系统测试是通过测试电门或某菜单的测试功能来启动系统的测试，对整个系统各主要部件的处理器、功能电路、存储器、输入/输出接口进行完整的检查，确定系统是否工作正常。

通过测试结果来检查系统的工作情况。测试格式的显示有：程序钉构型、光栅的颜色、

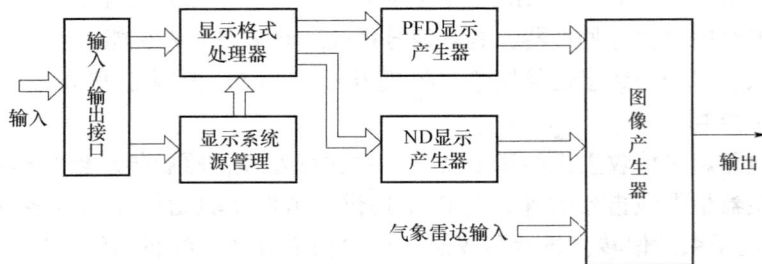

图 7.2 – 18　显示管理计算机的组成框图

各种字母/数字/符号、亮度以及系统构型（软、硬件件号）等。在这里介绍两种不同的操作方式。

1. 按压计算机前面板或驾驶舱面板上的测试按钮

某些飞机上，在驾驶舱的相应面板上设置了专门的测试电门，而在显示管理计算机前面板上有一测试按钮。当飞机停在地面上，按下任一测试电门，就可以启动测试，并将测试结果显示在 EADI 和 EHSI 上，如图 7.2 – 19 所示为测试显示示意图。

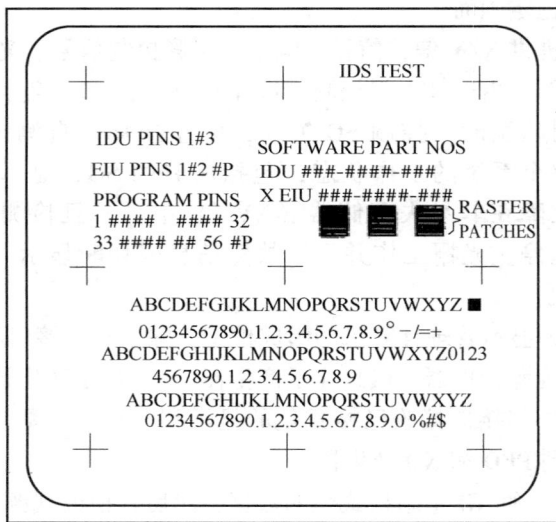

图 7.2 – 19　测试显示示意图

（1）测试结果显示 OK 或 FAIL，如果故障，会反映出：控制面板（CP）或显示组件（DU）或符号产生器的故障信息（SG）。

（2）光栅的主要颜色图标：红色、绿色、蓝色。

（3）显示相应的固定参数显示格式及数值。

另外，在 EHSI 上有：

（1）EFIS 控制面板，在其上按压或选择各种方式，测试相关的显示功能。

（2）当 WXR 接通时，显示气象雷达的各种颜色。

（3）TCAS 信息显示。

2. CDU 菜单测试方式

在地面通过 CDU 或 MCDU 作为接口选择 EFIS 测试功能，不同的构型，其菜单的测试项目稍有不同，但目的是对系统进行全面检查。如图 7.2 - 20 所示为 CDU 菜单测试示意图。

通过 CDU 进入主菜单后，选择维护菜单里的 EFIS 系统测试子菜单，得如图 7.2 - 20 所示的测试项目：目前状态、飞行中故障、地面测试、件号识别/构型检查、输入监控。

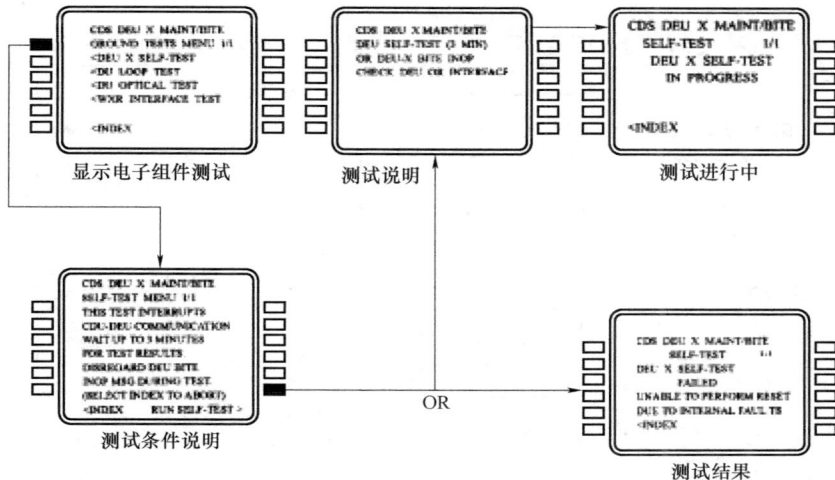

图 7.2 - 20　CDU 菜单测试示意图

目前状态是反映系统目前的工作状态是否正常，可查看显示管理计算机探测到目前的故障。飞行中故障是指在飞机航段中产生的故障信息将被存储在存储器里，以便维护时查找故障原因。件号识别/构型检查是监控系统的构型并显示件号。输入监控是监控离散输入状态。

地面测试：当按压相应的行选键时，启动此测试程序，将对系统进行全方位的检查，将结果显示出来并显示测试格式。如果有故障信息，将会显示与信息有关的内容，维护信息编号，通过进入故障隔离手册（FIM），查找故障原因。可能有故障的部件：根据系统的情况推断出最有问题的 LRU，如果故障不再存在，将会显示此信息不是活跃的（NOT ACTIVE）。

7.3　发动机指示和机组警告系统与电子中央飞机监控系统

在飞行过程中，驾驶员必须知道飞机各系统的异常状态，以便能了解问题的严重程度，及时采取适当的措施，确保飞行安全。当飞机落到地面后，维护人员能根据机组反映的故障情况以及系统的故障现象，进行检查、测试、排故，以保证航班的正常运行和飞机的安全。

为此，现代飞机（波音飞机）上装备有"发动机指示和机组警告系统"（EICAS），空客飞机叫作"电子中央飞机监控系统"（ECAM）。不同型号的飞机，其系统的基本组成略有不同，但功能是一样的，主要明显的区别是系统的构型、显示器的种类、显示控制方法及显示格式有所不同，计算机可采用 2 套或 3 套，而显示器可用 CRT 或 LCD。

7.3.1　EICAS 的组成

EICAS 的基本组成包括中央警告计算机、显示组件、相关的控制面板和警告提醒部件（包括警告灯和音响警告部件）。

如图 7.3 - 1 所示为 EICAS 系统的组成。

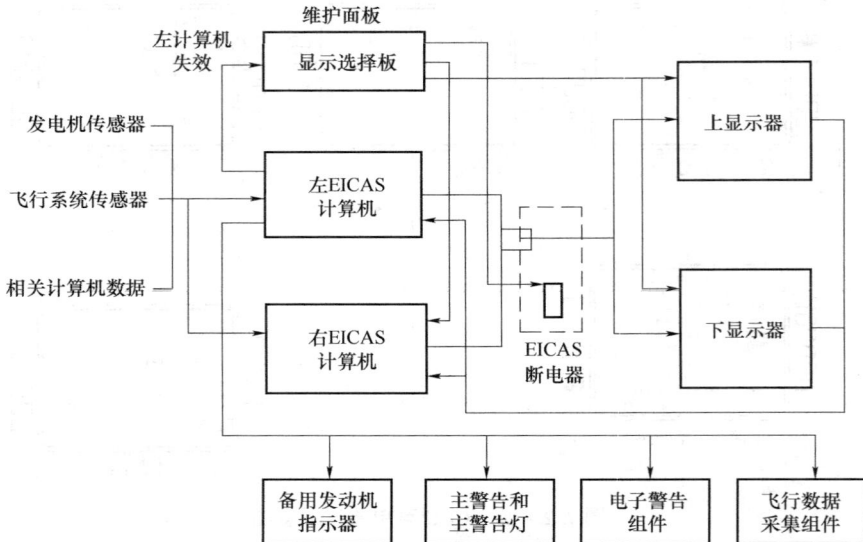

图 7.3 - 1　EICAS 系统的组成

一个典型 EICAS 系统包括两个 EICAS 计算机、两个显示器、两块控制面板（显示选择板和维护面板）、EICAS 继电器、取消/再显示电门、机长和副驾驶员主警告灯及音响警告部件，它们协同完成 EICAS 的各项功能。此系统正常工作时，由左 EICAS 计算机输出信号驱动两个显示器，右 EICAS 计算机为备份状态，一旦左 EICAS 计算机失效，系统自动转换为右 EICAS 计算机驱动显示。

1. EICAS 计算机

EICAS 计算机控制中央警告系统的所有功能，它们同时收集、处理并格式化发动机和飞机系统数据，然后产生警告信息和系统概况显示，并控制警告灯和音响警告。计算机也存储信息，为维护人员提供维护信息和维护参考数据，并可对系统本身进行自检。

同一飞机上的所有 EICAS 计算机均可互换，如果该系统只有两台计算机，定义为左、右计算机，同一时间仅一台计算机工作。当控制电门放于"自动"位置时，正常时自动选择左计算机，右计算机为备份状态。如果左计算机有故障，自动地转到右计算机控制，也可通过显示选择面板人工选择左或右计算机工作。

对于装有 3 套计算机的系统，左计算机负责上 EICAS 显示器及机长 EFIS 的工作，右计算机控制下 EICAS 显示器和副驾驶的 EFIS 显示，中计算机作为备份。当任一计算机故障时，会自动转到备份计算机。

2. 显示器

显示器是 EICAS 计算机进行图形显示的装置，它将数字视频信息转换成可见的彩色图形和字符。它由上、下两个显示器组成，上显示器显示发动机主要参数和机组警戒信息，而下显示器显示发动机的次要参数，或显示系统概况、状态信息和维护数据等。

如果上显示器失效，则自动转换到下显示器以紧凑格式显示，由继电器来控制上下显示格式的转换。如果两个显示器同时失效，则可人工控制通过多功能显示方式显示在任一导航显示器上，或有的飞机可借助备用发动机指示器和电子警告组件显示重要发动机参数和报警信息。

每个显示器的底部边缘都装有一个光传感器，用于亮度自动控制。

每个显示器的内部有温度监控电路，如果温度超温，显示将被关断，当自动冷却后，显示又恢复正常；对于 LCD 内部设有电源供应和背景灯的温度探测器，当探测的温度分别达到 110 ℃和 95 ℃时，会自动切断显示器的显示。当这种情况出现时，拆下相应的显示器，并清洁冷却滤网，即可恢复正常工作。

3. 显示选择面板

显示选择面板是 EICAS 系统的主要控制板，在飞行中或地面上都能为计算机提供所有控制功能，不同的 EICAS 构型，面板的功能有所不同。

如图 7.3 - 2 所示为综合计算机的控制和显示选择面板，其主要功能有：计算机控制电门，可选择自动或人工转换，当置于"左"或"右"时，相应的计算机驱动显示；当置于"自动"位时，正常由左计算机来驱动显示，如果左计算机有故障，系统会自动地转到右计算机。

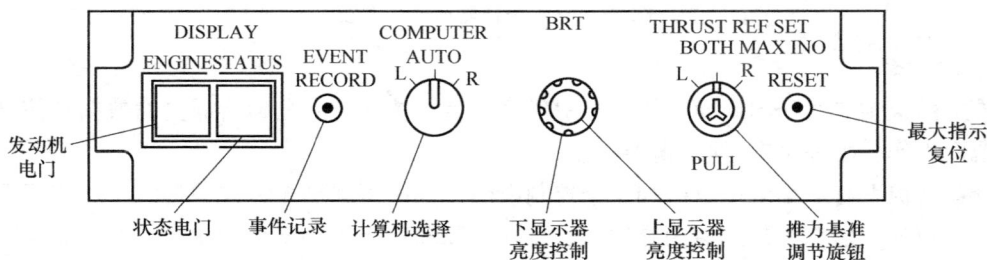

图 7.3 - 2　综合计算机的控制和显示选择面板

显示的控制有：

（1）显示选择电门：按压可在下显示器上显示发动机的次要参数或状态页。

（2）事件记录电门：人工同时将各子系统参数记录在非易失存储器里。

（3）显示亮度控制：内、外旋钮分别控制上、下显示器的亮度。

（4）推力基准设置电门：外侧为发动机基准选择旋钮，可选择左、右或两发动机的推力基准指示，内旋钮用来改变基准值，"按进"位为推力管理计算机自动选择，"拔出"位为人工选择。

（5）最大指示复位电门：当超限不再存在时，用以清除显示发动机超限数据控制。

为了能对更多的系统进行监控，有些 EICAS 系统将显示和计算机控制功能分为两个独立的面板，在显示选择面板上增加了各系统的显示控制，甚至在 CDU 菜单上设置了备份的显示选择面板功能，飞行时机组能及时监控飞机系统的异常情况。

如图 7.3 - 3 所示为另一种综合显示选择面板。在下显示器上显示多系统概况或状态页面，除发动机及状态页外，还可显示电源系统、燃油系统、环境控制系统、液压系统和起落架系统的概况图。

为了减少不十分紧迫的信息对驾驶人员的干扰，可按压"取消"按钮取消 B 级和 C 级信息；"取消"按钮还具有翻页作用，即在警告信息多于 1 页时，每按压一次"取消"按钮，就显示下页信息，直到 B 级和 C 级信息全部取消为止。按压"再显示"按钮，可重新显示那些被取消但故障仍存在的 B 级和 C 级信息。

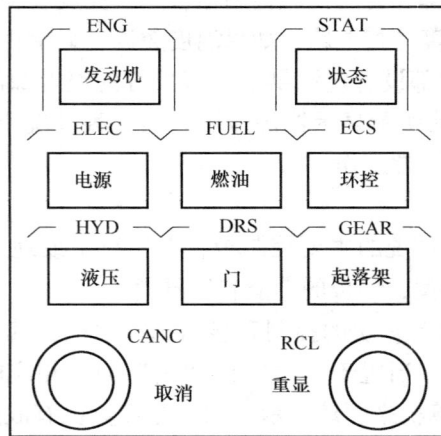

图 7.3 - 3　综合显示选择面板

4. 维护面板

维护面板主要用于向地面维护人员提供飞行后维护和排除故障所需的数据及信息，只能在地面工作，由一个空/地继电器控制。

维护面板上有一个测试电门和 9 个控制电门，其中可选择 5 种维护页面，这些页面所提供的维护数据和信息可帮助地面维护人员排除故障和检查主要系统的状况。维护面板还可以人工记录数据，阅读已存储的记录以及抹去在非易失存储器（NVM）中存储的自动或人工事件。如图 7.3 - 4 所示为维护面板，维护面板上各电门的控制功能如下。

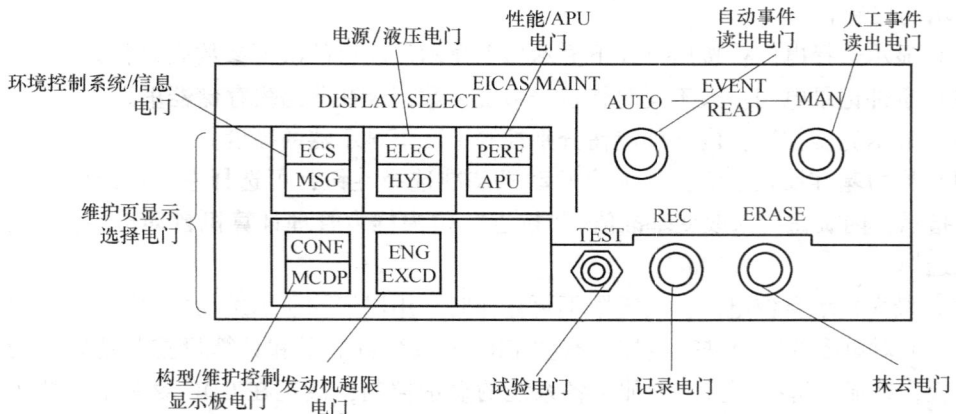

图 7.3 - 4　维护面板

1）系统显示选择电门

"环境控制系统/信息"电门、"电源/液压"电门、"性能/辅助动力装置"电门，按压显示相应的维护页面。

按压"环境控制系统/信息"电门可显示维护信息，维护信息也叫 M 级信息，信息区显示实时维护信息和已存储的状态和维护信息。每个页面最多可显示 11 条信息，如果多于 11 条信息，再按压此电门来翻页。

2）构型/维护控制显示板显示选择电门

按压电门，构型/维护控制显示板页面显示发动机构型信息、相关部件的件号和状态以及 MCDP 数据等。

3）发动机超限显示选择电门

按压电门，将存储的发动机超限参数的最大值和累计总时间显示出来。

4）事件读出电门

分为自动事件读出和人工事件读出。首先要选定任一维护页，再按压"事件读出"电门，将显示该格式记录的维护数据；按压"自动（AUTO）"电门则显示 EICAS 自动事件记录的数据；按压"人工（MAN）"电门则显示原来用事件记录电门（在显示选择板上）或用记录电门（在维护面板上）人工记录的数据。

5）记录电门

记录电门用于在 NVM 中记录维护数据，只能在地面上记录，并且当所选定任一维护页实时显示时，按压"REC"电门才能实时记录。数据的记录要经过显示板的事件记录电门，它们共享一个存储器。最后的记录将冲掉先前的存储数据，只有最后的数据才可以显示出来。

6）抹去电门

抹去电门用于抹去原来存储在 NVM 中的数据。抹去电门的使用方法是：

（1）按压维护面板上的任一系统显示选择电门；

（2）按压"自动事件读出"或"人工事件读出"电门；

（3）按压"抹去"电门 3 s 以上，这样信息就可抹去。抹去发动机超限值时，只需按"ENG EXCD"和按"ERASE"电门即可，不需要按"AUTO"或"MAN"电门。用同样的方法，也可抹去锁定的 EICAS 状态信息。

7）试验电门（TEST）

当飞机停留在地面上并踩下停留刹车时，按压"TEST"电门可以启动 BITE 自检程序，在两个显示器上出现自检格式，并显示测试结果。但每次只能测试 EICAS 的一个计算机通道，需要转换计算机控制电门来测试另一台计算机。当自检结束后，再按压"试验"电门即可回到全格式显示。

5. 显示转换面板

显示转换面板是用来转换 EICAS 的显示格式，当显示器有故障时，可用备份的显示。有两个相同的机长和副驾驶转换面板，每个面板上的下显示器选择电门有"正常""导航"和"主 EICAS"位，可选择主 EICAS 信息或导航信息在下显示器上显示。当内侧导航显示器选择电门放于"EICAS"位时，也可显示 EICAS 信息，如图 7.3 - 5 所示为显示转换面板。

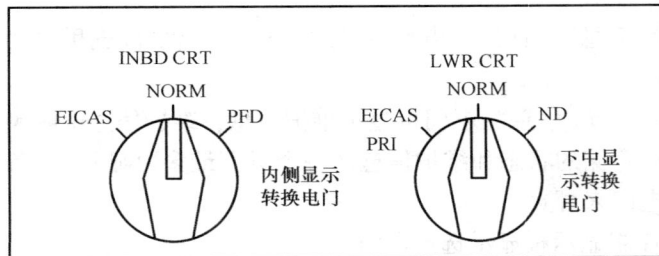

图 7.3 - 5　显示转换面板

6. 提醒注意获得器

提醒注意获得器由主警告灯、警戒灯和相关的音响警告组成，警告灯为红色灯，警戒灯为琥珀色灯，这两种灯为一组，分别装在遮光板两侧。当有一警告产生，主警告灯连续闪亮，并伴有连续的音响警告；当有一警戒级别的警告产生时，警戒灯稳亮并产生一声单谐音的音响警告。同时，机组可按压灯来复位相应的警告。

7.3.2　EICAS 的显示

根据系统的功能和使用要求，不管飞机是在空中还是在地面，都应该有各种显示方式，以满足机组飞行和维护工作的需要。该系统设计成多种显示方式，主要有工作方式、状态方式、系统概要方式和维护方式。

1. 飞行前和飞行中的正常显示

EICAS 设计为飞行前检查、飞行中各飞行阶段及飞行后维护都能自动监控和显示数据。其自动和人工事件记录减轻了驾驶人员的负担，增加了地面维护的方便性。

1）接通电源时的显示

飞机停留在地面，当接通电源时，全部发动机参数自动出现，上显示器显示主要发动机参数，下显示器显示次要发动机参数，这种显示方式称为全格式显示。

2）飞机起飞前的显示

飞行前为了检查飞机系统状况，按压显示选择板上的"状态"电门，上显示器仍显示主要发动机参数，下显示器变为状态页，提供状态信息，以确定飞机放飞的准备条件，即显示与最少设备清单相关的内容。

为了监控发动机的启动，按压显示选择板上的"发动机"电门，则返回到上显示器显示主要发动机参数，下显示器显示次要发动机参数，用以监控发动机的启动过程。

3）飞行中的正常显示

在飞行中，EICAS 的显示器显示主要发动机参数和警告信息，以便驾驶人员连续监控。为了减轻驾驶人员的负担，更有效地监控发动机参数，在正常飞行时，下显示器设计为空白。

2. 发动机主显示格式

在正常的工作中，当通电时主显示格式在 EICAS 显示器上显示，如图 7.3 - 6 所示为 EICAS 主显示器。驾驶员通过监视显示信息的颜色改变来及时了解系统的工作情况。不同的机型显示信息的内容略有不同。

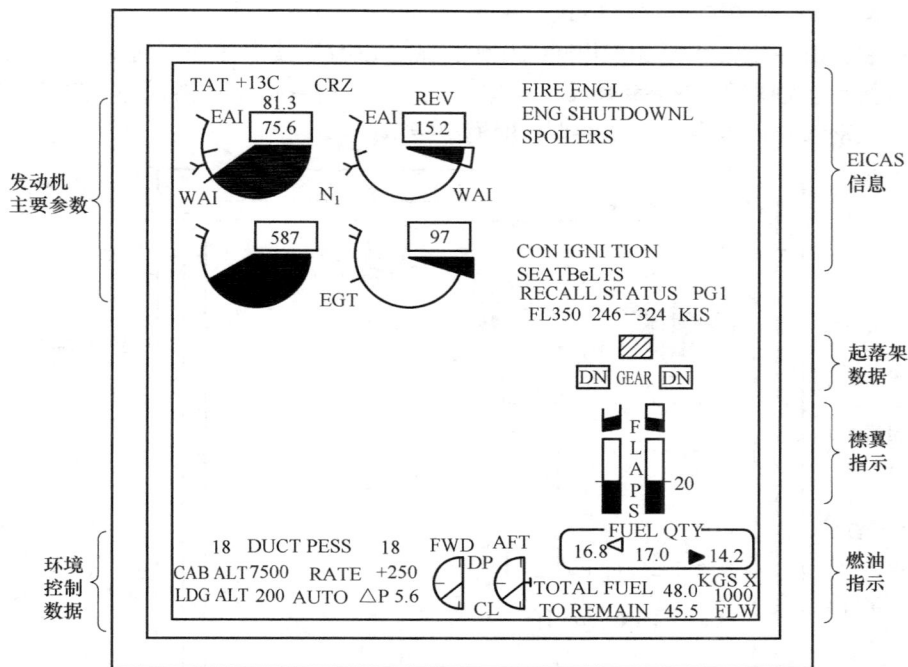

图 7.3 - 6　EICAS 主显示器

主要参数：发动机压力比（EPR）、低压转子的转速（N_1）和发动机排气温度（EGT），它们在显示器上都有实际值、目标值和指令值，并由数字读出和模拟指针指示，在刻度盘上有最大的限制指示，这些主要参数会被全程监控。

在主要参数的上部指示大气总温、假设温度和推力限制方式。

警告信息区：警告信息按照级别的高低自动依次显示，不同的构型系统有不同的信息种类，显示的区域也不同。主要有红色的 A 级警告信息，琥珀色的 B 级警戒信息和琥珀色的 C 级注意（咨询）信息。有些 EICAS 信息区还包含有备忘信息和其他信息。

状态提示符：当出现新的状态信息而不显示状态页时，将在上显示器显示状态提示符。可以由不同的方式指示，如 7 个 "V" 或 "STATUS"。当选择了状态页后，提示符消失。

空中启动包线：显示在警告信息的下面，如果有任何发动机空中停车，当要重新启动时，给出空速限制范围。

环境控制系统参数：在主要参数的下面，显示管道压力、座舱高度及其变化率、座舱压差、着陆高度等参数。

起落架和襟翼位置指示：在显示器的右下角，分别显示起落架和襟翼位置，以不同颜色表示起落架的放下并上锁、收上并上锁、收/放中和故障情况，襟翼的正常工作位置、移动状态和故障状态。

燃油数据：显示总燃油量、燃油温度和抛油后最大的剩油量。

3. 发动机次要参数显示

如图 7.3 - 7 所示，发动机次要参数通常在下显示器上显示，通电时自动显示或按压显示选择面板上的 "发动机" 电门显示，如果再按压，其显示为空白。

显示的参数有：高压转子的转速（N_2）、燃油流量、滑油压力、滑油温度、滑油量、振动系数等。N_2 和 N_1 有相同的显示格式，在 N_2 下面显示燃油流量，单位是 t（lb）/h，但它没有超差指示；滑油压力和温度有相同的显示格式，以数字读出和垂直刻度模拟指示，在刻度上有限制指示，油温的单位为摄氏度（℃），同样有超差指示；滑油量只以数字形式读出；发动机振动参数以数字读出和垂直刻度模拟指示。

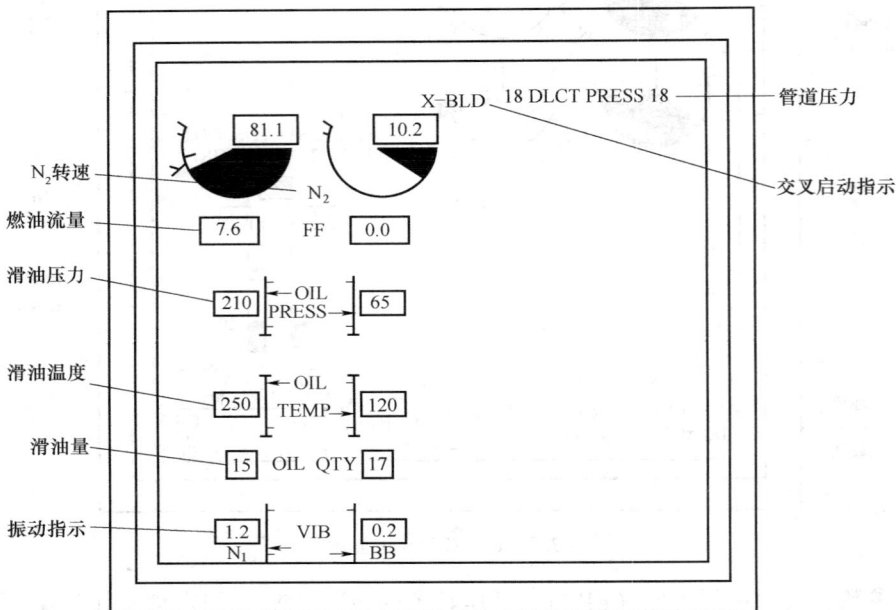

图 7.3 - 7　发动机次要参数显示

4. 紧凑格式显示

紧凑格式分为紧凑全格式和紧凑部分格式。

1）紧凑全格式

紧凑全格式显示是指发动机主要参数和次要参数显示在同一显示器上，如图 7.3 - 8 所示（为某种型号显示器的显示格式）。其有两种情况：有一个 EICAS 显示器故障，或飞机在地面下 EICAS 显示器显示维护页。在显示器出故障前，只要全部次要参数显示在下显示器上，那么不论哪个显示器失效，则正常的显示器将显示紧凑全格式。如果在下显示器选择维护格式显示，则上显示器显示紧凑全格式。

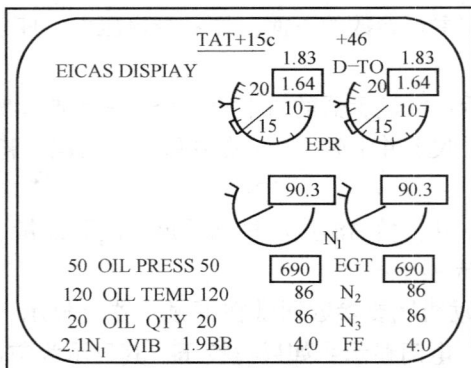

图 7.3 - 8　紧凑全格式显示

2）紧凑部分格式

出现条件为：当某台显示器失效后，且某一次要发动机参数（N_2、滑油参数、振动系数）出现超限，则超限参数以紧凑部分格式自动显示出来，如图 7.3 -9 所示为紧凑部分格式显示。

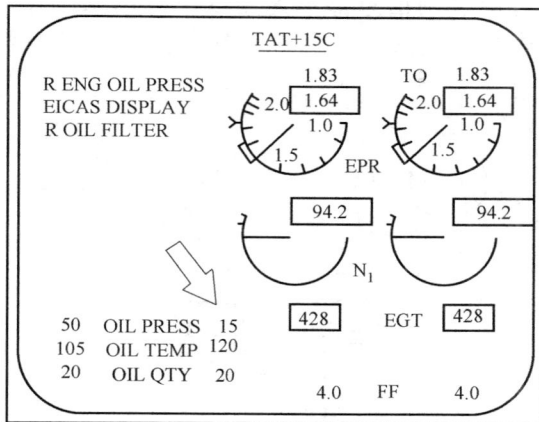

TAT+15C

R ENG OIL PRESS
EICAS DISPLAY
R OIL FILTER

1.83　TO　1.83
1.64　　　1.64
2.0　　　2.0
1.0　　　1.0
1.5　EPR　1.5

94.2　　　94.2
N_1

428　EGT　428

50　OIL PRESS　15
105　OIL TEMP　120
20　OIL QTY　20

4.0　FF　4.0

图 7.3 -9　紧凑部分格式显示

5. 发动机超限显示

1）黄带抑制

发动机工作正常，但在飞机起飞和复飞时，需要短时大推力才能完成这个飞行阶段，此时的发动机参数 N_1、EGT、N_2 等都将超过正常值。但按 FAA（Federal Aviation Administration，美国联邦航空管理局）条例，起飞限时为 5 min，即参数在此区域 5 min 内，不进行黄、红带监控及超限存储记录；或者选定别的推力方式 20 s 内，黄、红带监控及超限存储记录也被抑制，这两种情况都称为"黄带抑制"。就是说，发动机某些参数的短时超限是允许的，这属于发动机的正常工作。

2）发动机工作不正常——参数超限

发动机的主要参数 EPR、N_1、EGT 是全时显示的，但次要发动机参数正常时不显示。只有当次要发动机参数超限时，才在下显示器上显示相应的超限参数。

当发动机工作不正常时，所有超限参数的模拟指标、模拟刻度盘、数字方框和数字等均变为黄色（或红色）；同时在数字方框下出现白色最大超限读数，并进行参数超限累计计时和动态最大超限读数刷新。当采取处理措施使超限参数恢复正常后，参数超限计时停止，但数字方框下的白色最大超限读数仍然保留。只有按压显示选择板上的"取消"电门或面板上专门设置的"最大指示复位"按钮后，白色最大超限读数才能消除，但不能抹掉在非易失存储器中的存储记录。

6. 机组警告信息

机组警告信息主要是为机组人员在飞行过程中设计的，按照其需要采取措施的紧迫程度可分为警告（A 级）、告诫（B 级）和注意（C 级）三个等级，并显示在上显示器上。每页最多可显示 11 条信息，如果多于 11 条，在信息的下面会有页码显示，可用取消/重显电门来翻页。根据功能的不同，有些 EICAS 系统还可显示其他信息，如通信信息和备忘信息等。以白色显示来提醒机组有些系统已在正常工作，没有音响警告和警告灯被点亮。

1）A 级信息

A 级信息为红色的警告信息，级别最高，显示在其他信息的前面，当信息出现时会有红色主警告灯亮，并有连续强烈的音响，要求机组人员立即采取措施。最后出现的 A 级信息显示在前面，所有此级别信息都不能用取消电门来删除。可用主警告灯复位电门来复位音响警告和警告灯，但信息会一直存在直至故障现象消失。如图 7.3 – 10 所示为 A 级警告信息。

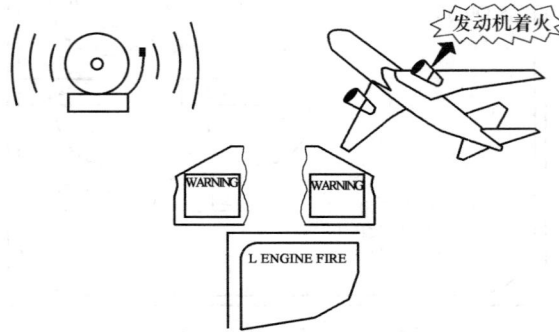

图 7.3 – 10　A 级警告信息

2）B 级信息

B 级信息为琥珀色警戒信息，跟在 A 级警告信息后面，该信息出现时伴有琥珀色主告诫灯亮，并有柔和断续音响，要求机组人员尽快采取措施。新出现的信息显示在同级别信息的前面，可用取消/重显电门来删除此级别的信息，如果故障仍在，再次按压此电门信息又显示出来。主告诫灯复位电门可复位音响和警戒灯，但不能删除此信息。如图 7.3 – 11 所示为 B 级告诫信息。

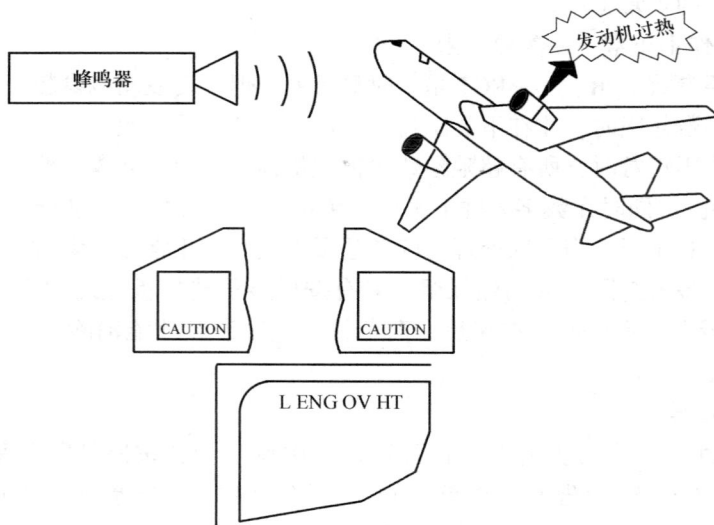

图 7.3 – 11　B 级告诫信息

3）C 级信息

C 级信息为琥珀色注意信息，排在 B 级信息之后，为了与 B 级信息相区别，向右退一格显示。当此类故障出现时，仅有信息显示，没有灯光和音响警告，机组人员可以在适当的时候采取措施。新出现的信息显示在同级别信息的前面，可用"取消/重显"电门来删除此级别的信息，如果故障仍在，再次按压此电门信息又显示出来。如图 7.3 – 12 所示为 C 级注意信息。

另外，EICAS 有抑制信息出现的功能，在发动机启动或关车期间，甚至某些重要的飞行阶段，如起飞或者着陆，为了不分散驾驶员的注意力，影响飞行安全，对 EICAS 信息、警告灯和音响警告进行抑制，警告信息不被显示出来。当抑制条件不再存在，信息会自动显示。

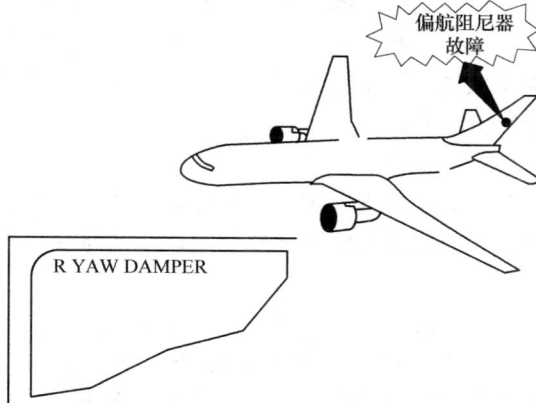

图 7.3 – 12　C 级注意信息

7. 状态页显示

状态页主要显示飞机的放行状态和系统数据，需要根据最低设备放行清单（MEL）来确定此状态下的飞机能否放行，显示在下显示器上。如果两台显示器都处于完好状态，状态方式在地面或空中都可以使用。如图 7.3 – 13 所示为状态页显示。

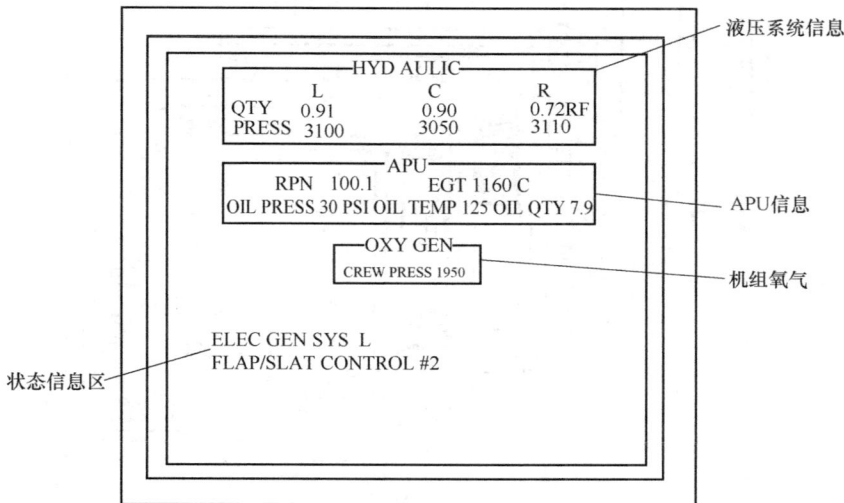

图 7.3 – 13　状态页显示

按压显示选择面板上的"状态"按钮来显示状态页，主要信息有：液压系统参数、APU 参数、氧气、飞行控制舵面状态等以及状态信息。在飞行中通常不需要使用状态方式。如果下显示器不在状态页，当某一系统状态发生变化时，会在上显示器上显示状态提示符，只有驾驶人员认为需要查看时，按压"状态"电门才显示状态页。如果这种异常状态过一段时间后不再存在，状态提示符也自动消失。

状态信息也叫 S 级信息，当有信息出现时，需要按 MEL 来确定飞机的放行状态。信息显示为白色，最新信息显示在顶部，每页最多可显示 11 条信息，如果多于 11 条信息，可再次按压"状态"按钮来翻页。

状态信息对维护飞机很重要，所有的信息被送到 CMS 处理。状态信息主要分为锁定的和非锁定的两种。锁定的状态信息被存储在 EICAS 计算机的 NVM 里，它可以是活跃的或非活跃的，当故障被排除后，该信息仍会显示，需要通过特殊的程序来删除此信息，可通过 CDU 或面板上的抹除功能来实现。而非锁定的状态信息是不会被 EICAS 计算机存储起来的，当故障被排除后，信息会自动消失。

8. 概要页显示

概要显示格式以图示来显示各飞机系统，是一种动态的实时数据显示，并以各种不同颜色来显示系统构型和状态，系统的这些构型和驾驶舱顶板的布局相似，以使机组人员容易识别系统的异常情况。

系统和系统概要页主要显示在下显示器上，由人工控制。不同的显示选择面板构型，可有不同的系统选择按键，如图 7.3-14 所示为概况图显示格式，共有 6 个系统按键：电源系统、燃油系统、环境控制系统、液压系统、门页和起落架系统，有些面板还有飞行操纵系统选择键。不管是在空中还是在地面上，按压显示选择面板上的系统按键，都可显示实时的相应系统数据，如果第二次按压同样的键，则显示消失。

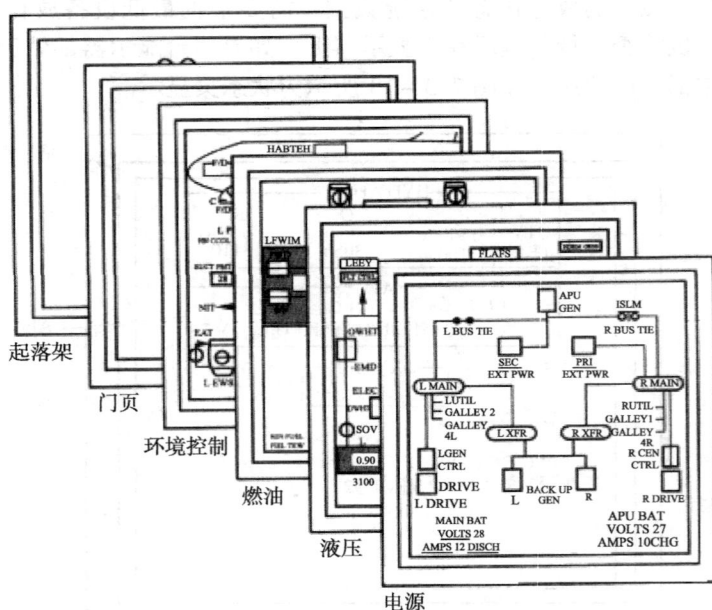

图 7.3-14　概况图显示格式

不同的显示颜色，有不同的含义：红色表示警告级别、限制或超限；琥珀色表示警戒级别、限制、超限或故障；品红色表示指令或目标值；蓝色表示予位状态；绿色表示接通状态或流量；灰色表示实际飞机状态；白色表示断开或无效数据。

9. 维护页显示

当飞机回到地面后，维护人员需要查看系统所记录的维护数据和信息，才能及时、有效地排除故障。该系统设置了维护页功能，维护页主要是在下显示器上显示系统的数据，它们也可以被打印出来或通过数据链发送到地面站。根据不同的构型，维护页的格式和数量各有不同，可选装任一种途径进入维护页：维护面板或 CDU 维护页菜单，它们有相同的基本选择功能。

每个系统的维护页显示方式最多有三种：实时显示、人工快照和自动快照显示。实时显示方式是指显示系统当时的动态数据；人工快照（人工事件）和自动快照（自动事件）方式则显示各自存储在 NVM 中的数据。当按压显示选择面板上的"事件记录"按钮或维护面板上的"事件"按钮或 CDU 菜单相应功能键（如果选装 CDU 维护菜单功能的），可将人工快照记录在 NVM 里。在每个飞行段，每个系统最多可记录 5 幅人工快照。

自动快照有专用的 NVM，当某些系统的参数出现超限时，会自动地产生快照，并存储在 NVM 里，每个系统最多可以记录 5 幅自动快照。

如图 7.3 - 15 所示为 CDU 的维护页菜单，各系统的维护页清单是按 ATA 章节来排列的。在维护页的主菜单里，按压相应的行选键，可删除或记录所有系统的维护页。而在每个系统的维护页上，可选择系统的实时显示、人工记录、人工快照显示、自动快照显示，也可

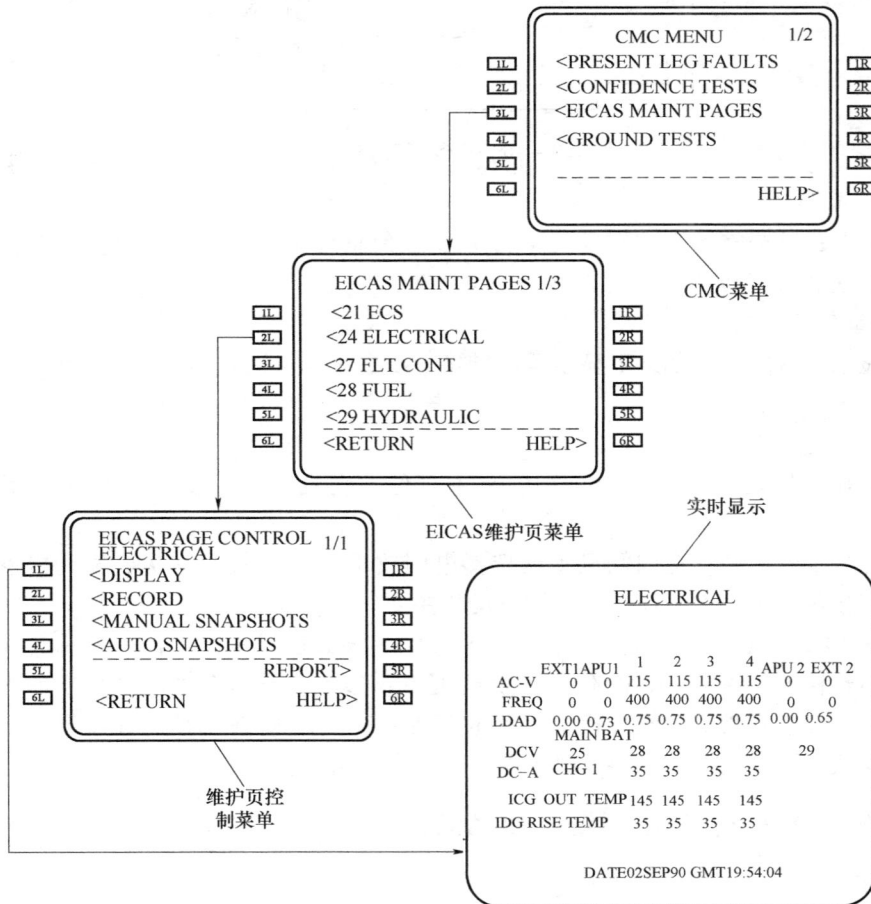

图 7.3 - 15　CDU 的维护页菜单

删除或报告系统维护页。

7.3.3 EICAS 系统的异常显示

1. 显示选择板故障

当显示选择板失效后，则上显示器显示主要发动机参数，下显示器由原来空白转为自动显示次要发动机参数，并且维护面板和"取消/重显"按钮也不起作用。

2. 参数数据丢失或无效

某参数数据通道不起作用时，模拟指针消失，数字变为空白，如图7.3-16所示。图中EGT为无效或丢失，可选用另一台 EICAS 计算机驱动显示；如仍然不变，则应检查输入数据通道。

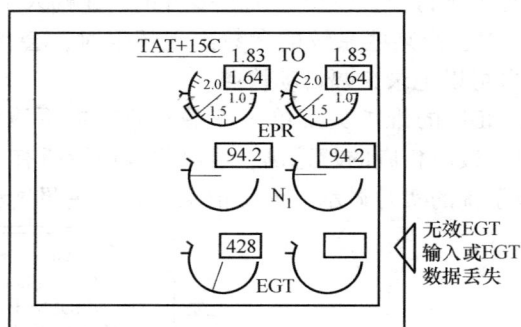

图 7.3-16 参数资料丢失或失效

3. 显示转换

当显示器故障或有特殊的需求时可将 EICAS 信息移到备份的显示器上显示。显示转换分为自动转换和人工转换，如图7.3-5所示。

1）自动转换方式

当上显示器故障时，如果下显示器的转换电门在正常位，发动机主要参数会自动转到下显示器上显示。

2）人工转换方式

如果下显示器转换电门置于"EICAS 主"位，则发动机主要参数会移到下显示器上显示。

如果上显示器故障，把内侧显示器选择电门放于 EICAS 位，则次要发动机参数会显示在内侧导航显示器上，而下显示器显示发动机主要参数。

如果两 EICAS 显示器都故障，暂时没有 EICAS 参数被显示，当任一显示转换面板上的内侧显示器转换电门置于 EICAS 位，则发动机主要参数会显示在第一个转换的内侧显示器上；如果机长和副驾驶的内侧转换电门都放于 EICAS 位，则在机长的导航显示器上显示发动机主要参数，而在副驾驶的导航显示器上显示发动机次要参数。

7.3.4 电子中央飞机监控系统（ECAM）

1. 概述

在空客飞机上，都装有 ECAM 系统，称为电子中央飞机监控系统，其基本功能与其他飞机的 EICAS 系统相似，主要是监控发动机参数及飞机系统的警告指示。与 EICAS 的主要区别是显示能力和显示格式略有不同，其显示的信息也分 3 个级别，使飞行机组容易意识到各种警告的严重程度。如图 7.3 – 17 所示为 ECAM 的显示格式。

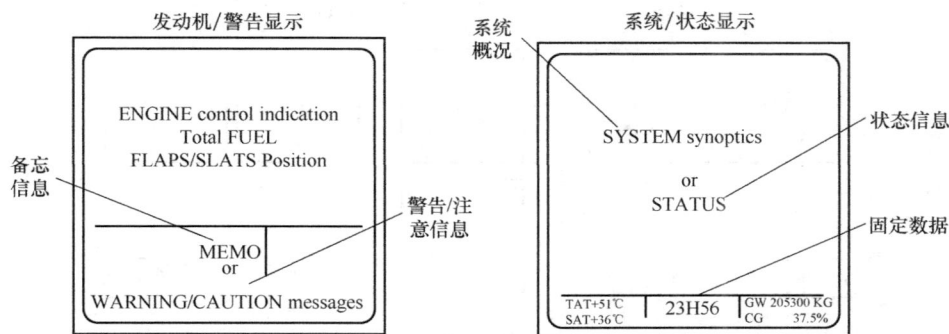

图 7.3 – 17　ECAM 的显示格式

ECAM 系统主要由 2 个显示器（CRT 或 LCD）、3 个显示管理计算机（DMC）、2 个系统数据集获器（SDAC）、2 个飞行警告计算机（FWC）、1 个 ECAM 控制板、显示转换面板及目视和音响警告系统所组成，如图 7.3 – 18 所示。

每个 DMC 通过其接口从飞机传感器和计算机直接输入需要显示的数据，同时从两个 SDAC 接收飞机系统参数，从 FWC 接收备忘信息，经处理后送到显示器上显示。正常时，DMC1 负责机长的 EFIS 和上 ECAM 显示，DMC2 负责副驾驶的 EFIS 和下 ECAM 显示，DMC3 作为备份。

当系统探测到需要警告的信息时，则通过 DMC 将警告信息在 ECAM 显示器上显示，并触发相应的警告灯点亮和发出音响警告。

每一警告灯是由两个灯组成的，每个灯分别由一个 FWC 控制，当有一个 FWC 故障，不会影响到警告灯的工作。当系统有任何一个 DMC、一个 FWC 和一个 SDAC 同时故障时，系统仍能正常工作。

2. ECAM 系统的部件

1）显示器

在中央仪表板上有两个相同的显示器，用来显示 ECAM 信息，上显示器称为发动机警告显示器（E/WD），显示发动机和燃油参数、检查单和警告信息以及襟翼/缝翼位置；下显示器称为系统或状态显示器（SD），显示各系统概况页面、状态信息页面和一些固定参数。

2）显示管理计算机（DMC）

3 个 DMC 功能相同，可以互换。其处理 SDACS 的输入数据，产生飞机系统信息并显示在 SD 上；采用 FWCS 来的信号，处理后在 E/WD 的下部显示飞机信息；也直接从飞机系统中采集数据，处理后显示在 E/WD 的上部。

3）系统数据集获器（SDAC）

两个 SDAC 功能相同，可以互换。它们接收飞机系统的数据，将其数字化后送给 DMC，并将那些对应于琥珀色警告信号的数据进行集中处理，数字化后送到飞行警告计算机，以产生琥珀色的警告。

4）飞行警告计算机（FWC）

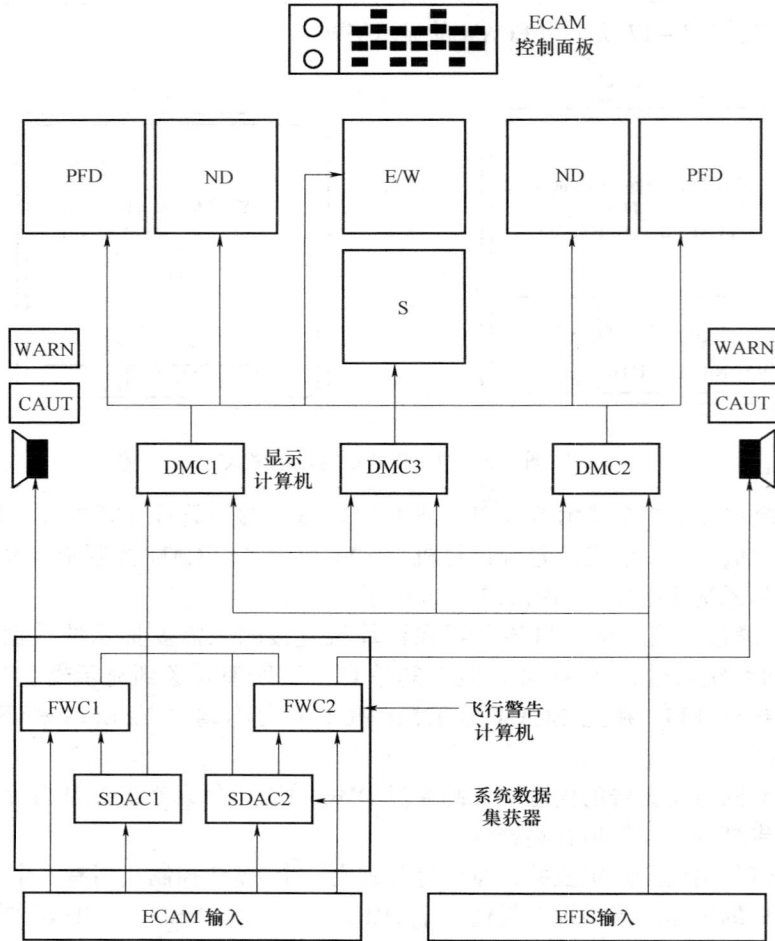

图 7.3 – 18　ECAM 系统组成原理图

两个 FWC 功能相同，也是可以互换的。FWC 监控飞机系统和计算飞行阶段，是 ECAM 系统的核心部分，直接从飞机系统计算机采集对应于红色警告的数据，也接收两个 SDAC 的琥珀色警告数据，每个 FWC 对这些数据进行计算、处理，生成相应的警告信息显示在 E/WD 上，并控制相应的警告灯和产生音响警告。

5）ECAM 控制面板

提供 ECAM 的控制，主要有：显示器亮度调节旋钮、起飞构型检查按键、紧急取消按键、状态页或系统页选择键、取消或再调出警告信息（红色警告除外）电门。紧急取消按键可以取消所有的音响和警告信息（红色警告信息除外）。当 ECAM 控制面板失效后，可用"全部"（ALL）按钮以 1 页/s 的速度逐一调出各系统页面，当选择到所需的系统页面时，松开按钮即停留在该显示页。有的面板还有跳开关（C/B）监控功能。如果被监控的跳开关是在打开位，当按压此电门时，会显示相应的信息。

ECAM 控制面板如图 7.3 – 19 所示。

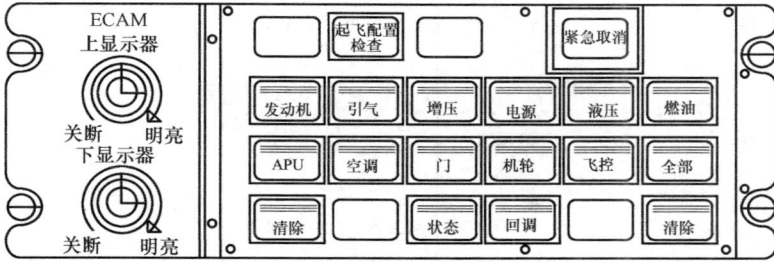

图 7.3 - 19　ECAM 控制面板

6）目视和音响警告部件

提醒器由主警告灯、主警戒灯和相关的音响警告组成。主警告灯是红色的，当其闪亮时会伴有连续的音响警告；主警戒灯是稳亮的琥珀色灯，当其被点亮时会伴有单谐音的音响警告；这两个警告灯也有按压复位相应警告的功能。如图 7.3 - 20 所示为主警告灯和主警戒灯。

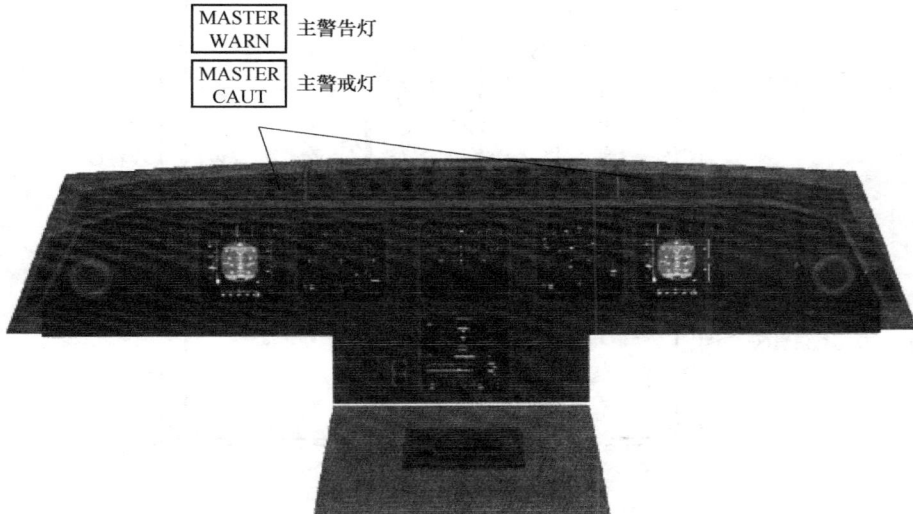

图 7.3 - 20　主警告灯和主警戒灯

7）ECAM 转换面板

DMC 转换旋钮：设有正常位、机长和副驾驶的备份位。通常放在正常位，此时，DMC1 负责机长的 EFIS 显示和上 ECAM 显示；DMC2 负责副驾驶的 EFIS 显示和下 ECAM 显示；DMC3 作为备份。当选择机长或副驾驶备份位时，由 DMC3 驱动相应的显示。

ECAM 转换旋钮：设有正常位、机长位和副驾驶位。通常放于正常位，当放于机长或副驾驶位时，可将 ECAM 显示转到机长或副驾驶的导航显示器（ND）上显示。如图 7.3 - 21 所示为 ECAM 转换面板。

3. ECAM 显示内容

1）发动机和警告（E/W）显示

发动机和警告（E/W）显示通常连续显示在上 ECAM 显示器上。E/W 显示分为上、下

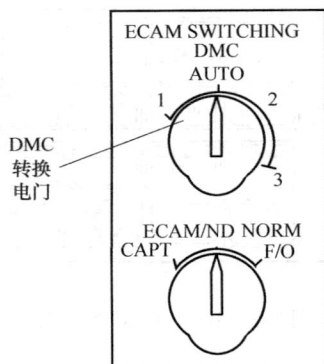

图 7.3 – 21 ECAM 转换面板

两个区域：上部区域以模拟和/或数字的形式显示发动机的主要参数、机载燃油量和襟翼/缝翼位置；下部区域显示警告信息和备忘信息。如图 7.3 –22 所示为 E/W 显示格式。

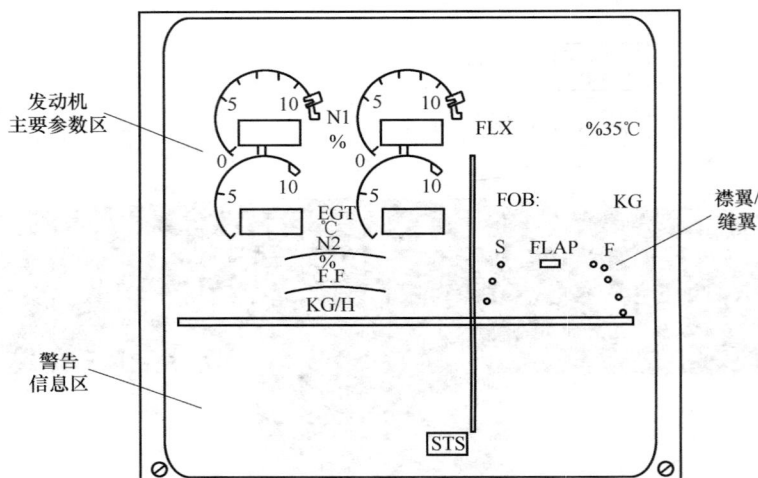

图 7.3 –22　E/W 显示格式

　　警告信息和备忘信息区分为左、右两个区域。备忘信息指的是临时选择的飞机系统或功能信息。左备忘区可显示的信息有：起飞或着陆备忘信息、正常备忘信息、独立或主故障警告信息及相关的执行措施（即检查单）。警告信息的优先权高于备忘信息。正常情况下，警告信息以红色或琥珀色显示，备忘信息或检查单以绿色显示，需采取措施或需执行的工作则以蓝色显示。

　　右备忘区可显示正常备忘信息和琥珀色次要故障信息。在起飞和着陆期间，为防止分散机组人员的注意力，不会马上显示警告信息，只显示起飞或着陆抑制信息。

　　在 E/W 显示器上还会显示状态提示符、咨询警告信息和信息溢出符号。状态提示符"STS"显示表示有状态信息出现，但系统不在状态页。当系统参数超出正常范围时，相应的参数会闪烁，同时会出现闪烁"ADV"。如果警告信息过多，超过左备忘区显示限制，需要以标题形式显示在右备忘区，会显示一个箭头。

　　2）系统或状态显示（S 显示）

系统或状态页通常显示在下 ECAM 显示器上。显示页分为上、下两个区域，上部区域显示系统页或状态页，在巡航阶段，自动显示巡航页；而下部区域仍固定显示温度、时间和重量等参数。

（1）系统页。

系统页可人工或自动显示，通过按压 ECAM 控制板上的相应按钮可以显示系统页，或当某一系统有故障时，自动地显示。系统页包括：引气页（BLEED）、空调页（COND）、座舱压力页（PRESS）、电源页（ELEC）、飞行操纵页（F/CTL）、燃油页（FUEL）、液压页（HYD）、APU 页（APU）、次要发动机参数页（ENG）、门页（DOOR）和轮页（WHEEL）等。如图 7.3 – 23 所示为飞行操纵系统页面。

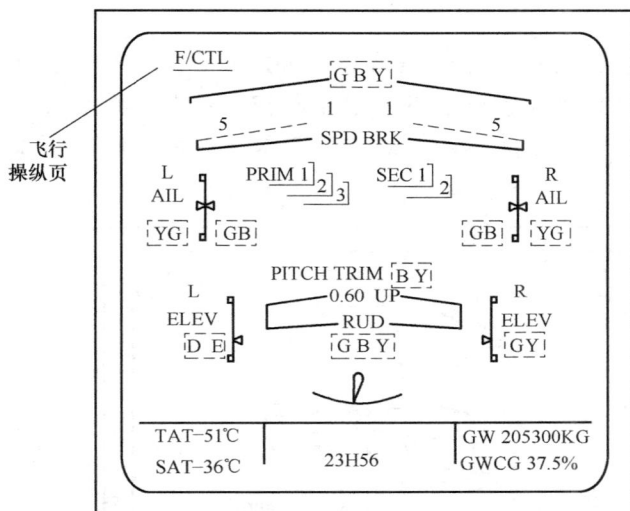

图 7.3 – 23　飞行操纵系统页面

ECAM 的系统页在显示时，显示方式按优先权排列，其优先次序依次为：

①人工方式。优先等级最高，只要人工选择按压 ECAM 控制面板上任一个系统页按钮，则立即显示对应的系统页；

②故障方式。仅次于人工方式，无论哪个系统，只要出现警告/告诫信息，则自动显示该系统页；

③咨询方式。优先等级低于人工和故障方式，ECAM 监控若干个重要参数，当监控的某个参数发生偏移时，相应的系统页自动显示，发生偏移的参数闪亮；

④飞行阶段方式。优先等级最低，即当各系统正常，又无人工操控时，则系统显示器按计算出的飞行阶段自动显示相应的系统页。

飞行阶段由飞行警告计算机（FWC）计算完成，一次完整的飞行包括 10 个飞行阶段，如图 7.3 – 24 所示。在每个飞行阶段，ECAM 都显示相应的系统页。第 1 和 10 阶段显示舱门/氧气页；第 2、7、8 和 9 阶段都显示轮页；第 3、4 和 5 阶段显示发动机参数页；第 6 阶段显示巡航页。

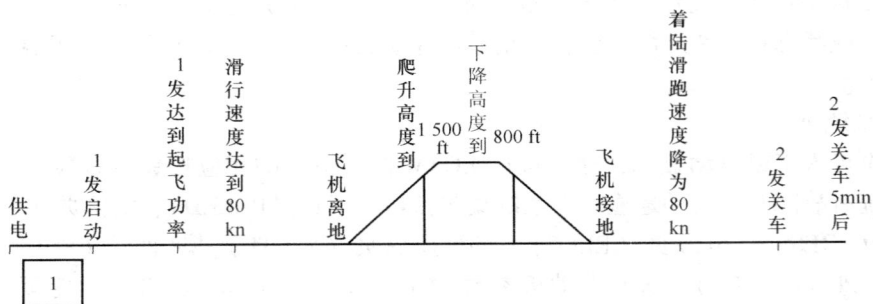

图 7.3 – 24　飞行阶段

（2）巡航页。

当飞机在爬升高度 1 500 ft 到下降高度为 800 ft 之间飞行时，巡航页自动显示在下显示器上。巡航页的上部区域显示飞行中需监控的主要系统参数，如已用燃油、滑油量和振动等发动机参数；着陆机场标高、座舱垂直速度、座舱高度、座舱内外压差和座舱区域温度等座舱压力参数，如图 7.3 – 25 所示。

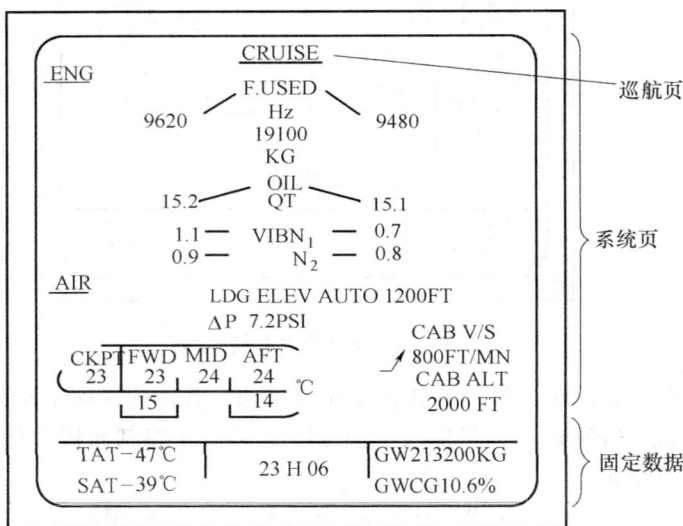

图 7.3 – 25　巡航页显示

（3）状态页。

状态页主要显示飞机系统的工作状态，表明这些系统有缺陷，但没有触发警告，需要采取维护措施。可人工或自动显示，按压 ECAM 控制板上的"状态"按钮即可调出状态页，或当进近时缝翼放出大于两个单位时，状态页自动显示，如图 7.3 – 26 所示。

上区左部：显示进近程序和通过清除电门已删除的警告信息。在进近程序中，蓝色文字表示限制参数及可推迟程序，绿色文字表示着陆能力和一些提醒信息。

上区右部：不工作系统和维护信息。不工作系统信息表示该系统由于故障或没有接通而处于不工作状态。维护信息栏反映出飞机系统故障状态，影响到飞机的放行，需要做维护或根据 MEL 放行。

当 ECAM 未选择状态页，而有新的状态信息出现时，则在上显示器 E/W 页的下端出现

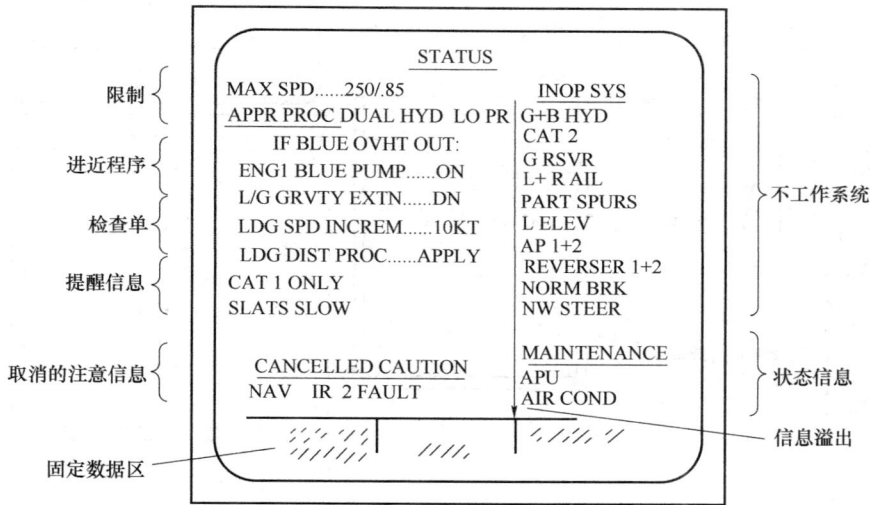

图 7.3 - 26　状态页显示

白色的 "STS" 提示信息，表明现在有状态信息出现。

（4）固定数据区显示。

在下显示器显示的下部区域，这些数据以一定的格式显示，不随系统页的变化而变化。显示的信息有：大气总温和静压温度，正常显示为绿色，数据无效时为琥珀色；载荷因子：正常显示为空白，如果超过限制值，会以琥珀色显示；协调时间：正常显示为绿色，数据无效时为琥珀色；总重和重心参数显示：正常为绿色，数据无效时显示为琥珀色，在地面时无计算数据显示为蓝色。

4. ECAM 机组警告信息分类

ECAM 具有显示机组信息的功能。这些警告信息来源于飞行警告计算机（FWC），当 FWC 接收到来自被监控系统的故障信息后，输送信号给 ECAM 系统，用以产生相应的驾驶舱效应，驾驶员可以根据这些驾驶舱效应判断飞机系统故障的紧急程度。根据警告信息的重要程度和需要采取措施的紧急程度，ECAM 机组警告分为 3 个等级：三级警告（最高级别），二级告诫和一级咨询，如图 7.3 - 27 所示。

1）三级警告

三级警告对应于最紧急情况，需要机组人员立即采取纠正措施。出现三级警告时，在 E/W 显示红色警告信息，同时，红色主警告灯闪亮并有重复的谐音或特殊音响警告。

2）二级告诫

二级告诫对应于重要的不正常情况，需要机组人员立即知道，允许尽快采取纠正措施，但对飞行安全没有直接影响。出现二级告诫时，E/W 显示琥珀色警告信息，同时，琥珀色主告诫灯亮并伴有单谐音响警告。

3）一级咨询

一级咨询为机组需要监控的一些情况，它主要对应一些可能导致系统功能降级或使余度减少的故障。出现一级咨询时，没有主警告灯和音响，只有黄色警告信息显示。

此外，还有一些不会触发机组警告但又需在地面采取维护措施的故障，以状态信息的形式告知机组，状态信息只在状态页的维护信息栏内列出。

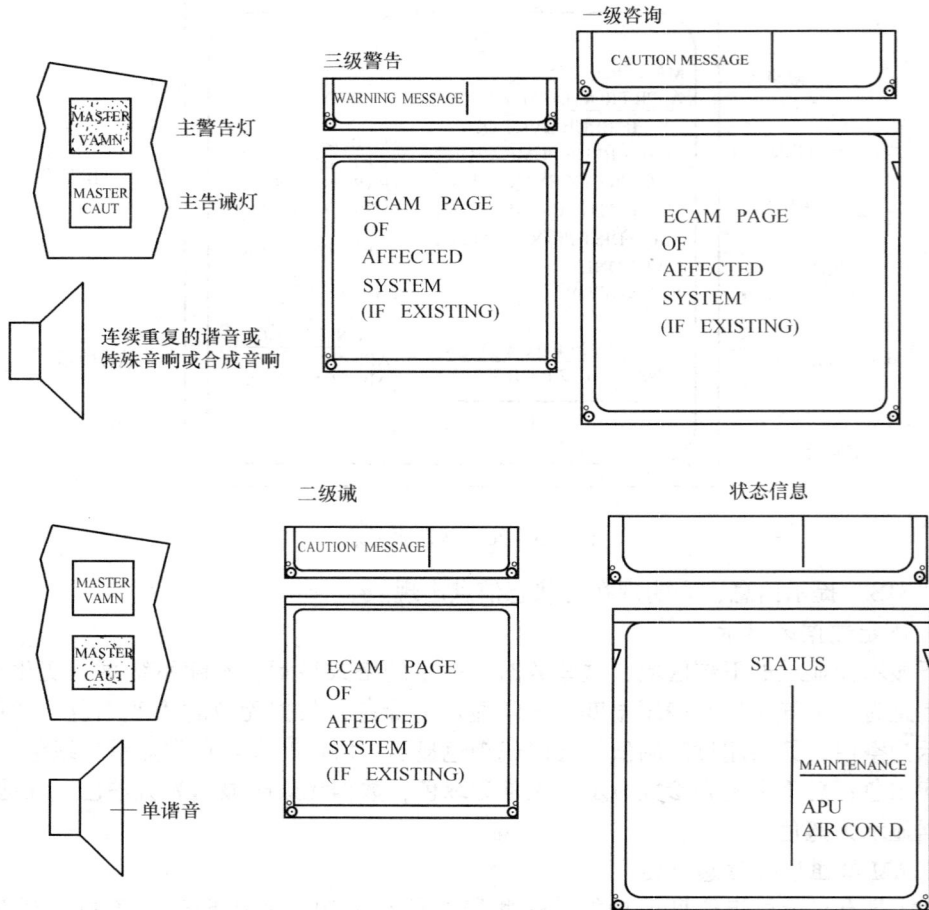

图 7.3 - 27　ECAM 警告

5. ECAM 系统显示的故障信息类型

ECAM 系统显示的故障信息主要用来给机务人员提供排故辅助。这些故障信息可分为三种类型：独立故障、主要故障和次要故障，如图 7.3 - 28 所示。

1）独立故障

独立故障是指系统或设备的某个部件发生故障时，不会影响到其他系统的正常工作。当出现时，根据等级的不同，通常在左备忘信息区会显示相应的红色或琥珀色警告信息。在该信息的系统名称加下划线来表示。

2）主要故障

主要故障是指系统或设备的某个部件发生故障时，会引起其他系统或设备功能失效。当出现时，根据等级的不同，通常在左备忘信息区会显示相应的红色或琥珀色警告信息。该故障信息加一个方框来表示主要故障。

3）次要故障

次要故障是指由于主要故障而引起该设备或系统的功能失效。通常次要故障显示在右备忘信息区，颜色为琥珀色，并在信息的前面加星号表示。

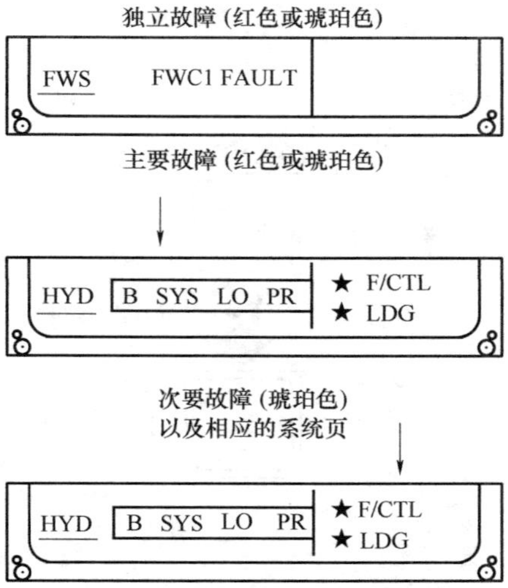

独立故障 (红色或琥珀色)

| FWS | FWC1 FAULT | |

主要故障 (红色或琥珀色)

↓

| HYD | B SYS LO PR | ★ F/CTL
★ LDG |

次要故障 (琥珀色)
以及相应的系统页

↓

| HYD | B SYS LO PR | ★ F/CTL
★ LDG |

图 7.3 – 28　ECAM 故障分类

6. ECAM 咨询方式

咨询方式是指当一些受监控重要系统的参数已超出正常值，但仍低于警告的门限值时，相应的系统页会自动显示，且对应的参数会闪烁，同时在上显示器出现咨询"ADV"提示符，以引起机组人员的注意。如果该系统页不能显示，机组人员可在 ECAM 控制面板上按压相应的按键（此时该键上的指示灯闪亮），以显示该页信息。咨询方式的出现有可能导致一个故障的产生，使警告升级。

7. ECAM 故障转换功能

ECAM 系统的功能和部件含有备份余度和应急功能，使 ECAM 功能在部分部件失效时仍能得到执行。这些备份功能包括以下几个方面，如图 7.3 – 29 所示。

（1）显示转换：当所有控制电门放于正常位时，如果上 ECAM 显示器故障，其显示的信息会自动转换到下显示器上显示，替代了系统或状态页。可按压并保持 ECAM 控制面上的相应按钮，来显示系统或状态页。此时也可通过 ECAM/ND 转换电门，将系统或状态页转到 ND 上显示。

如果两个 ECAM 显示器都故障，所有 ECAM 信息将暂时失掉，但可通过 ECAM/ND 电门转上 ECAM 信息到 ND 上显示，同样，按压并保持 ECAM 控制面上的相应按钮，来显示系统或状态页。

（2）DMC 转换：如果 DMC1 或 DMC2 故障，相应的显示会暂时失掉，可通过 DMC 转换旋钮转换到 DMC3 工作。如果任两个 DMC 同时故障，则失去了发动机警告显示或系统/状态显示。

ECAM 控制面板故障：除了紧急取消、清除、所有和状态功能仍有效外，其余功能将不起作用。

（3）FWC 故障：一个 FWC 故障，警告系统仍能正常工作。如果两个 FWC 同时故障，则失掉所有的警告信息，同时也失掉所有的音响警告和警告灯。

（4）SDAC 故障：当仅一个 SDAC 故障时，不会影响到系统的工作。如果两个 SDAC 同时故障，则会失去所有的琥珀色警告。此时，仅发动机次要参数页、燃油页和飞行操纵页有效。

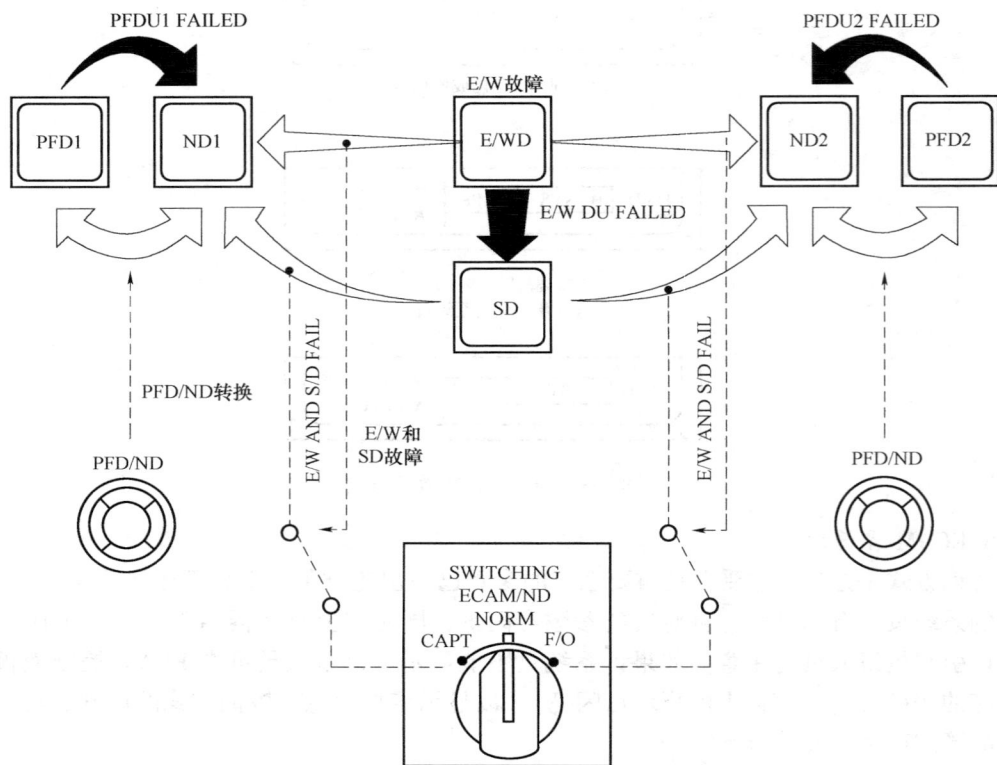

图 7.3 – 29　故障转换显示

8. ECAM 系统测试

ECAM 系统本身有一个完整的监控功能，当探测到故障时，会显示相应的警告信息。在地面，当需要证实故障是否存在或更换部件时，可通过 CMS 系统进行测试，在 MCDU 上有其测试菜单。

【思考与练习】

（1）警告系统的基本组成及功能有哪些？

（2）高度警告、超速警告、失速警告如何显示？

（3）EFIS 的基本组成及功能有哪些？

（4）EFIS 有几种显示格式，分别是什么？

（5）EICAS 的组成部分有哪些？

（6）警告信息分为几级，每级如何显示和处理？

（7）ECAM 的基本功能是什么？

（8）EICAS 与 ECAM 的区别有哪些？

第8章　航空仪表的其他相关系统

随着电子飞行仪表系统的发展，飞机各系统需要大气数据信息达到上百个，这些大气数据信息的准确性对提高飞行安全和经济性起着重要作用。

近年来出现多起航空安全事故，在调查航空安全事故产生的原因时，黑匣子的作用就体现出来了。

本章主要讲解大气数据计算机系统和飞行数据记录系统。

8.1　大气数据计算机系统

大气数据信息即自由气流的静压、动压、静温、高度、高度偏差、高度变化率、指示空速、真空速、马赫数、马赫数变化率及大气密度等参数，是飞机发动机、自动飞行控制系统、导航系统、空中交通管制系统及飞行驾驶仪表显示、警告系统等不可缺少的信息。大气数据信息的准确性对提高飞行安全和经济性起着重要作用。由于各系统需要的大气数据信息的形式不同（包括各种形式的模拟量及数字量），需要的信息量也各不相同，有的飞机各系统需要大气数据信息上百个。显然，靠数目很多的分立式测量系统提供大气数据信息，造成重量大、成本高、功能少、可靠性差、延迟误差大及维护不便等缺点，而且测量精度也无法提高。

大气数据计算机系统就是测量静压、动压、总温及参与修正作用的迎角和气源误差，经过解算装置或计算机的运算，输出大量的大气数据信息，这一系统称为大气数据计算机系统。

大气数据计算机系统主要分为三大部分：①传感器测量装置，即静压传感器、动压传感器（或全压传感器）、总温传感器、迎角传感器等；②具有可进行误差修正和补偿的解算部分（解算装置或计算机）；③座舱指示、显示装置及信号输出装置。它们将传感器感受的全压（p_t）、静压（p_H）和大气总温（T_t）进行相应的计算，输出所需要的大气数据，送给相应的指示仪表和系统。

大气数据计算机除对上述数据进行处理和计算外，还要对静压源误差进行校正（SSEC），使计算的大气数据更加精确。目前，广泛用于现代飞机上的是数字式大气数据计算机。

从飞机的发展历程来看，大气数据计算机有三种类型：第一种类型是模拟式大气数据计算机（ADC），它为机电式伺服仪表提供信号；第二种类型是数字式大气数据计算机（DADC），它用于现代飞机上，其输出数据通过数据总线传送至各数字仪表；第三种类型是混合式大气数据计算机，它既可以输出数字数据，也可以输出模拟信号，实际上也是属于数字式计算机，因此，一般将其也称为数字式大气数据计算机。

8.1.1　模拟式大气数据计算机系统

模拟式大气数据计算机根据静压传感器、全压传感器、总温传感器，利用闭环伺服回路技术，通过高度、空速、马赫数等函数解算，向所需要大气数据信息的系统传送参数，这种综合设备就是众所周知的中央大气数据计算机（CADC）。如图 8.1－1 所示为模拟式大气数据计算机系统。

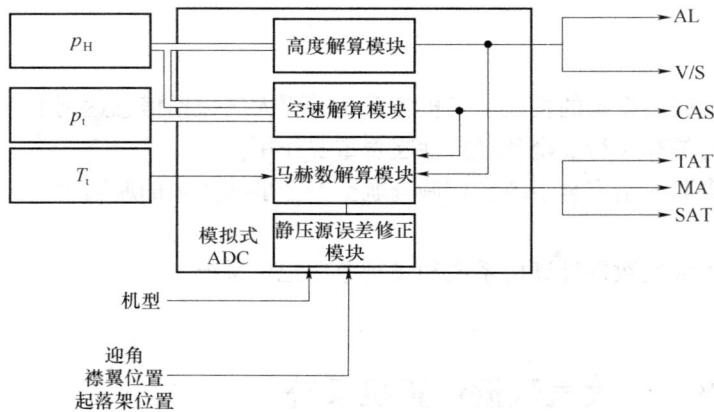

图 8.1－1　模拟式大气数据计算机系统

静压源误差（SSE）修正模块也是一种机电式修正机构。它根据飞机飞行的迎角和马赫数对静压源影响的关系曲线，接收迎角传感器测量的实际迎角及机内模块计算出的马赫数，消除静压测量误差引起的高度误差。

8.1.2　数字式大气数据计算机系统

数字式大气数据计算机按照航空运输工业规范 ARINC 标准，应用先进的微处理器和半导体存储器技术，由工作程序直接完成大气数据的计算、输入/输出，计算机有处理模拟量、离散量和数字输入的能力，经计算提供数字和离散量输出。如图 8.1－2 所示为数字式大气数据计算机系统。

数字式大气数据计算机简称 DADC，多用于现代飞机。它们也接收全静压信号和全温信号。然而，在 DADC 中使用的传感器与模拟式的不同。因此，在介绍 DADC 之前，首先对其使用的压力传感器进行简单的描述。

另外，由于迎角（α）和侧滑角（β）是大气数据系统中产生静压源误差的因素之一，

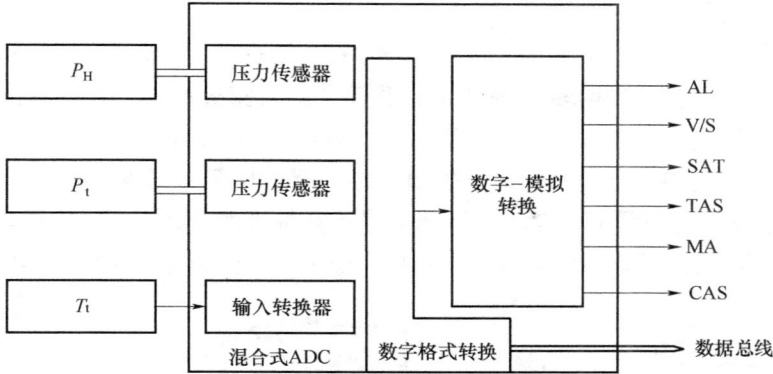

图 8.1-2　数字式大气数据计算机系统

大气数据计算机还要接收角度传感器的信号，因此，也有必要对角度传感器进行介绍。

1. 传感器元件

1）压力传感器

压力传感器有压容式、压阻式和压频式（振膜式）。

现在多数飞机的数字式大气数据计算机采用压频式压力传感器，振膜式就是其中一种。振膜式压力传感器直接将压力变换成频率输出，而频率很容易变换成数字量。静压和动压采用相同的传感器。

如图 8.1-3 所示为振膜式压力传感器。传感器利用一个简单的平膜片——振荡膜片，将传感器分成两个气室，一个是标准气室，一个是实际压力气室。该膜片的自然振荡频率是压力负载的函数。激励器安装在中心体上，当它加电后使膜片在两个气室之间产生振荡，当标准气室的压力与实际气室的压力相等时，膜片以其固有频率振荡；然而，当标准气室的压力与实际气室的压力不相等时，膜片的振荡频率将随实际压力的变化而变化。膜片振荡频率拾取器也安装在中心体上，它将接收到的实际压力转换为频率的变化输出到转换器，再将频率变化转换为数字信号输出。因此压频式传感器又叫作频率式传感器。

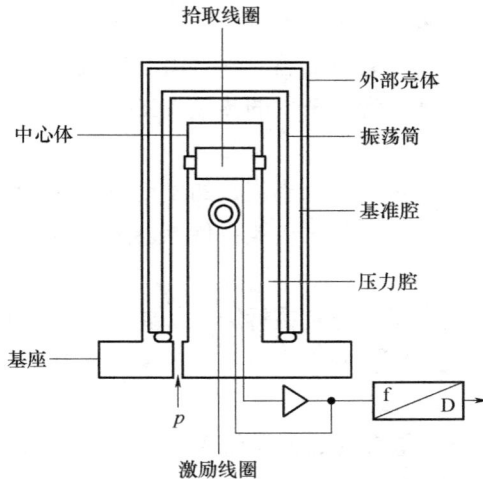

图 8.1-3　振膜式压力传感器

2）总温传感器

总温传感器又称为总温探头，如图8.1－4所示。它是一个金属管腔，装在机身外部没有气流扰动的蒙皮上，其对称轴与飞机纵轴平行（总温探头不属于大气数据计算机的一部分，但它是大气数据计算机重要的信号源）。传感器感受通过其腔内的气流温度，空气从前口进入，从后口及周围几个出口流出。探测元件（感温电阻）被封装在两个同心管内，气流在探测元件附近处于全受阻状态。感温电阻是由高纯度的全退火无应力铂丝制成，其电阻值与全受阻温度相对应。该电阻值经电路转换，输出与全受阻温度相对应的电压值。

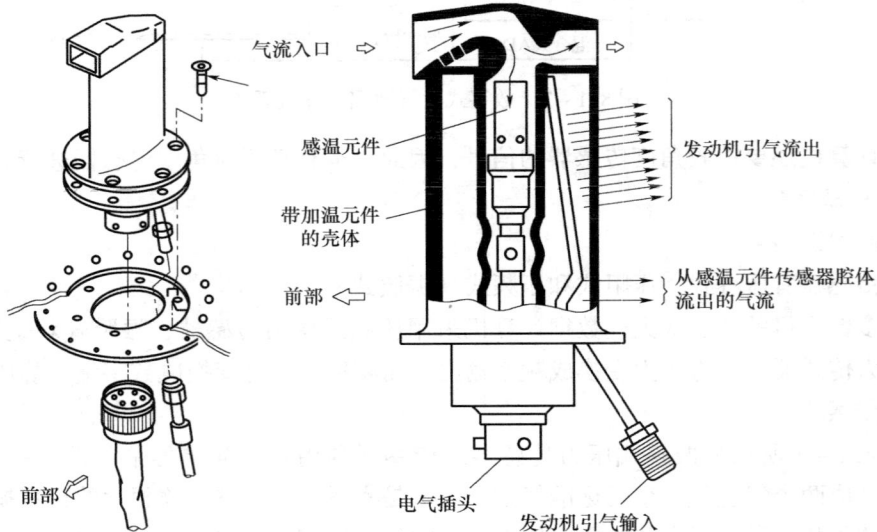

图8.1－4　总温传感器

总温探头测量的是环境大气温度（静止空气温度，即静温）和运动空气受阻时动能所转化的温度（动温）之和，所以叫作总温。在马赫数低于0.2时，总温非常接近于静温。随着马赫数的增加，静温与总温逐渐变化。

在高空飞行时，空气中的水分由于低温可能结冰堵塞感温探头的进气孔或排气孔，故温度探测器设置了由加温电阻组成的防冰加温元件。由于气流首先流过感温电阻周围，然后流过加温电阻元件，从而气流将加温元件散发的热量带出，使加温元件的热量不会影响感温电阻的测量。

在地面或飞行速度较低时，可以利用小流量的发动机引气流动在金属探头腔体内造成的负压，使进入腔体的气流顺畅流动，同时还能将传感器加温的热量带出，确保测量全温 TAT 的指示准确。

无论是在地面对加温电路测试，还是在拆卸时都要注意探头的温度。在拆卸时，拔掉探头的电插头，断开发动机引气，警告维修人员不要触摸热探头以免烫伤。

3）气流角度传感器

迎角（α）和侧滑角（β）是大气数据系统中产生静压源误差的因素之一，在现代高速飞机上，已越来越受到人们的重视，在 DADC 中对气流角产生的静压源误差必须加以校正。

　　为了测量迎角（α）和侧滑角（β），通常将传感器设计成能伸出到飞机外的气流中，但安装处应无扰动气流。常用的传感器形式如图 8.1 – 5 所示。

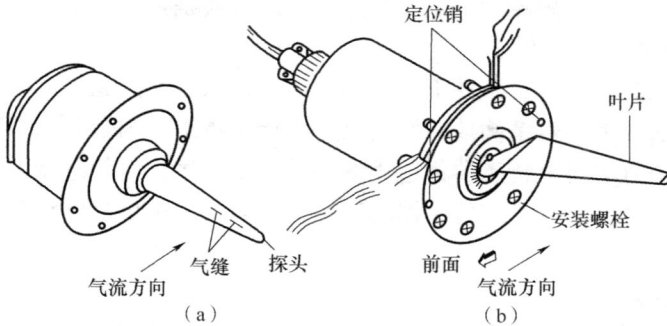

图 8.1 – 5　锥形和翼形气流角度传感器

（a）锥形气流角度传感器；（b）翼形气流传感器

2. 数字式大气数据计算机

　　如图 8.1 – 6 所示为数字式大气数据计算机的基本原理方框图，它由静压传感器、动压传感器、总温传感器及迎角传感器提供原始信息。为了计算出不同基准高度，大气数据计算机中引入了气压修正信号。

　　所有原始信息的模拟量，经输入多路转换器进入采样保持电路，依次在模/数（A/D）转换器中把它们变换为适于计算机处理的数字量，随后引入到计算装置中。中央处理机的计算结果经过数/模（D/A）转换器把它变成所要求的模拟量形式，或经过数字输出格式形成器（又叫作数字信息变换器）把它们变成所要求的不同格式的数字码形式，然后经过输出多路分配器，把同一总线上的各种信号分别接至相应的输出线上。

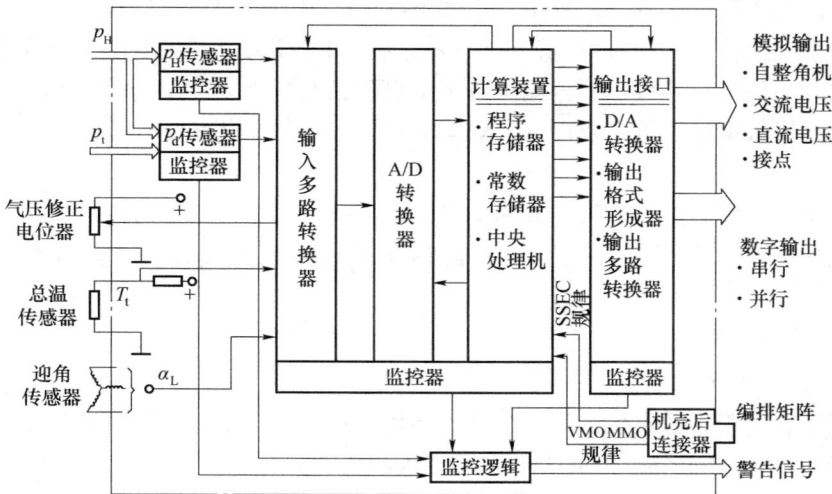

图 8.1 – 6　数字式大气数据计算机的基本原理方框图

3. 误差校正

　　压力传感器的输出或多或少都具有非线性特性，且各个传感器的输出特性有一定的分散性，这将使设计计算复杂化，使传感器之间缺乏互换性，给大气数据计算机的维护造成一定困难。因此，必须对传感器的特性进行校正，使其输出线性化和标准化，即校正后的传感器输出应以规定的比例系数与实际输入压力成正比。数字式大气数据计算机利用软件进行校正，即软件校正法。压力传感器无论是压容式、压阻式还是振膜式都采用了软件校正法。

1）传感器的静特性校正方法

传感器的静特性是指在一定条件下，它的输出和输入之间的关系。同类型的传感器应有相同的静特性，但实际上不是精确地相等，故每个传感器组件内带有一个存储器，里面存有修正信息，计算机中有对每个传感器都适用的特性校正程序，对传感器的输出进行修正。这样，对计算机来说，把传感器和该传感器的专用存储器视为一个整体，各传感器组件之间就具有了互换性。

2）传感器的温度补偿

环境温度对传感器的测量值有一定的影响。对于高精度的测量系统来说，传感器的温度误差已成为提高系统精度的严重障碍，依靠传感器本身附加一些简单电路或其他装置进行完善的温度补偿是很困难的。在装有微机的测量系统中，利用微处理机对传感器进行温度补偿是比较方便的，只要求出温度误差与一些变量之间的函数关系，就可以利用软件算出温度误差的补偿量，使误差得到较完善的补偿。

3）静压源误差校正

由于全压、静压和迎角探头处不可避免地有空气扰动，探头也有安装误差，从而会造成测量参数的误差。静压源误差影响到各飞行参数的计算，故要在系统中加入静压源误差校正（SSEC）。

4. 显示仪表

大气数据计算机经运算处理和输出处理后，输出高度、校准空速、马赫数、真空速、静温、总温、迎角、高度速率、马赫速率、动压、全压、静压及其函数值。根据大气数据计算机的形式不同及飞机电子设备的数字化程度不同，输出信息的形式也各有差异。例如，某些大气数据计算机经输出处理后可以输出模拟信息：如三相交流同步输出、交流电压、直流电压以及离散开关信号，还可以部分输出数字信息包括并行输出和串行（ARINC429 格式）输出。数字式大气数据计算机主要以 ARINC429 数据格式向飞机其他电子系统提供所需要的数字信息。

早期飞机上大气数据计算机计算出的参数多以分立式仪表的形式指示，指示仪表多为电动仪表。现代飞机以电子飞行仪表系统 EFIS 为平台显示大气数据，多为数字、图形方式显示。

1）电动大气数据指示仪表

（1）电动高度表。

电动高度表用于指示飞机的气压高度，还用于按高度基准的设置进行气压修正。它以数字（显示窗）和模拟（指针）形式来显示气压高度，并显示人工设置的气压基准值。表上还有设置气压基准的调节旋钮，以及高度基准游标和调节旋钮。

高度表的同步信号来自大气数据计算机。高度信号经机械式的气压修正后，通过伺服放大器放大驱动数字高度显示和模拟式高度指针指示。如图 8.1 – 7 所示为电动高度表。

指针在度盘上也以 20 ft（1 小格）和 100 ft（1 个数字）增量指示高度，并多圈指示。数字显示窗也以 20 ft 的增量显示高度数字，在低于标准大气海平面时，数字显示器的最左

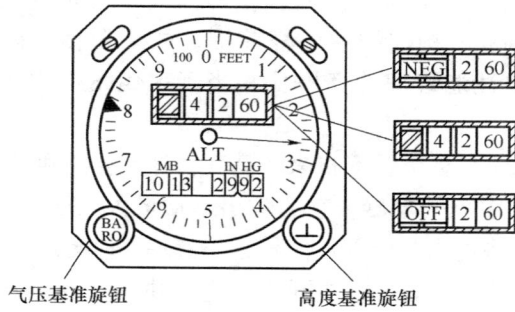

气压基准旋钮　　　　　高度基准旋钮

图 8.1 - 7　电动高度表

端两位显示负 "NEG" 旗标志，表示为负高度。当伺服信号、高度表故障或大气数据计算机断电，数字显示器的最左端两位显示 "OFF"。

高度表的左下角设有 "BAR0" 气压基准旋钮，人工转动旋钮时，在气压显示窗上可分别以 inHg（英寸汞柱）和 mbar（毫巴）显示测量高度的气压基准，显示范围分别为 22.01 ~ 31.00 inHg 和 745.3 ~ 1 050 mbar。

如气压基准调整到标准海平面气压时，指示高度为标准气压高度；当气压基准调到当地场面气压时，指示为相对高度。

（2）马赫—空速表。

马赫—空速表从大气数据计算机接收同步计算空速信号。马赫—空速表指示飞机的计算空速、空速极限、马赫数和目标空速，可以人工选择目标空速，并提供最大马赫—空速的音响警告。马赫—空速表包括三位计数器计算空速显示窗、模拟式空速指针、红白相间的最大计算空速指针、目标空速游标和三位计数器马赫—空速显示窗。如图 8.1 - 8 所示为电动马赫—空速表。

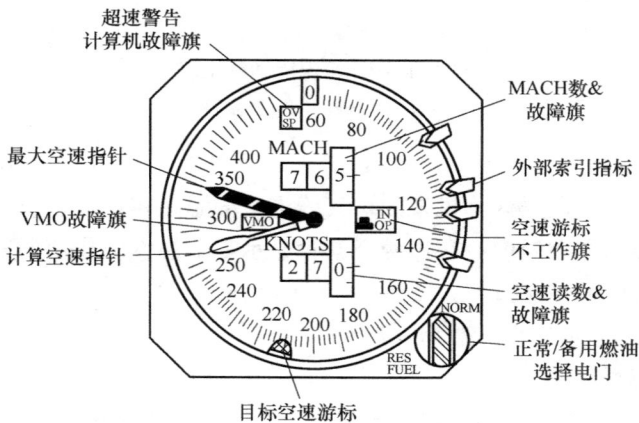

图 8.1 - 8　电动马赫—空速表

当计算空速、马赫数、目标空速游标和最大空速指示失效时，对应的故障旗会出现。沿着空速刻度盘外圈还装有几个可手动的基准空速游标。

指令空速是表上的空速游标指示的空速，可用方式选择板上的空速基准旋钮人工设置，它是为自动油门系统服务的。它可以提供：显示自动油门所要保持的指令空速；产生自动油门计算机保持指令空速所需的差值信号。高于目标空速，伺服机构控制油门杆后移；低于目标空速，伺服机构控制油门杆前推。如果衔接性能管理计算机（PMC）代替自动油门计算机，则由性能管理计算机［相当于现代飞机的飞行管理计算机（FMC）］来控制目标空速。

超速警告电路感受从大气数据计算机来的高度、计算空速和马赫数，这些信号通过多路调制器和模数转换器加到中央处理器，它的输出驱动最大空速指针。当空速达到最大限速时，内部的综合计算装置将送出一个警告信号，马赫—空速警告器发出警告。

在表的右下角有一个正常/备用燃油开关，它提供一个接地输入到超速电路，并控制超速电路，辅助油箱加载时，最大空速受限。测试时，开关若在备用位，副油箱内必须有油。

当最大空速指示失效时，最大空速 VMO 故障警告旗会出现；指令空速游标不工作时 INOP 旗出现；计算空速超过最大空速无警告时，超速警告计算机故障旗 OVSP 出现；大气数据计算机输入的信号无效时，警告旗出现。

（3）温度表。

①全温表。

全温表用于显示全温传感器所感受的空气全受阻温度，如图 8.1 – 9 所示。黄色的"OFF"故障旗在系统故障和仪表断电时出现。

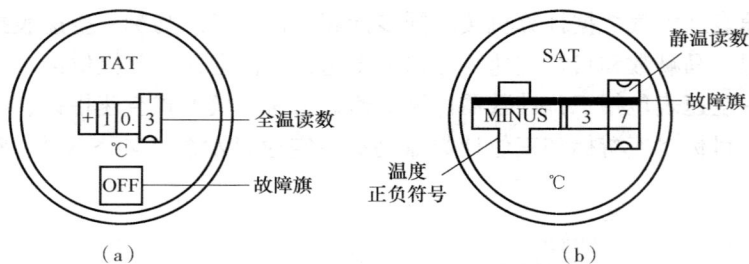

图 8.1 – 9 全温表和静温表

(a) 全温表；(b) 静温表

②静温表。

静温表用于显示大气数据计算机来的空气静温。静温在四位数字鼓轮计数器上读出。计数器左边两个鼓轮显示零上温度，右边两个鼓轮显示零下温度。指示器发生故障时，一个黄色的"OFF"故障旗显示在窗口，如图 8.1 – 9 所示。

2）电子飞行仪表显示的大气数据

（1）空速—马赫数。

在 EFIS 为平台的显示系统中，主飞行显示器 PFD 的左侧是空速带，移动的空速带随速度高低变化显示数值。如起飞时显示决断速度 v_1、起飞安全速度 v_2 及参考速度；正常飞行时显示当前飞行速度；进近着陆时显示失速速度缓冲区及失速速度。另外，在速度带的顶部显示预选空速，在速度带的底部还可以显示马赫数。有的飞机速度带上还可以显示速度趋势矢量。在本例中，马赫数 $Ma < 0.4$ 不显示，故障时出现马赫旗。如图 8.1 – 10 所示为主飞行显示器空速、马赫数、高度显示。

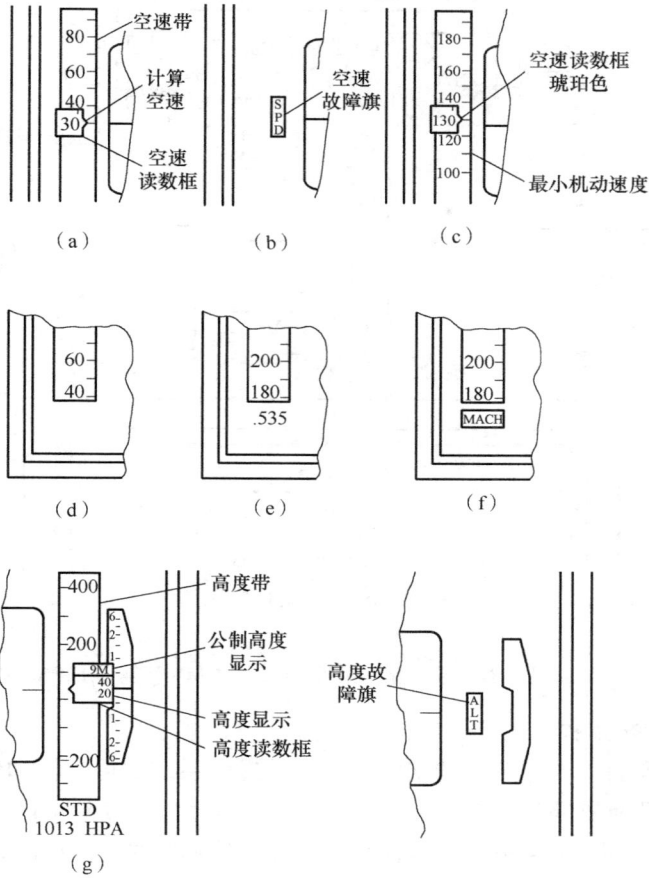

图 8.1 - 10　主飞行显示器空速、马赫数、高度显示

(a) 正常和无计算数据显示；(b) 故障显示；(c) 计算空速低于最小机动速度显示；
(d) 无计算数据或 $Ma < 0.4$ 显示；(e) $Ma > 0.4$ 显示；(f) 马赫故障旗显示；
(g) 正常高度显示；(h) 故障或无计算数据显示

（2）高度与气压。

高度数据是数字式大气数据计算机的主要参数之一，它显示在主飞行显示器的右侧高度带上。使用 EFIS 控制板可以同时显示英尺和米制高度。高度带的顶部可显示预选的高度，底部显示气压基准值。使用电子飞行仪表系统 EFIS 控制板可以选择场压值、标准大气压力值。若高度信号源有故障，高度带变为高度故障旗，如图 8.1 - 10 所示。

（3）其他参数。

在综合显示系统的电子飞行仪表 EFIS 的导航显示器 ND 和控制显示组件 CDU 的进程页面上，可显示大气数据计算机计算出来的真空速（TAS）数据；在主 EICAS 和辅助 EICAS 的发动机性能维护页面及控制显示组件 CDU 的进程页面上，可显示大气数据计算机计算出来的静温（SAT）数据；在主 EICAS 和辅助 EICAS 的发动机性能维护页面上，可显示全温（TAT）的数值；在辅助 EICAS 的发动机性能维护页面可显示气压高度（ALT）值、计算空速（CAS）值和马赫数（MACH）值，如图 8.1 - 11 所示。

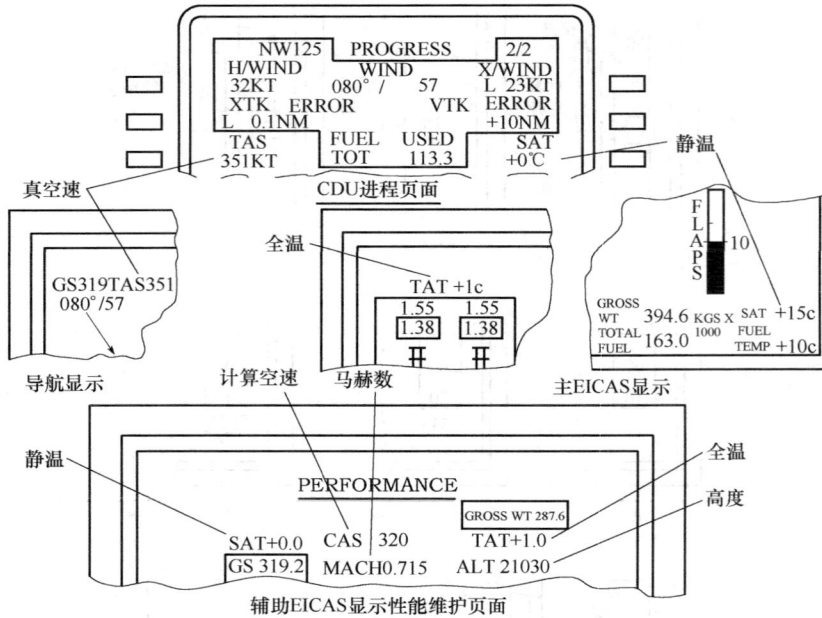

图 8.1-11　导航显示器、控制显示组件 CDU、EICAS 和辅助 EICAS 的相关信息显示

3）自检与故障监控

自检与监控是计算机最基本的功能之一，是提高系统的可靠性和便于维护的重要手段。自检通常是在起飞前或飞行后进行的，维护人员在数字式大气数据计算机的前面板上可以进行功能测试，并将测试结果显示在前面板上。外部传感器的故障在窗口内显示故障号。维护人员通过操作控制显示组件 CDU（又称为多功能控制显示组件 MCDU），进入中央维护计算机系统 CMCS，按章节索引选择大气数据计算机系统，按照屏幕上的提示，进行交互式测试。如图 8.1-12 所示为数字式大气数据计算机和测试参数，当系统加入一定的测试信号后，按照测试顺序观察指示器上的读数变化，驾驶舱内会出现一系列的反映，如电子飞行仪表上显示数据、有超速警告声等。具体被测数值可参照表 8.1-1，表中第一列为被测参数，第二、三和四列表示按时间顺序系统的响应。例如：测量高度。从开始至 2 s，高度带上显示 10 000 ft；2~7 s 之间，在主飞行显示器的高度带上出现高度旗；7 s 后到测试结束，高度带上重新显示 10 000 ft。其他被测参数的方法与高度相同。

表 8.1-1　自检被测数据

时间/s	0~2	2~7	7~结束
高度/ft	PFD ALT 高度数	10 000	—
马赫数	0.75	—	0.25
全温/℃	+35	—	+35
真空速/kn	486	—	170
计算空速/kn	419.5	PFD SPD 速度旗	137

静温/℃	3.8		31.2
超速	ON	OFF	OFF
输出无效	功能测试	故障警告	功能测试

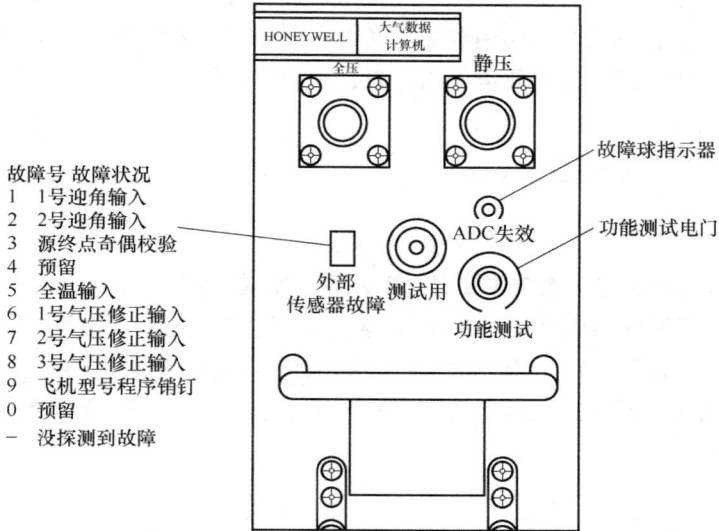

图 8.1 – 12　数字式大气数据计算机和测试参数

8.2　飞行数据记录系统

8.2.1　概述

　　按照航空法的规定，在大型商业飞机上必须安装飞行数据记录器（FDR）。国际民航组织对于飞行记录器记录的参数有统一的约定，称为指定参数。但航空公司也可设置需要监控的其他参数记录，该数据存储在飞机状态监控系统（ACMS）中，称为非指定参数（选择参数）。

　　飞行数据记录器在发动机工作（或飞机离地）后，自动实时地记录飞机的飞行状态参数和发动机工作状态参数，为分析飞行情况及飞机性能提供必要的数据。因此，飞机制造厂根据试飞数据改进设计方案或制造工艺，消除飞机上的各种隐患，使飞机有更好的安全性能和经济性能；在飞行培训中，可利用记录的数据来评定驾驶员的驾驶技术，确保训练质量；航空工程部门根据数据的衰变，快速准确地判明飞机的故障、飞机性能及发动机性能的变化趋势，以便确定维修实施程序进行维修。此外，当飞机出现事故后，可以根据记录数据帮助分析事故原因等。

机载飞行数据记录器记录飞机最近 25 h 的实时飞行状态参数与系统数据以及飞机系统工作状况和发动机工作参数等。飞行数据记录器从最初仅记录几个参数发展到可记录几十类上万个参数。例如，时间、航向、高度、空速、垂直加速度、发射监控信号、发动机参数、襟翼位置、横滚角、俯仰角、纵轴和横轴的加速度、飞行控制舵面的位置、无线电导航信息、自动驾驶仪的工作情况、大气温度、电源系统的参数和驾驶舱警告等。

现代飞行数据记录器有两种类型，一种是磁带式飞行数据记录器，另一种称为数字式飞行数据记录器。目前，飞机大多选用数字式飞行数据记录器为固态飞行记录器存储数据。为使记录器上的信息在较为恶劣的环境下不丢失，记录器必须具有抗坠毁、耐火烧、耐海水和各种液体浸泡的能力。

8.2.2 数字式飞行数据记录系统

1. 基本组成

典型的数字式飞行记录器系统主要由以下几部分组成：数字式飞行数据记录器（DFDR）、数字式飞行数据采集组件（DFDAU）、飞行记录器测试组件、程序开关组件、三轴加速度计和对话式显示组件（选装组件）。如图 8.2－1 所示为数字式飞行数据记录系统方框图。

另外，数字式飞行数据采集组件有一个软盘驱动器，可用于记录存储在飞机状态监控系统内的选择参数。

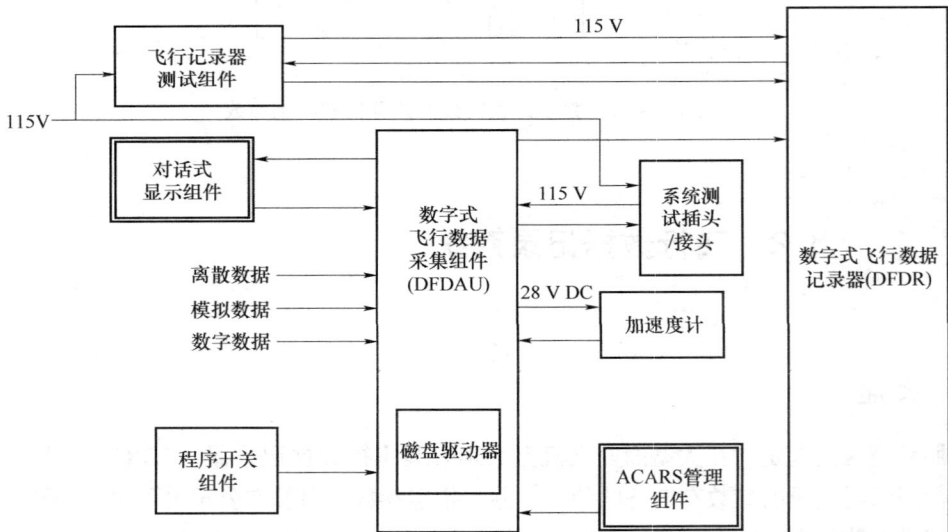

图 8.2－1　数字式飞行数据记录系统方框图

2. 数字式飞行数据采集组件（DFDAU）

数字式飞行数据采集组件（DFDAU）收集飞机多个系统和传感器的输入信号（数字、离散和模拟），经多路调制，转换成标准的数字格式（哈佛双相脉冲格式），然后送到数字式飞行数据记录器（DFDR）。飞行数据记录器存储来自采集组件的信号。采集组件从数字式飞行数据记录器得到返回数据并监视数据，以检测数字式飞行数据记录器是否工作。如图 8.2－2 所示为数字式飞行数据采集组件。

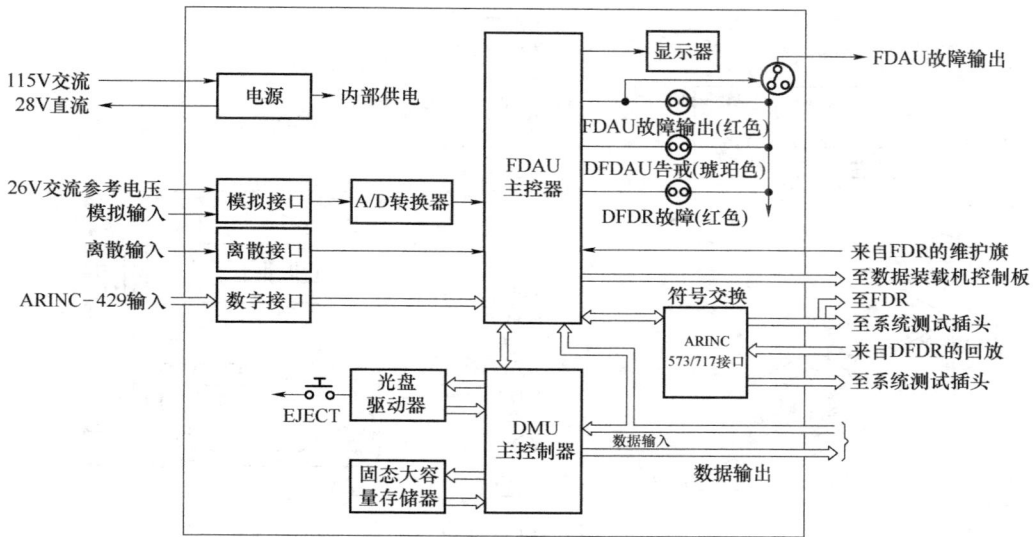

图 8.2 – 2　数字式飞行数据采集组件（DFDAU）

数字式飞行数据采集组件（DFDAU）也为飞机状态监控系统（ACMS）收集数据。DFDAU 存储飞机状态监控系统（ACMS）数据，并将这一数据传到数据装载机控制面板的光盘上或 DFDAU 前面板的光盘（或磁盘）上。

FDAU 从 P18 板经系统测试插头得到 115 V、400 Hz 单相交流电源。一内部电源产生所有必需的直流电。FDAU 也取得 26 V 交流电用作模拟式发送器和传感器的参考电压。FDAU 向飞行记录器加速度计提供 28 V 直流电。

接口电路接收模拟、离散和数字输入信号，经模/数（A/D）转换器将模拟信号转换成 ARINC – 429 数字信号，将其变成一个序列，并以串行方式将其送往 ARINC – 573/717 接口，这一接口将数字数据格式化成哈佛双相制编码。接口将编码送往飞行数据记录器。

DMU 主控制器处理 ACMS 数据。DMU 监视 FDAU 输入中规定的 ACMS 参数。当 DMU 主控制器检测到数据变换成一个要记录的数值时，ACMS 进行有关参数的报告。同样在航行期间的不同时刻，ACMS 储存报告，由 ACMS 存储器保存这些报告。

DMU 主控制器包括 ACMS 接口，通过一条内部数据总线从 FDAU 主控制器上取得数据，并将报告送到数据装载机控制面板和磁盘驱动器。航空公司可以使用数据装载机或一张软盘储存报告。

FDAU 和 FDR 连续进行自测试。当一台发动机工作或飞机升空后，机内自检 BITE 连续对系统进行检查，BITE 数据结果显示在前面板的显示器上（显示故障代码），引起故障灯点亮，保留故障信息。

如果 FDAU 为飞行记录器进行数据处理时出现故障，下列灯点亮，如图 8.2 – 3 所示。

（1）DFAU FAIL：数字式飞行数据采集组件（DFDAU）指定参数故障；

（2）飞行记录器/马赫—空速警告测试组件上的飞行记录器"OFF"灯；

（3）两个主警告灯；

（4）"OVERHEAD"警告牌。

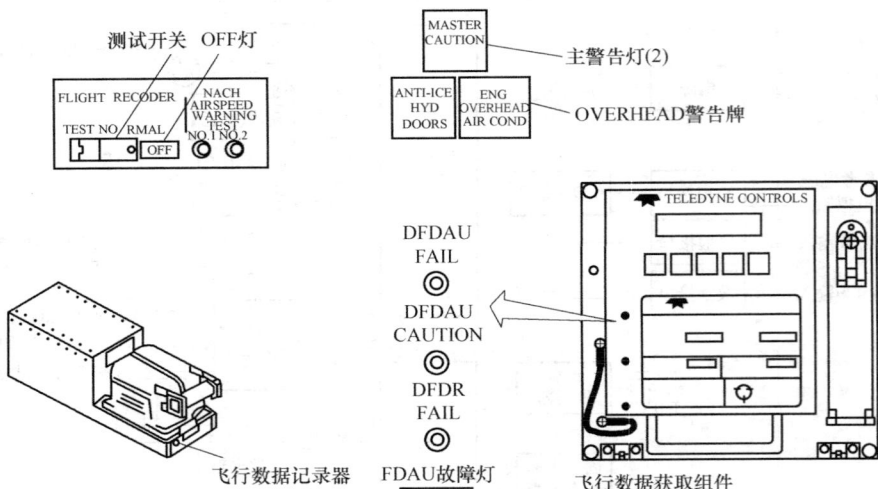

图 8.2 - 3　飞行数据记录系统机内自检

如果 FDAU 为飞机状态监控系统（ACMS）进行数据处理时出现故障，"DFDAU CAU - TON"灯点亮，表示飞机状态监控系统（ACMS）处理故障。

3. 固态飞行记录器

现代飞机多采用数字式飞行数据记录器系统，该部件消除了任何活动部分，用固态的存储器作为存储部件，要求最低可存储 25 h 的飞行参数。固态飞行记录器的外壳由坚硬的合金钢制造，以作保护。内部的存储器组件抗压能力高、抗冲击、耐重载荷、耐高温火烧、耐深海水 20 000 ft 压力持续 30 天，耐腐蚀性液体浸泡。如图 8.2 - 4 所示为固态飞行数据记录器。

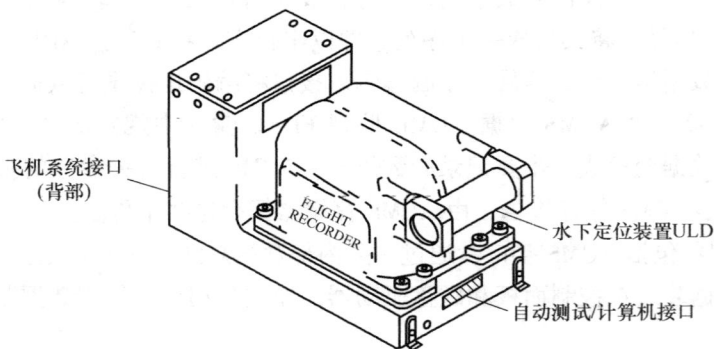

图 8.2 - 4　固态飞行数据记录器

固态飞行记录器包括一些电路卡、控制器、电源调压器、电源滤波器和存储器。控制器主要完成控制功能，利用微控制器控制飞行数据的接收和发送，通过控制电路卡进行数据输入，然后转存在存储器组件中。自动测试插头是固态飞行记录器的外部插头，安装在固态飞行记录器的前面板。可以通过自动测试插头将固态飞行记录器中的数据取出，转到译码设备中去，也可以将数据传送到显示部件以检查飞机上的信号传感器。背部的飞机系统接口是与外部设备的接口，通过该插头进行数据存储和读取。

115 V 交流电源从后部插头输入，经过滤波和调压，然后送到固态飞行数据记录器其他电路。同时 FDR 包含监控电路，对输入/输出电源性能进行综合监控。

固态飞行记录器的前面板上有水下定位装置（ULD）。

4. 水下定位装置（ULD）

飞行数据记录器前面板上安装着水下定位装置（又称为水下定位信标机），如图 8.2-5 所示，它不是记录系统的一部分，但两者必须固定在一起。当飞行记录器和水下定位信标机坠入海中，信标机的电源自动接通，启动晶体振荡电路，产生 37.5 kHz 的声波信号，经放大驱动扬声器件，发出单音调音频信号，穿过海平面向空气中辐射。使用声波探测装置可以接收到这一特定频率的信号，从而确定声源的方位和距离，便可顺利地找到飞行记录器。水下定位装置在水下的辐射范围是 1.8~3.0 km，最大工作水深可达 20 000 ft，声波信号可保持发射 30 天。

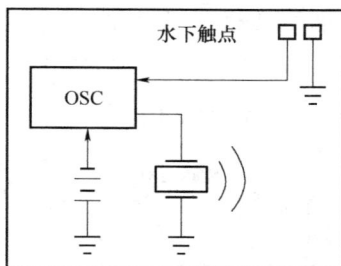

图 8.2-5　水下定位装置工作原理图

水下定位信标机的电源是干电池，一般选用锂电池，所以飞机坠入大海中，它能独立工作。水下定位信标系统在维护中应注意以下事项：要按规定时间检查和更换水下定位装置的电池，并应在干净的维修车间内进行更换。每次检查和更换电池时，都应注意"O"形密封圈是否老化、变形，表面是否光洁，以防漏水或电池受潮。除规定的标签外，不允许把任何其他的标签贴在水下定位信标的壳体上。更换电池时，应避免将电池极性装错，否则会损坏水下定位装置。避免将油泥、沙子、纤维等弄入装配螺纹中，以防影响密封盖压紧"O"形密封垫圈，如图 8.2-6 所示为水下定位装置。

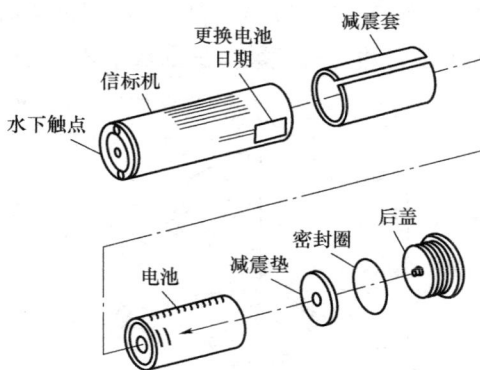

图 8.2-6　水下定位装置

5. 飞行记录器测试组件

如图 8.2-7（a）所示，飞行记录器测试组件向飞行机组提供飞行记录器系统的工作状态的目视指示，在这个面板上，可以人工控制记录器的电源。

飞行记录器测试组件有："OFF"灯和"TEST/NORMAL"开关。当飞行记录器或数字式飞行数据采集组件（DFDAU）出现关键性故障时，琥珀色"OFF"灯点亮；当飞行记录器没投入工作时"OFF"灯也会亮。

将"TEST/NORMAL"开关放在"TEST"位置，飞行记录器系统接通 115 V 交流电源，以进行地面维护。

将"TEST/NORMAL"开关放在"NORMAL"位置，只要飞行记录器测试组件得到以下几种信号（典型的）之一时，如图 8.2 – 7（b）所示，FDR 得到 115 V 交流电，开始工作。

（1）当发动机运转，发动机滑油压力信号；

（2）空速信号；

（3）飞机在空中，起落架上的空/地电门发出的"在空中"信号。

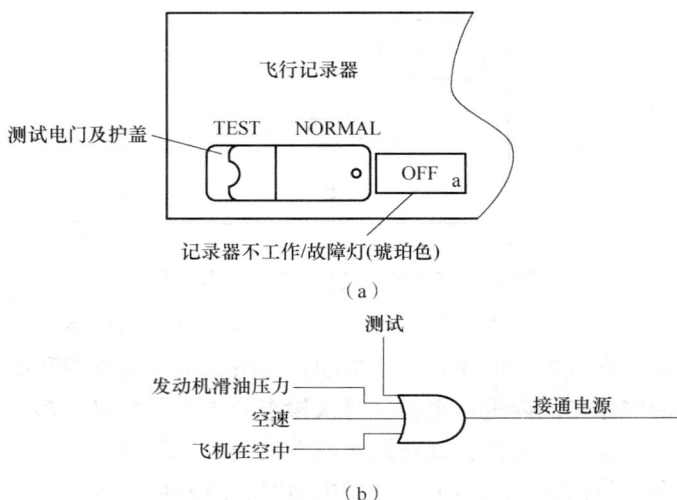

（a）

（b）

图 8.2 – 7　飞行数据记录器测试面板

6. 加速度计

三轴加速度计如图 8.2 – 8 所示，测量沿垂直轴、横轴和纵轴的加速度，必须严格按照轴向安装在飞机重心处。加速度计将加速度数据送到数字式飞行数据采集组件（DFDAU）。

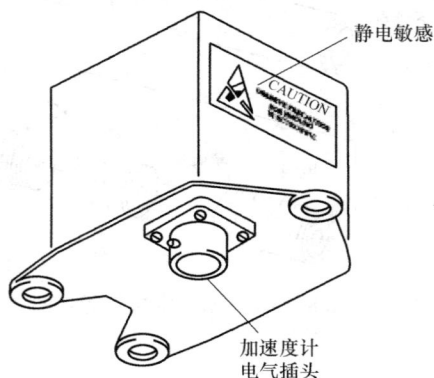

图 8.2 – 8　三轴加速度计

加速度计可测量正常工作范围 10 倍的加速度值。加速度计密封安装，不需校验或定期维护。飞行记录器加速度计从飞行数据采集组件（DFDAU）获得 28 V 直流电源。

7. 程序开关组件

程序开关组件向数字式飞行数据采集组件送出一个编码，利用这一编码来辨别飞机的类型。飞行管理计算机也可以提供这一编码。

综上所述，飞行数据记录器在飞机飞行开始时自动工作，飞机落地后自动停止。典型的自动开关信号是发动机燃油压力和空速信号。在驾驶舱内有一个测试开关，地面人员利用它可以对飞行数据记录器的工作状态进行测试。

来自各个不同系统和传感器的模拟和数字信号首先送到位于电子舱里的数字式飞行数据采集组件，并将模拟信号变成固定格式的数字信号，经数据处理后传送给位于后客舱顶部的数字式飞行数据记录器，记录器将其记录在固态存储器上。同时，FDR 还对所记录的数据进行监测，监测结果显示在本系统的 DFAU、FDR 或飞行记录器测试组件上。

【思考与练习】

（1）什么是大气数据计算机系统？

（2）大气数据计算机系统有几种类型？

（3）什么是静压源误差？

（4）数字式大气数据计算机系统有何优点？

（5）飞行数据记录系统的功用是什么？

（6）飞行数据记录系统有哪几种类型？

（7）数字式飞行数据记录系统的基本组成是什么？

（8）水下定位系统的功能及特点有哪些？

参 考 文 献

[1] 王有隆. 航空仪表 [M]. 成都：西南交通大学出版社，2001.

[2] 桂建勋. 发动机指示和机组警告原理及应用 [M]. 北京：国防工业出版社，1994.

[3] 何晓薇，徐亚军. 航空电子设备 [M]. 成都：西南交通大学出版社，2004.

[4] 王世锦. 飞机仪表 [M]. 北京：科学出版社，2013.

[5] 朱新宇，王有隆，胡焱. 民航飞机电气仪表及通信系统 [M]. 成都：西南交通大学出版社，2006.

[6] 许江宁. 陀螺原理 [M]. 北京：国防工业出版社，2005.

[7] 王成豪. 航空仪表 [M]. 北京：科学出版社，1992.

[8] 肖建国. 大气数据计算机系统 [M]. 北京：国防工业出版社，1992.

[9] 张良云. 惯性导航系统 [M]. 北京：国防工业出版社，1992.

[10] 严仰光，谢少军. 民航飞机供电系统 [M]. 北京：航空工业出版社，1998.

[11] 赵燕. 传感器原理及应用 [M]. 北京：北京大学出版社，2010.

[12] 周杏鹏. 传感器与检测技术 [M]. 北京：清华大学出版社，2010.

[13] 金发庆. 传感器技术与应用 [M] 第3版. 北京：机械工业出版社，1993.

[14] 杨帆. 传感器技术 [M]. 西安：西安电子科技大学出版社，1993.

[15] 夏银桥，吴亮，李莫. 传感器技术及应用 [M]. 武汉：华中科技大学出版社，2011.

[16] 谢志萍. 传感器与检测技术 [M]. 北京：电子工业出版社，2008.

[17] 盛乐山. 航空电气 [M]. 北京：科学出版社，1994.

[18] 蒋志扬，李颂伦. 飞机供电系统 [M]. 北京：国防工业出版社，1991.

[19] 李瑜芳. 传感技术 [M]. 成都：电子科技大学出版社，1999.

[20] 陈裕泉，葛文勋. 现代传感器原理及应用 [M]. 北京：科学出版社，2007.